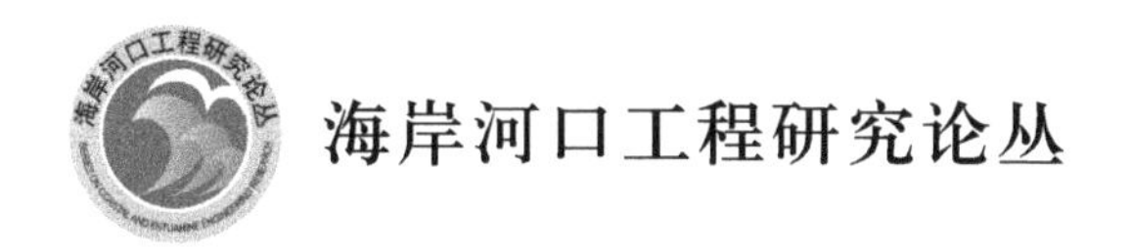

岛群河口
水环境数值模拟

许 婷 编著

NUMERICAL STUDIES ON
WATER ENVIRONMENT OF
ARCHIPELAGO ESTUARY

内 容 提 要

本书是"海岸河口工程研究论丛"之一，围绕岛群河口水环境问题开展了系统性研究工作，首先阐释了岛群河口三维精细数学模型构建的关键技术、将遥感定量反演技术用以辅助数模率定与验证方法，然后结合瓯江河口实际工程，采用三维精细数学模型全面研究了岛群河口开发利用工程引起的水沙环境和水质环境变化。

本书可供海岸河口工程研究人员使用，也可供在校师生学习参考。

图书在版编目(CIP)数据

岛群河口水环境数值模拟 / 许婷编著. — 北京 :
人民交通出版社股份有限公司, 2019.6

ISBN 978-7-114-15517-8

Ⅰ. ①岛…　Ⅱ. ①许…　Ⅲ. ①海岸—水环境—数值模拟—研究②河口—水环境—数值模拟—研究　Ⅳ.
①X143

中国版本图书馆 CIP 数据核字(2019)第 082932 号

海岸河口工程研究论丛

书　　名：**岛群河口水环境数值模拟**

著 作 者：许　婷

责任编辑：韩亚楠　崔　建

责任校对：赵媛媛

责任印制：张　凯

出版发行：人民交通出版社股份有限公司

地　　址：(100011)北京市朝阳区安定门外外馆斜街 3 号

网　　址：http://www.ccpress.com.cn

销售电话：(010)59757973

总 经 销：人民交通出版社股份有限公司发行部

经　　销：各地新华书店

印　　刷：北京虎彩文化传播有限公司

开　　本：720×960　1/16

印　　张：11.75

字　　数：189 千

版　　次：2019 年 6 月　第 1 版

印　　次：2019 年 6 月　第 1 次印刷

书　　号：ISBN 978-7-114-15517-8

定　　价：52.00 元

序

海岸、河口是陆海相互作用的集中地带，自然资源丰富，是经济发达、人口集居之地。以我国为例，我国大陆海岸线北起辽宁省的鸭绿江口，南至广西的北仑河口，全长18000km；我国海岸带有大大小小的入海河流1500余条，入海河流径流量占全国河川径流总量的69.8%，其中流域面积广、径流大的河流主要有长江、黄河、珠江、钱塘江、瓯江等。海岸河口地区居住着全国40%左右的人口，创造了全国60%左右的国民经济产值，长三角、珠三角、环渤海等海岸河口地区是我国经济最为发达的地区，是我国的经济引擎。

人类在海岸河口地区从事经济开发的生产活动涉及很多的海岸河口工程，如建设港口、开挖航道、修建防波堤、围海造陆、保护滩涂、治理河口、建设人工岛、修建跨（河）海大桥、建造滨海火电厂和核电厂等等，为了使其经济、合理、可行，必须要对环境水动力泥沙条件有一详细的了解、研究和论证。人类与海岸河口工程打交道是永恒的主题和使命。

交通运输部天津水运工程科学研究院海岸河口工程研究中心的前身是天津港回淤研究站，是专门从事海岸河口工程水动力泥沙研究的专业研究队伍。致力于为港口航道（水运工程）建设和其他海岸河口工程等提供优质的技术咨询服务，多年来，海岸河口工程研究中心科研人员的足迹遍布我国大江南北及亚洲的印尼、马来西亚、菲律宾、缅甸、越南、柬埔寨、伊朗和非洲的几内亚等国家，研究范围基本覆盖了我国海岸线上大中型港口及各种海岸河口工程及亚洲、非洲一些国家的海岸河口工程，承担了许多国家重大科技攻关项目和863项目，多项成果达到国际先进水平和国际领先水平并获国家及省部级科技进步奖。海岸河口工程研究中心对淤泥质海岸泥沙运动规律、粉沙质海岸泥沙运动规律和沙质海岸泥沙运动规律有深刻的认识，在淤泥质海岸适航水深应用技术、水动力泥沙模拟技术、悬沙及浅滩出露面积卫星遥感分析技术等方面无论在理论上还是在实践经验上均有很高的水平和独到的见解。中心的一代代专家们为大型的复杂的项目上给出正确的技术论证和指导，使经优化论证的工程方案得以实施。如珠江口伶仃洋航道选线研究、上海洋山港选址及方案论证研究、河北黄骅港的治理研究、江苏如东辐射沙洲西太阳沙人工岛可行性及建设方案论证、瓯江口温州浅滩围涂工程可行性研究、港珠澳大桥对珠江口港口航道影响研究论证、天津港各阶段建设回淤研究、田湾核电站取排水工程研究等等，事实证明这些工程是成功的。在积累的成熟技术基础上，主编了《淤泥质海港适航水深应用技术规范》、《海岸与河口潮流泥沙模拟技术规程》、《海港水文规范》泥沙章节，参编了《海港总体设计规范》和《核电厂海工构筑物设计规范》等。

本论丛是交通运输部天津水运工程科学研究所海岸河口工程研究中心老一辈少一辈专家学者多年来的水动力泥沙理论研究成果、实用技术和实践经验的总结，内容丰富、水平先进、科学性强、技术实用、经验珍贵，涵盖了水动力泥沙理论研究，物理数学模型试验模拟技术研究，水沙研究新技术、水运工程建设、河口治理、人工岛开发建设实例介绍等海岸河口工程研究的方方面面，对从事本行业的技术人员学习和拓展思路具有很好的参考价值，是海岸河口工程研究领域的宝贵财富。

本人在交通运输部天津水运工程科学研究院工作20年(1990~2009年),曾经是海岸河口工程研究中心的一员,我深得老一代专家的指导,同辈人的鼓励和青年人的支持,我深得严谨治学、求真务实氛围的熏陶、留恋之情与日俱增。今天,非常乐见同事们把他们丰富的研究成果、实践经验、成功的工程范例著书发表,分享给广大读者。相信本论丛的出版将会进一步丰富海岸河口水动力泥沙学科内容,对提高水动力泥沙研究水平,促使海岸河口工程研究再上新台阶有推动作用。希望海岸河口工程研究中心的专家们有更多的成果出版发行,使本论丛的内容越来越丰富,也使广大读者能大受裨益。

2012年11月

前　言

水环境作为地球最基础环境之一,是人类生产生活之本。河口过度开发利用引发的一系列水环境问题已经成为世界各国面临的重大问题之一。如何在最大限度开发利用河口地区资源的同时,又尽量减少水环境负面影响是值得人类深思的问题。因此,预测河口开发利用引起的水环境问题,实现具体的工程应用及工程预测,具有重大的科学意义和现实指导意义。

目前国内外学者虽然针对河口开发水环境问题开展了大量研究,但将岛群河口这种性质河口作为一类,关注岛群特征,并结合实际工程应用却鲜有系统研究,因此,本文围绕岛群河口水环境预测问题,并结合瓯江河口实际工程应用开展研究工作。

本文将"岛群河口"作为一河口大类开展系统性研究,针对岛群河口的特点,总结了岛群河口三维精细数学模型构建的关键技术和方法,即复杂网格质量检查技术、水深地形无缝光滑处理技术、浅滩及动边界处理技术、波流双向耦合技术、模型初始条件与边界条件设置方法、模型关键参数选取方法。

由于星罗棋布的岛屿存在,岛群河口的水沙及水生态环境时空分布十分复杂。受岛屿影响,即使距离很近的两个位置,其水环境参数也可能存在较大差异性,传统"以点代面"的数学模型验证方法在岛屿林立、滩槽交错的岛群河口显现了不适应性。本文将遥感定量反演技术用以辅助岛群河口数学模型的率定与验证,弥补了传统验证方法的弊端。

以中国典型的岛群河口——瓯江河口为例，建立了三维水沙数学模型。首先依据实测资料对数学模型进行了全面验证，模拟了连岛堤工程（以灵霓北堤为例）、围垦工程（以温州浅滩围涂工程为例）实施后对水流条件、含沙量场、盐度分布、水体交换、海床冲淤等的影响。

依托瓯江河口中的温州浅滩围涂工程为研究背景，建立了岛群河口三维水生态动力学数学模型，在温、盐季节性变化模拟结果良好的基础上，预测分析了岛群河口开发建设大型浅滩围涂工程产生的水生态环境效应，得到了溶解氧 DO、叶绿素 a、氮磷元素、沉积物中氮磷元素以及初级生产力分布变化。

由于岛群河口水动力泥沙环境及水生态环境物理特性的复杂性，本书所涉及的内容，无论深度和广度都很有限，同时限于作者的水平，错误在所难免，请读者提出宝贵意见。

作　者

2019 年 3 月 20 日

目　录

第1章 绪 论

1.1 研究背景与意义

河口是河流与海洋的汇合点,是内陆向海外开放的窗口,由于其地理位置优越、自然条件良好、滩涂及岸线资源丰富、可开发利用空间大,自古至今,历来是沿海各个国家人口集中,经济发展的重心。伴随世界经济日新月异,科学技术迅猛发展,人类河口开发利用程度愈演愈烈,水环境平衡遭到严重破坏,已引起全球的普遍关注。

水环境作为地球最基础环境之一,是人类生产生活之本。河口过度开发利用引发的一系列水环境问题已经成为当今世界各国所面临的重大问题之一。中国作为发展中国家,经济发展是重中之重,水环境保护意识相对淡薄,如何在最大限度开发利用河口地区资源的同时,又尽量减少水环境负面影响是值得人类深思的问题。因此,研究分析河口开发利用引起的水环境预测问题,借此进行相关工程应用和预测研究,有着显著的科学价值与引导作用。

1.2 研究现状综述

1.2.1 河口开发利用现状

河口地区凭借其地理位置优势,往往是各沿海国家经济发展和交通枢纽中心,许多耳熟能详的大城市都位于河口地区,例如:美国的纽约、英国的伦敦、荷兰的阿姆斯特丹、中国的上海、天津、广州等。随着时间的推移,逐渐由早期的航运、筑堤防灾的阶段过渡至以围垦造地、综合开发利用的全面发展阶段,开发利用方式逐渐多样化,开发利用规模逐渐扩大化。

19 世纪 50 年代左右,在海上运输业以及造船业不断进步的同时,部分海域的自然水深最终难以实现正常航运。法国于 1848 年开始采用疏浚方式增加航道水深来整治塞纳河口,后来,人类发现由于河口地区水沙环境复杂,仅仅通过这种方式无法保证水深条件达到有效利用标准。进入 20 世纪,面对欧洲与美国地区的河口问题,人们决定将疏浚、治理工程结合在一起,共同进行改善[1]。

莱茵河口地区在1953年曾因堤防决口、海水倒灌,导致近两千人死亡和经济财产的巨大损失,因此,荷兰政府于1958年批复莱茵河口治理工程计划。此项计划基于挡潮、航运等方面需求,依靠活动坝堵住河口,水位正常阶段,始终开放水闸,如果上游水位下降,会立即闭合,从而使莱茵河水统一由鹿特丹港到达海洋,不但解决了淡水需求,而且能够使水质得到有效管理,满足航运标准。

密西西比三角洲河口呈鸟足状,经由东汉道、西南汉道和南汉道汇入墨西哥湾。截至目前,这一河口已实现了多次改善治理,初期阶段,主要利用疏浚措施进行处理,无法保证航道水深达到要求,为此实施了双导堤、丁坝导流以及疏浚相结合的处理方案,把入海口门转移到墨西哥湾强流区,全面优化排沙环境,保障了该河口良好的通航水深条件。

河口开发利用方式除了航道疏浚等整治工程外,滩涂围垦造地也是河口地区开发利用的重要方式之一。世界上许多土地资源不足的沿海国家和地区,都将滩涂围海造地作为拓展人类生存空间的重要方式。罗马时代,英国就已经开始在赛文河口围垦造地,荷兰围海造地历史长达800年之久,造地面积可达上万平方公里,占荷兰总国土面积近三成,新加坡近几十年内也围海造地面积达上百平方公里。日本填海造地更为广泛,如神户的港岛填筑、六甲人工岛、关西机场等都是建在浅海处。韩国在近几十年中围填海面积也超过2000km^2。

我国河口治理开发经验也十分丰富,例如:位于中国长江河口的"长江深水航道治理工程"自1998年开工以来,有序地开展了一系列整治措施,有效地维护了航道水深条件,发挥了巨大的经济效益和社会效益,拉动了长江三角洲地区城市的快速发展,也是世界瞩目的宏伟工程之一[2]。长江口地区采用围海造田方案,新增良田面积达到1000km^2,进一步提升了城市发展空间[3]。与此同时,还有上海浦东机场、上海化工园区、南汇东滩围垦工程和洋山港填海工程等。

黄河挟沙量居世界之首,海洋动力较弱,属弱潮河口,致使黄河口三角洲不断淤涨,河口数次改道[4],为了稳定河势,政府多次出资修建黄河堤防、开挖疏浚航道,以保障附近居民生产、生活的安全[2]。1953、1964以及1976三年中,黄河口进行了三次改道,1988—1992年,构筑导流堤且完成了疏浚拦门沙等工程研究分析;1996年,进行了改道治理;1998年,完成了疏浚治理;大大提高了黄河抗洪的能力。河口建成的胜利油田年产量高达2000万~3000万吨,通过造陆开发的东营市,目前人口总数超过160万[5]。

珠江河口也陆续采取了一系列大规模河口整治措施,包括航道疏浚、裁弯取直、修建护岸等,以满足防洪需求,除此之外,为了促进珠江三角洲的经济发展,河口滩涂多次被围填造地,也修建了多个港口码头工程,对伶仃洋出海航道、广州出海航道、黄茅海出海航道等也采取了整治措施[6]。

瓯江口是中国第五大河口,口外岛屿星罗棋布,大大小小岛屿达数百个,属于典型的岛群型河口,是温州经济发展的战略重地。近年来,瓯江河口开展了多次大规模开发利用工程[7,8],例如:瓯江南口工程[9]、灵霓北堤建设[10]、温州浅滩围涂工程[11]、温州30万吨航道工程[12]、大小门岛围垦工程[13~15]、洞头峡围垦工程[16]、瓯飞围垦工程[17]、状元岙深水港[18]、洞头北岙后涂围垦工程、洞头北岙与霓屿连接工程[19]等,围涂总面积近40万亩,极大地拓展了城市发展空间,推动了浙江社会经济的快速发展。

1.2.2 海岸河口三维水沙数值模拟现状

(1)三维潮流数模研究

自20世纪50年代,人类才真正开始采用数值方法研究海洋流体动力问题。潮流数值模式按照维数分为一维、二维、三维[20],自Leedertse建立第一个三维水动力模型以来,国内外许多学者针对三维数值模拟方法开展了大量研究工作,取得了丰硕研究成果,其中认可度较高的三维数值模式有:美国普林斯顿大学的POM模式、ECOM模式,美国陆军工程兵团的CH3D模式[21-26],Chen等人开发的FVCOM模式[27],Shchepetkin和McWilliams开发的ROMS[28]模式等。一些数学模型还发展成了品牌商业软件,例如:美国的SMS-RMA10[29]、丹麦水力学所DHI研发的MIKE 3[30]、荷兰Delft水力学开发的Delft-3D[31]。

在海岸河口地区,既受到外海潮波的影响,又同时受到上游下泄径流的影响,其水动力条件复杂、盐淡水混合、含沙量及其他水质参数的垂向分布也具有明显的分层效应。为了合理模拟这种垂向分布的不均匀性特征,就必须采用三维数值模式,这加速了三维数学模型在河口海域的推广应用。Alan F. Blumbergetal采用ECOM[32]模型模拟了纽约港的水动力场,在验证良好的基础之上,计算了该海域余流场,并分析了影响模拟结果的敏感影响因子。Huang W. et al.采用POM模型[32]计算了佛罗里达Apalachicola海湾风场对盐度场和潮汐通量变化的影响,结果表明风场对盐度场和潮流场均有显著影响。赵洪波等基于EFDC程序建立了九龙江河口湾三维数学模型,模拟了河口湾水流运动规律[34]。吴年庆利用POM模型对长江口水域进行了潮流数值模拟,并进行了可视化处理[35]。刘祖发[36]等采用不规则网格有限体积近岸海洋三维模型FVCOM对虎门水道至伶仃洋的盐水入侵现象进行数值模拟,并通过各站测量结果全面评估模型的准确性,最后基于水动力特征、盐度情况和垂向分层状态实施了全面研究与探讨。

三维潮流数学模型经过数十年的发展和实际工程检验,其基本方程理论形式和求解方法已比较完善,并广泛应用在海岸河口实际工程水动力研究之中,当前发展方向多集中在紊流模式、边界层概化、动边界处理、并行计算等细部问题上,以使得模拟精度进一步提高。

(2)三维泥沙数模研究

泥沙数学模型可以利用有限的现场水文资料开展复杂的水沙环境变化研究,比选不同工程方案的优缺点,具有研究周期短,花费少,不受现场条件、仪器设备、试验场地等客观条件变化带来的计算结果误差,因此被广泛应用于海岸河口工程规划、工程设计、后评估等研究领域[37-46],发挥了有效的技术指导作用。

鉴于海岸河口泥沙运动现象的复杂性,只有三维泥沙数学模型手段才能更好地复演泥沙输运的这种复杂特性,随着计算机的迅速发展和泥沙理论的不断完善,国内外许多学者近年来致力于三维泥沙数学模型的开发和应用,代表性的研究工作有:曹慧江等人[47]利用三维泥沙输运数学模型研究了长江河口横沙浅滩建设挖入式港池后其泥沙环境变化影响,为工程方案优化决策提供了有效的技术支撑。孙志林等人[48]从三维微分竖向积分方程研究了河口泥沙恢复饱和系数、沉降速度、临界切应力,除此之外,还分析了泥沙数值计算中有关网格剖分、数值格式、模型验证等具体问题。Wang 等[49]基于 POM 和 SWAN 耦合模型研究了亚得里亚海在波流共同作用下其泥沙输运和再悬浮现象,揭示了底部边界层对泥沙再悬浮的作用。Xie 等[50]基于 EFDC 代码建立了长江口泥沙三维数学模型,研究了在长江深水航道不同位置处倾倒疏浚泥沙后其泥沙运移轨迹,以用于选划抛泥区位置,确定航道疏浚方案。

方红卫等[51,52]引入了非平衡输沙模式,采用非正交曲线网格剖分方法,建立三维悬沙数学模型,复演了三峡水库 1976 年的泥沙淤积过程,较好地重现了实际情况。丁平兴等[53]建立了耦合波流共同作用的三维泥沙输运模型,该模型可针对海岸河口进行有效模拟。王厚杰[54]基于三维水动力泥沙数学模型,对黄河口悬浮泥沙堆积情况与动力体系进行了研究探讨。陆永军等[55]结合紊流随机概念,建立 Reynolds 应力数值格式,把二维悬沙运动、床沙级配控制方程推广应用到三维泥沙数学模型,建立了适用于中国海的三维紊流悬沙数值模式。王崇浩等[56]采用三维水动力及泥沙数学模型,模拟了珠江口泥沙运移规律,该模型基于有限单元法,其模拟结果与实测值比较接近。张丽珍[57]建立了黄骅港海域三维泥沙数学模型,该模型采用 EFDC 计算程序,模型中采用多组分泥沙,其模拟结果更加符合实际情况,王效远[58]基于张丽珍的研究成果,又进一步分析近岸海域波浪状态与悬沙分布间的关系，以此为前提，全面探究黄骅港航道泥沙回淤规律。胡德超[59]建立了三维泥沙数学模型模拟河床冲淤变化，该模型采用非结构化三角形网格，较好地拟合了复杂陆域边界。马方凯[60]在ECOMSED基础之上进行了改进，加入了动边界处理方法，并考虑了不平衡推移质输沙情况，弥补了该模型的不足之处。刘高峰[61]将泥沙模块加入到ECOM-si水动力模型之中，并模拟研究了长江河口水动力、泥沙输移规律。

河口海岸泥沙由于其原型的复杂性，使得泥沙运动现象不像潮流和波浪一样，可以通过数学方程进行很好的表达，虽然泥沙学科已有数十年发展历史，但其基础理论仍处在百家争鸣的阶段，数学模型也存有很大的经验型理论成分[62]，因此，泥沙数值模拟精度远不如水动力数学模型精度高，其重在把握宏观规律和整体量级，泥沙模型无论从理论方法还是建模具体操作上都存在较大提升空间。

1.2.3 河口海岸三维水质数值模拟现状

水质模型（Water Quality Model）是定量描述水质要素（例如：溶解氧DO、化学需氧量COD、生化需氧量BOD、叶绿素等）在湖泊、河流、海岸河口、海洋等各种水环境中随时间变化和空间变化而迁移转化规律的数学表达式[63,64]，目前人类广泛采用这种数值模拟方法模拟预测各种水环境问题，并指导人类更好地开发利用及管理地球水资源。水质模型理论主要有模糊理论、灰色理论、随机理论等，实际应用领域广泛，包括水环境过程复演、水环境行为预测、水环境质量评价、水资源科学管理规划等各个方面，在研究方法上包含解析解、浓度表达法、数值解等[65]。

第一个水质模型是美国于1925年研究俄亥俄河水环境问题时开发的DO-BOD模型，水质模型发展至今已有近百年历史，之后，随着水环境问题越来越引起人类普遍关注，许多学者投身于水质模型研究之中，并取得可喜的科研成果，目前得到广泛认可的水质模型有WASP、SMS、EFDC、CE-QUAL-ICM、MIKE等，这些模型被广泛应用在各类水环境问题研究中。水质模型发展历程从最初简单的零维模型，到后来的一维模型、二维模型，再到后来的三维模型、多维模型，目前许多综合性的复杂水生态结构动力学模型也开始应运而生。我国自20世纪80年代从水库、湖泊开始着手于水质模型研究，后来随着科学技术的进步，水质模型也渐渐被应用到海岸河口研究之中，并得到迅速发展，如河海大学研发的Hwqnow模型[66]，清华、同济等众多院校及相关科研机构同样完成了水质模型的分析与探索。

结合相关准则要求，可以对水质数学模型进行合理分类，基于分析对象，主要包括地表水、地下水两类模型；基于数学工具，可分为确定性、随机、规划、灰色等模型；基于空间维度，主要有零维、一维等模型；基于模型表达式中有无时间变量，可划分为稳定模型和动态模型；基于模型所考虑因素多少，可分为单因素模型、多因素模型。目前得到广泛认可并应用于实际问题研究的三维水质模型主要包括以下几个：

水质分析模拟程序 WASP（Water Quality Analysis Simulation Program）由美国国家环保局环境研究实验室开发，此模型能够对各种情况造成的水质问题进行描述、预测，以此为前提，开展水质改善工程。WASP 模型目前被广泛应用于各种水环境问题预测研究，是基于箱式模型理论，通过采取对水体合理分段方式，实现水环境模拟，可应用于水库、湖泊、河流、河口、海洋等，模拟维数可根据需求实现一维、二维或三维模拟[67]。

CE - QUAL - ICM 是由美国陆军工程兵团开发的河流、湖泊、海洋集成网格三维数学模型，是世界上目前开发程度最高的模型之一[68]。MIKE SHE 是由丹麦水动力研究所开发的大型水资源综合模拟系统商业软件。该模拟系统除了可以实现水环境模拟外，还可应用于水文分析、地下水模拟、水库调度、水量分配等。该系统界面友好、前后处理直观方便，应用领域十分广泛，是优化管理水资源，帮助政府科学决策的有效工具之一[69,70]。

EFDC（Environmental Fluid Dynamics Code），是一款三维水动力—泥沙—水质数学模型，由美国国家环保局（EPA）资助开发。该模型不仅可以模拟水动力、温盐场、示踪剂等物理场，还可以模拟包括黏性泥沙和非黏性泥沙的多组分泥沙场，除此之外，也能够与水动力、泥沙两种模块耦合，全面模拟溶解氧 DO、氮、磷等基本参数[71]。此模型综合气象环境、植被阻力等一系列因素，边界情况和现实状态基本一致，所得结果科学有效，应用领域十分明显。Men 等人[72]依靠 EFDC 模型，全面模拟 Caloosahatchee River Estuary 溶解氧分布与季节气候间的关系，研究发现溶解氧与温度呈负相关，温度越高，溶解氧浓度随之下降，同时表明风力影响与溶解氧浓度之间呈正相关。Jeong 等人[73]采用 EFDC 三维水质模型研究分析了 Geum River 下游盐水入侵特点，并模拟了其他水质参数分布变化规律。Gong 等人[74]采用 EFDC 三维水质模型模拟了磨刀门河口上游下泄径流和外海潮波传播对旱季盐水上溯入侵规律的影响情况。Park 等人[75]采用 EFDC 三维水质模型模拟了 Kwang-Yang 湾富营养化过程。Lin 等人[76]基于 EFDC 模型研究分析了 Cape Fear 河口水质变化状况。EFDC 模型还能耦合 WASP、SWAN、CE-QUAL 等其他数值模型，用于研究复杂水环境问题。EFDC 模

型被广泛应用于水动力过程模拟[77]、水体交换过程模拟、泥沙输运过程模拟、污染物扩散规律模拟、溶解氧分布规律模拟[78]，盐度扩散及分层规律模拟[79]、藻类生长预测等诸多方面，并与许多具体实际工程应用结合起来[80]，切实解决人类生产生活引发的各种水环境问题，为水环境保护工作做出突出贡献，并有效指导了政府部门作出科学合理决策。

1.2.4 遥感技术在水环境中的应用现状

遥感技术是从远距离感知目标反射或自身辐射的电磁波、可见光、红外线，对目标进行探测和识别的对地观测手段，主要包含了地面、航空等一系列演变过程[81]，成为获取地球信息的重要手段，并在水环境中得到广泛应用。

传统的水环境测量必须亲自前往实地进行监测，虽然可以保证各项结果真实有效，却浪费了大量资源，一旦水域面积超出范围，将无法测出相关结果。遥感测量效率高、覆盖面广、投入少，同时能够从空间、时间层面指出各项参数的发展趋势，借此明确早期无法感知的运动特性，逐渐成为水环境分析领域一项十分重要的技术手段，借此有效弥补传统现场观测的不足之处[82]。

1960 年，美国宇航局先后发射了两颗气象卫星 TIROS-I 与 TIROS-II，为遥感技术与海洋研究工作的结合奠定了重要基础。此后，海洋卫星数量逐渐增加，成为许多国家不可或缺的技术手段。此时期，气象分析与海洋观测受到了人们的关注[83,84]。到了 20 世纪 70 年代，该项技术逐渐成为海洋环境分析的核心工具，1978 年成功发射海洋卫星 -1，也让海洋遥感上升至一个全新的技术高度。不但如此，合成孔径雷达的出现为海洋遥感提供了大量可能，此时海面温度、海浪等信息接收渠道不断完善，其利用率随之上升，让海洋资源、航海等领域拥有更加全面的技术支持[85,86]。

孔金玲等以曹妃甸近岸海域同步采集的不同深度悬浮泥沙含量样品信息为前提，结合 Landsat -5TM 遥感信息，构造出水体各层的悬沙含量遥感反演模型，并研究悬沙垂向上的空间分布规律[87]。Bridget 等[88]采用卫星遥感手段监测了海洋表层污水扩散情况。Wang 等[89]基于卫星遥感技术获取了大范围表层流速数据资料，大大节约了传统现场观测的经济成本。蒋成飞等[90]基于高光谱法遥感反演了湛江港海域叶绿素 a 浓度，研究结果表明，该海域单波段遥感反射率与叶绿素 a 浓度相关性低，波段比值和遥感反射率的一阶微分法可提高叶绿素 a 浓度反演精度。Shi[91]等基于卫星遥感技术长期监测太湖蓝绿藻藻华现象。

遥感技术能够利用光谱信息快速获取大面积的同步数据资料，且观测精度高，因此在水环境监测中得到广泛应用，但是遥感技术不具有水环境预报能力，且只能观测水体表面有限的几种水质参数。而水环境数学模型则具有很好的预报能力且能模拟种类繁多的水质参数，并且可以模拟水质参数在水体中的垂向变化趋势，但数值模拟方法也有不足之处，比如：初始条件和边界条件很难给定，计算结果验证与率定困难等。因此，一些学者试图将遥感技术和数值模拟技术结合起来，发挥二者各自的优势条件，更好地研究和解决水环境问题。

Alessandro 等[92]结合卫星遥感观测技术和数学模型模拟技术预测污染物浓度扩散（如石油泄漏），大大提高了数学模型的准确性。Ouillon 等[93]在数值模拟期间，基于 Landsat ETM + 浊度数据对参数调整、所得结果进行了检验。张鹏等[94]针对水体范围高动态变化的鄱阳湖，充分发挥数值模拟和遥感各自的优势，使用从 MODIS 影像上提取的水体范围调整鄱阳湖水体边界条件，校准模型参数，同时和模拟所得结果事实交叉检验，最终结果显示，经模拟得到的水体范围与 MODIS 无云影像提取的湖泊水体范围具有较高的一致性，水体面积平均相对误差为 5.7%。张立奎等[95]依靠多时相卫星遥感影像水边线高程反演技术，对渤海湾西南部潮滩高程进行反演，借此完成周边海域潮流数值模拟分析，为大范围潮滩的潮流数值模拟过程提供了具体、有效的潮滩高程信息。

1.3 目前存在问题

根据以上综述，目前针对河口开发利用、水沙环境、水质模型开展的研究工作已经取得相当丰富的成果，然而专门针对瓯江河口这种"岛群河口"这一特殊属性河口开展系统的水沙及水质环境数值模拟研究工作却鲜见报道。结合国内外研究现状，围绕本文所选研究对象，目前主要存在的问题归纳如下：

(1)岛群河口水环境特征认知问题

目前关于河口的分类标准繁多，但尚未形成国内外公认的划分标准，而且目前尚未发现有以河口口外或附近海域有无岛屿或岛屿多寡来划分河口类型的。

在众多河口当中，有些河口口外滨海段或近河口海域基本无岛屿存在，例如：尼罗河口、黄河口；有些河口口外虽有岛屿存在，但数量较少或分布较散，例如：萨凡纳河口、榕江口；有些河口口外岛屿成群且分布较集中，例如：乌拉圭河口、瓯江口、椒江口。本书把这类口外滨海段或近河口海域岛屿成群的河口简称为"岛群河口"，这里并非严格地给河口分类下定义，而是将具有此类特征的河口给予统称。

以往研究中，岛群河口其岛群特征未引起学者关注，开展的有针对性的系统研究工作也少之又少，岛群河口除了有一般河口通常的复杂特性外，还受到岛群效应影响,表现出其自身特有的水环境。近年来,河口海岛开发利用掀起了热潮,开发利用手段也由单一的沿海滩涂围垦,航道疏浚等发展为连岛工程、岛群间滩涂围垦造地、岛群建港等,对岛群河口海域的水环境影响也越来越大。岛群河口既受上游径流影响,外海潮波影响,同时又受到岛群效应影响,岛群河口水环境特征如何?大规模开发利用所带来的负面环境效应如何?这些都是亟需研究的问题。

(2)岛群河口数学模型概化问题

数学工具是在人类认识自然的过程中发展出的有效语言,它可以把具体、零散的自然现象抽炼成物理规律,并以明确、通用的数学方程或方程组形式表达。建立数学模型是一种科学,其意在真实反映自然规律。计算机的迅速发展使得数学模型被越来越广泛地应用于解决海洋工程实际问题,并逐渐占据主导地位。

以往学者在海洋数学模型研究中,往往把关注的焦点放在模型理论上,例如:修改模型中的相关方程,方程中系数的变动,增加考虑因素。而忽略了模型应用本身,对在建模时重要参数和系数的选取方法往往一笔带过或只字不提。海洋水动力泥沙环境模拟中,许多学者对于很多重要的参数经常采用“单一法”“定常值”“均匀场”“不考虑”等方式进行概化,比如:对于海床的底质条件,通常假设成单一均匀物质,但是实际海床底质其不同区域是差别很大的,尤其是对于这种岛群河口,即使在很小的一块研究区域中,其海床底质的物质组分、泥沙粒径、重度等也会相差甚远,若将此概化成单一的海床物质显然有失合理性。在泥沙运动模拟中,海床的底部切应力也是非常关键的参数,甚至直接关系到其模拟结果的正确与否,而很多学者却往往用“定常值”来概化这一参数。在海洋模拟中,经常涉及到一些初始场条件,惯用方法是假设一“均匀场”,这对受岛群效应明显的河口,也显然是不适应的。泥沙的起动、絮凝沉降等与盐度值有很大关系,尤其是在盐淡水混合的河口中,盐度值不能作为“不考虑”项被忽略掉。

在数学模型应用中,有些假设在简单的河口区可能还适应,但是在岛群河口这种复杂地形中,其海床底质条件、涉及到水沙空间分布的重要参数不再是能用单一定常值、简单线性差值所能概化的。过于简单的模型概化或者忽略,会使得模拟结果与实际情况有较大差异,甚至得到不科学的研究结论。

理论的发展最终需要归结于对实践的指导。如何利用基于当前认知水平的理论对实际的工程需求问题进行研究,或者更为形象地说,如何在更大程度上发挥理论的指导作用,便成为一个重要问题。实际海洋中的各动力,包括潮流、波浪和泥沙运动均处在一个高度耦合的环境中,与外界能量,包括风、热能、降雨、生化等各种因素混合,并在不同的空间尺度和时间尺度上得到体现。如此复杂的自然现象,若反映在数学理论上,必将引入各种各样的基本假设,这是难免的。但在这些假设中,如何“抓住主要矛盾,舍弃次要矛盾”,如何在数学模型中对复杂的海洋现象进行合理概化,尽量缩减与实际情况之间的差距则需要引起更多学者的关注,并开展相关深入地研究工作。

(3)岛群河口数模率定与验证的问题

由于海洋地域的广阔性、时空分布的复杂性,加之数学模型中又涉及到众多待定的参数,而这些参数的取值多数无法在现场测得,从而需要在模型调试中率定。率定后的参数需要利用独立的资料进行验证,检验所建模型的有效性。目前,惯用的海洋水环境模型率定思路:就是利用现场水文资料测得的几个定点的水流、含沙量、盐度、水质过程线,资料长度多数在一个至几个潮周期的时间尺度上。在岛群河口水环境数值模拟研究中,研究域往往比较大,加之岛屿林立、滩槽交错、空间差异性很大,几个定点的短时期的小范围尺度的观测结果很难反映实际海洋复杂的“面”的特性,尤其是含沙量,它随着季节、天气条件、风况、位置的不同发生很大的变化,甚至达几十倍、数百倍的变化关系,现场测量时需选择风平浪静的好天,在保证人员安全出海的情况下,才能进行施测,而且通常只能在近岸观测。但是,海洋的含沙量大小与天气条件存在很大的关系,无风天或者小风天,含沙量通常很小,而在大风天时,含沙量则陡增,可能是无风情况下的数百倍。因此,但凡现场实测的含沙量基本都偏小,根本无法代表实际海洋的含沙量特征,但含沙量的大小又关系到泥沙回淤预测、海床演变预测的结果,怎样才能弥补传统验证方法的不足之处也是亟需解决的重要问题。

(4)与岛群河口开发利用实际工程结合问题

水环境数学模型这一研究手段只有应用到实际工程当中才能发挥其真正的价值所在,因为研究手段的发展最终需要落实于对实践的指导才有意义。瓯江是浙江省的第二大河,口外岛屿林立,地形十分复杂,是中国最为典型的岛群河口之一。随着温州经济的持续升温,逐步加大了对瓯江口海域的开发程度,其数量之多,规模之大已达到惊人程度,仅浙江沿海就有 346 个海岛已被不同程度地开发利用。开发利用方式多样,包括航道疏浚、滩涂围垦造地、连岛工程、岛群建港等,致使瓯江河口水环境发生较大改变,水环境压力也越来越大。国内学者针对长江口、黄河口、珠江口这几大河口开展的系统研究较多,而针对瓯江口这样的典型岛群河口开展的研究却较少,鲜有学者针对这种类属的河口开展系统全面的研究工作。

1.4 本书主要研究工作

目前国内外学者虽然针对河口水环境问题已经开展了大量研究工作，但将岛群河口这一类属性质河口作为一大类，关注岛群特征并结合实际工程应用的却鲜有系统研究，因此本文拟开展以下几个方面的研究工作：

(1)岛群河口三维精细数学模型构建关键技术研究

在岛群河口三维水环境数学模型建立时，会涉及到许多重要的参数和初始场，舍弃以往惯用的"单一法""定常值""均匀场""不考虑"等概化方式，针对岛群河口复杂、不均匀性的特点，精细刻画模型的构建方式。具体包括：风及波浪动力的考虑、盐度的考虑、海床底质条件概化与实际海床匹配方式、底部切应力设置与水动力条件及地形相匹配方式、泥沙沉降与再悬浮的考虑等。

(2)遥感定量反演技术辅助数模率定与验证

现有的含沙量率定与验证模式根本无法代表实际海洋真实的含沙量场，拟采用遥感技术手段得到的大范围、不同时间段的海洋含沙量场分布特征，并将其利用到含沙量率定与验证当中，以弥补仅利用传统现场观测资料进行数模验证的不足。除此之外，还利用遥感定量反演技术反演盐度、藻类(叶绿素)、COD(化学需氧量)、BOD(生化需氧量)、总氮等水环境参数，以弥补传统"以点代面"验证方法的弊端，以提高数学模型的准确性和计算精度。

(3)结合岛群河口开发利用实际工程开展水环境效应系统研究

本文拟依托瓯江口这一典型岛群河口开发利用工程为背景，研究在岛群河口实施建设大型连岛堤工程(以灵霓北堤工程为例)对岛群河口水沙环境的影响，具体包括对水流条件的影响、盐度分布的影响、泥沙环境的影响、海床冲淤的影响、水体交换的影响等；预测研究在岛群河口实施建设大型岛间浅滩围涂工程(以温州浅滩围涂工程为例)对岛群河口水生态环境的影响，在温、盐季节性变化规律模拟结果良好的基础之上，开展溶解氧 DO、叶绿素 a、海水中的氮磷元素、沉积物中的氮磷元素以及初级生产力变化预测模拟，分析岛群河口大规模工程开发利用引起的水生态环境效应。

第 2 章　岛群河口三维精细数学模型计算理论与方法

从河口分类研究综述中可知,目前关于河口的分类标准繁多,但尚未形成国内外公认的划分标准[96]。在众多河口当中,有些河口口外滨海段或近河口海域基本无岛屿存在或数量较少、分布较散,而有些河口口外岛屿林立且分布集中,本文将此类河口统称为"岛群河口"。岛群河口除了具有一般河口"上游受径流影响、外海受潮波影响、盐淡水混合、受人类活动影响大"等普遍特征外,同时又兼有岛屿数量多、陆域边界不规则、滩槽交错、底质类型复杂、生物类型多样等诸多特点。以往研究中,岛群河口其岛群特征未引起学者广泛关注,也尚未发现有学者将其作为河口大类开展系统性研究工作。

数学模型作为国内外广泛应用的一种研究手段,具有高效性、经济性、精确性等诸多优点,在海岸河口水动力、泥沙、水生态环境问题研究中正逐渐取代传统的物理模型试验研究。因此,本章围绕岛群河口这一特殊河口类型,针对岛群河口特点,探讨搭建岛群河口三维精细数学模型的计算理论与方法。

EFDC 作为一款综合型的水环境数学模型软件,目前已被广泛应用于海岸河口水环境数值试验中来解决实际工程问题。值得注意的是,EFDC 源代码程序是对外开放的,学者可根据自己的实际需求对程序进行改进。因此,本文基于源代码程序 EFDC 搭建岛群河口水环境数学模型并开展一系列试验研究。

2.1　岛群河口基本特征

岛群河口由于河口处岛屿群的存在,使得岛群河口相比其他河口而言,具有其特殊属性,主要包括以下几点:

(1)河口处岛屿数量多

岛群河口在其河口位置处,往往分布着大大小小诸多岛屿,比如:瓯江河口口外岛屿星罗棋布,岛屿众多,有大门岛、小门岛、霓屿岛、洞头列岛、状元岙岛、大瞿岛、竹屿岛等上百个岛屿;椒江河口口外分布着点灯岛、大茶花岛、东矶列岛、蛇山岛、大陈岛等数十个岛屿,详见图 2-1。

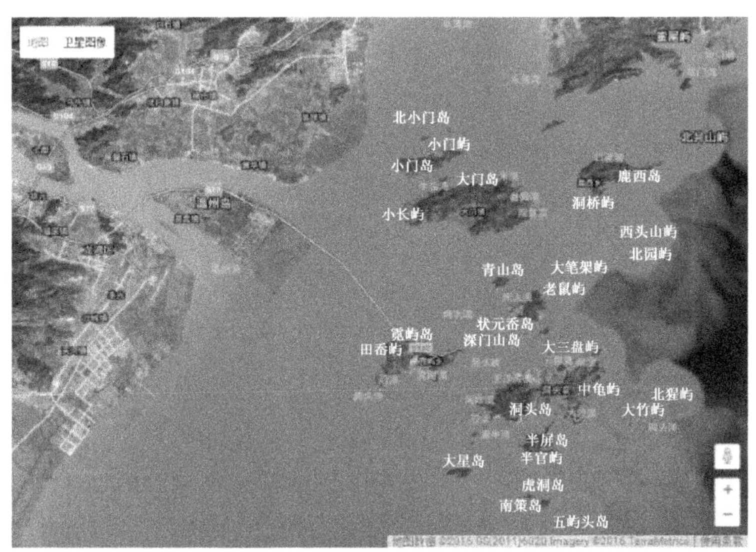

a)瓯江河口

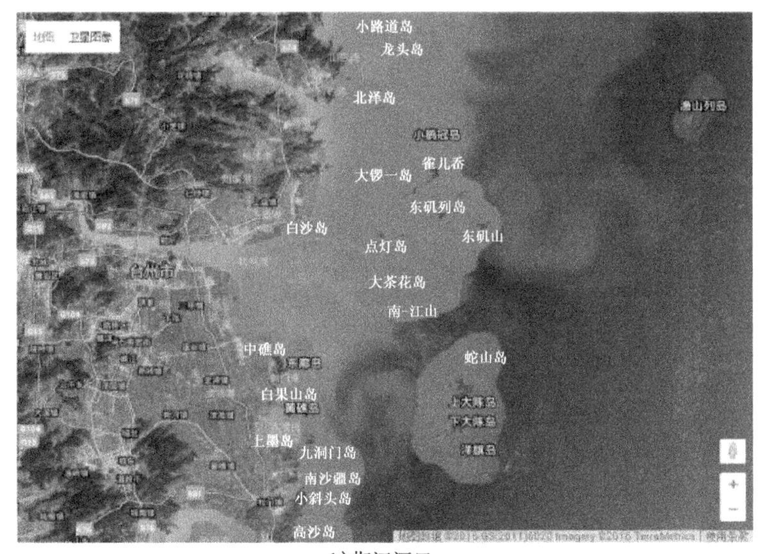

b)椒江河口

图2-1 岛群河口地理形势

(2)陆域边界形状不规则

岛群河口由于河口处岛群的存在,使得陆域边界条件十分复杂、极其不规则,由于岛屿大小差异悬殊、形状千姿百态,每个岛屿其形态都是独一无二的,这就使得岛群河口和其他无岛屿或少岛屿河口相比,其陆域边界条件要复杂得多,这会大大增加数学模型计算域网格剖分的难度,同时对网格质量要求也更高。

(3)海底地形滩槽交错

河口处若分布着岛群,其水动力泥沙环境等就会更加复杂,而海底地貌特征是与水动力泥沙环境相适应的,岛间狭道处往往水流强劲,海底被冲刷出条条沟槽,而岛间回流区又往往是泥沙易堆积的区域,使得地势抬高,形成浅滩区,这就筑造了岛群河口滩槽交错,复杂的海底地貌特征,见图2-2。

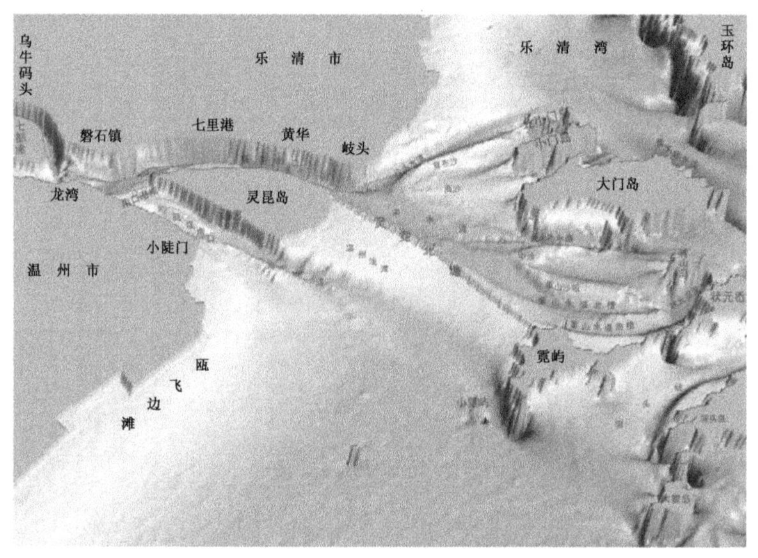

图2-2 岛群河口海底地貌

(4)底质类型多样化

岛群河口的底质类型复杂多样,比如:瓯江河口的底质类型包括中细砂(MFS)、细砂(FS)、粉砂(T)、砂-粉砂-黏土(STY)、黏土质粉砂(YT)和粉砂质黏土(TY)等。其中黏土质粉砂广泛分布在瓯江口外岛间水道、乐清湾、洞头列岛及温州湾水域,其中值粒径基本在0.005~0.02mm之间。细砂和中细砂主要分布在瓯江口内外、大小门岛周边及状元岙北侧深槽水域,其中值粒径基本在0.1~0.2mm之间。粉砂质黏土分布在洞头峡-5m深槽及洞头岛东侧深槽内,其中值粒径基本小于0.005mm;粉砂和砂-粉砂-黏土分布在青山岛西侧、洞头岛东侧及洞头渔港深槽局部水域,其中值粒径基本在0.007~0.03mm,如图2-3所示。

(5)水沙环境受岛群影响明显

岛群河口其河口位置处岛屿星罗棋布,岸线凹凸不平,海流入射到凹凸不平的岸线后容易形成离岸流、涡旋等,潮波受岛群阻挡后,也易形成环流、回流等复杂流态,波浪传播在遭遇岛群时,也会发生多次折射、反射、绕射等现象,泥沙运

移与水动力条件密切相关,岛群河口海域的泥沙运移趋势由于受滩槽格局的复杂地形影响,受星罗棋布的岛屿群影响,受复杂流态影响,相比一般河口而言,其泥沙环境更加复杂(图2-4)。

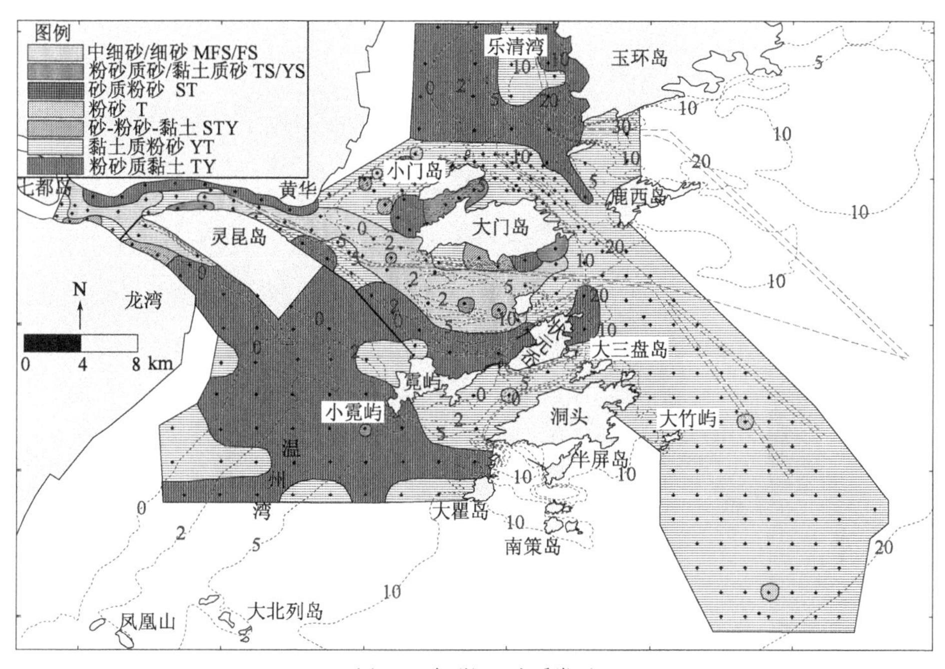

图2-3 岛群河口底质类型

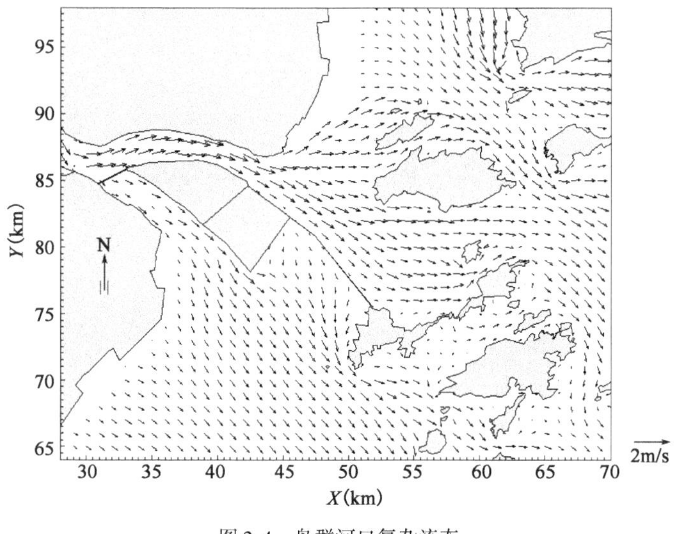

图2-4 岛群河口复杂流态

(6)生物类型多样化

岛群河口其潮间带底质类型多样化,或泥底质,或砂底质,或岩礁底质等;因受岛屿群掩护,一些水域避免直接遭受风浪、潮流等的不断侵袭;潮波受岛群阻挡后,形成的环流、涡旋等复杂流态,这些水力学现象都有利于水体上下掺混更充分,增加水体中的溶解氧含量,这些因素都会使得岛群河口和一般河口相比,其生物类型更加多样化。

2.2 水动力计算模式

2.2.1 坐标变换

海底地形复杂时,垂向空间离散通常采用 σ 坐标系进行处理,能够让计算域中的垂直分层完全一致,一方面能够增加浅水区垂向分辨率,另一方面能够让侧向岸边界完全相同,进一步简化数值运算流程。以下是坐标变换公式:

$$\sigma = \frac{z-\zeta}{H+\zeta} \tag{2-1}$$

式中,$-1 \leqslant \sigma \leqslant 0$,表面处 $\sigma=0$,底部处 $\sigma=-1$;$H(x,y)$ 为海底地形;ζ 代表潮位;表面与底部的间距为总水深 D,$D=H+\zeta$(图 2-5)。

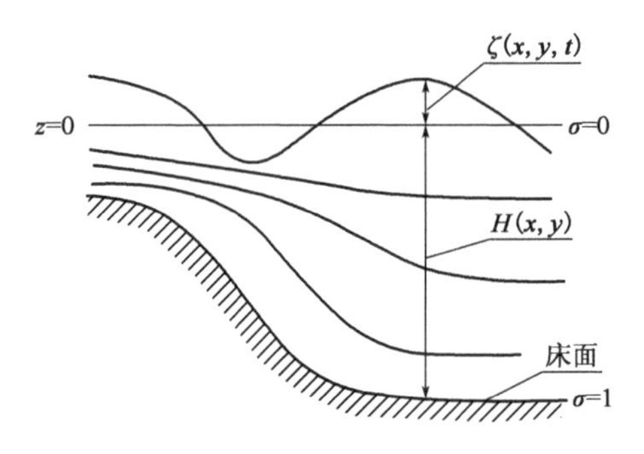

图 2-5 垂向 σ 坐标系

2.2.2 控制方程

水动力模块是基于垂向静压和 Boussinesq 假定,主控方程如下:

连续方程如下:

$$\frac{\partial(m\zeta)}{\partial t} + \frac{\partial(m_y Hu)}{\partial x} + \frac{\partial(m_x Hv)}{\partial y} + \frac{\partial(mw)}{\partial z} = 0 \tag{2-2}$$

$$\frac{\partial(m\zeta)}{\partial t}+\frac{\partial}{\partial x}\left(m_yH\int_0^1 u\mathrm{d}z\right)+\frac{\partial}{\partial y}\left(m_xH\int_0^1 v\mathrm{d}z\right)=0 \tag{2-3}$$

动量方程如下：

$$\frac{\partial(mHu)}{\partial t}+\frac{\partial(m_yHuu)}{\partial x}+\frac{\partial(m_xHvu)}{\partial y}+\frac{\partial(mwu)}{\partial z}-\left(mf+v\frac{\partial m_y}{\partial x}-u\frac{\partial m_x}{\partial y}\right)Hv$$
$$=-m_yH\frac{\partial(p+g\zeta)}{\partial x}-m_y\left(\frac{\partial h}{\partial x}-z\frac{\partial H}{\partial x}\right)\frac{\partial p}{\partial z}+\frac{\partial}{\partial z}\left(m\frac{A_v}{H}\frac{\partial u}{\partial z}\right)+Q_u \tag{2-4}$$

$$\frac{\partial(mHv)}{\partial t}+\frac{\partial(m_yHuv)}{\partial x}+\frac{\partial(m_xHvv)}{\partial y}+\frac{\partial(mwv)}{\partial z}-\left(mf+v\frac{\partial m_y}{\partial x}-u\frac{\partial m_x}{\partial y}\right)Hu$$
$$=-m_xH\frac{\partial(p+g\zeta)}{\partial y}-m_x\left(\frac{\partial h}{\partial y}-z\frac{\partial H}{\partial y}\right)\frac{\partial p}{\partial z}+\frac{\partial}{\partial z}\left(m\frac{A_v}{H}\frac{\partial v}{\partial z}\right)+Q_v \tag{2-5}$$

$$\frac{\partial p}{\partial z}=-\frac{gH(\rho-\rho_0)}{\rho_0}=-gHb \tag{2-6}$$

状态方程如下：

$$\rho=\rho(p,S_a,T) \tag{2-7}$$

盐度和温度输移方程如下：

$$\frac{\partial(mHS_a)}{\partial t}+\frac{\partial(m_yHuS_a)}{\partial x}+\frac{\partial(m_xHvS_a)}{\partial y}+\frac{\partial(mwS_a)}{\partial z}=\frac{\partial}{\partial z}\left(m\frac{1}{H}A_b\frac{\partial S_a}{\partial z}\right)+Q_{sa} \tag{2-8}$$

$$\frac{\partial(mHT)}{\partial t}+\frac{\partial(m_yHuT)}{\partial x}+\frac{\partial(m_xHvT)}{\partial y}+\frac{\partial(mwT)}{\partial z}=\frac{\partial}{\partial z}\left(m\frac{1}{H}A_b\frac{\partial T}{\partial z}\right)+Q_T \tag{2-9}$$

式中，u 与 v 分别为 x、y 方向水平速度分量；m_x 与 m_y 分别为坐标变换因子，$m=m_xm_y$；w 为边界拟合正交曲线坐标 z 方向速度分量；A_v 和 K_v 分别为垂向紊动涡黏、扩散系数；p 为相对静水压力；f 为科氏系数；ρ 为混合密度，可利用相应的状态方程进行求解；ρ_0 为参考密度；Q_u 与 Q_v 为水平、垂直两个方向对应的动量源汇项；Q_{sa}与 Q_T 为盐度与温度两者对应的动量源汇项；将式(2-2)～式(2-9)组合，便能确定出不同方向的基本变量，如速度、压力等。

对于垂向紊动黏滞、扩散两种系数而言，可以借助 2.5 阶 Mellor-Yamada 湍封闭模式计算，基于如下方程获得各项基本参数：

$$A_v=\phi_v ql=0.4\,(1+36R_q)^{-1}\,(1+6R_q)^{-1}(1+8R_q)ql \tag{2-10}$$

$$A_b=\phi_b ql=0.5\,(1+36R_q)^{-1}ql \tag{2-11}$$

$$R_q=\frac{gH\partial_z b}{q^2}\frac{l^2}{H^2} \tag{2-12}$$

式中,q 与 l 分别为紊动强度与混合长度;R_q 为 Richardson 数;ϕ_v 与 ϕ_b 属于稳定函数,借此能够对稳定以及非稳定两种垂向密度分层情况进行运算求解。

而紊动强度 q 以及混合长度 l 可以利用输移公式计算出来:

$$\partial_t(m_x m_y Hq^2) + \partial_x(m_y Huq^2) + \partial_y(m_x Hvq^2) + \partial_z(m_x m_y wq^2)$$

$$= \partial_z\left(m_x m_y \frac{A_q}{H}\partial_z q^2\right) - 2m_x m_y \frac{Hq^3}{B_1 l} +$$

$$2m_x m_y\left(\frac{A_v}{H}((\partial_z u)^2 + (\partial_z v)^2) + \eta_p c_p D_p (u^2 + v^2)^{3/2} + gK_v\partial_z b\right) + Q_q \quad (2\text{-}13)$$

$$\partial_t(m_x m_y Hq^2 l) + \partial_x(m_y Huq^2 l) + \partial_y(m_x Hvq^2 l) + \partial_z(m_x m_y wq^2 l)$$

$$= \partial_z\left(m_x m_y \frac{A_q}{H}\partial_z(q^2 l)\right) - m_x m_y \frac{Hq^3}{B_1}\left(1 + E_2\left(\frac{l}{\kappa Hz}\right)^2 + E_3\left(\frac{l}{\kappa H(1-z)}\right)^2\right) +$$

$$m_x m_y E_1 l\left(\frac{A_v}{H}((\partial_z u)^2 + (\partial_z v)^2) + gK_v\partial_z b + \eta_p c_p D_p (u^2 + v^2)^{3/2}\right) + Q_l \quad (2\text{-}14)$$

$$L^{-1} = H^{-1}(z^{-1} + (1-z)^{-1}) \quad (2\text{-}15)$$

式中,A_q 为垂向扩散系数,和垂向紊动黏滞系数 A_v 一致,可以设置成 $0.2ql$;κ 为冯卡门常数,可以设置成 0.4;B_1,E_1,E_2 与 E_3 全部是经验常数;Q_q 与 Q_l 代表源汇项。结合式(2-2)~式(2-7)以及式(2-10)~式(2-15),同时选取合理的初始、边界条件,能够建立必需的运算变量,从而得到 u,v,w,p,ζ 与 ρ。

2.2.3 边界条件

重点涉及水平与垂直两种边界条件,前者主要由侧向开、闭边界条件组成,后者主要有水体表面、底层等边界条件。

(1)表面

首先令 $\sigma=0$,$z=\zeta$,符合如下边界条件:

运动学:

$$\omega(x,y,1,t) = 0 \quad (2\text{-}16)$$

动力学:

$$\left.\frac{A_v}{H}\frac{\partial u}{\partial z}\right|_{z=1} = \frac{\tau_{sx}}{\rho} \quad (2\text{-}17)$$

$$\left.\frac{A_v}{H}\frac{\partial u}{\partial z}\right|_{z=1} = \frac{\tau_{sy}}{\rho} \quad (2\text{-}18)$$

式中:H 为水深;u 为正交曲线坐标 x 方向水平速度分量;ρ 为水体密度;τ_{sx},τ_{sy}为表面风应力。

对于温度模块扩散方程而言，其水面边界应当符合以下要求：

$$-H^{-1}K_b\frac{\partial(\rho_w c_{pw}T)}{\partial z}=\varepsilon\sigma T_s^4(0.39-0.05e^{1/2})(1-B_cC_c)+4\varepsilon\sigma T_s^3(T_s-T_a)+c_h\rho_a c_{pa}\sqrt{U_w^2+V_w^2}(T_s-T_a)+c_e\rho_a L\sqrt{U_w^2+V_w^2}(e_{ss}-R_h e_{sa})(0.622P_a^{-1})\tag{2-19}$$

可以利用大气热交换方程得到式(2-19)右项的数值。

(2)底部

首先令 $\sigma=-1,z=-H(x,y)$，符合如下边界条件：

运动学：

$$\omega(x,y,0,t)=0\tag{2-20}$$

动力学：

$$\frac{A_v}{H}\frac{\partial u}{\partial z}\bigg|_{z=0}=\frac{\tau_{bx}}{\rho}\tag{2-21}$$

$$\frac{A_v}{H}\frac{\partial u}{\partial z}\bigg|_{z=0}=\frac{\tau_{by}}{\rho}\tag{2-22}$$

式中，τ_{bx}，τ_{by}为底摩擦应力。

(3)侧向开边界

此条件中，水动力驱动主要是依靠水位或流速实现，温、盐可借助张弛逼近手段以及辐射边界条件来完成。

(4)侧向闭边界

首先将法向流速设置成0：

$$(u\vec{i}+v\vec{j})\cdot\vec{n}=0\tag{2-23}$$

式中，$\vec{i}$、$\vec{j}$ 是 x 与 y 方向对应的单位矢量；$\vec{n}$ 是侧向边界法向单位矢量；在求解温度时，可以借助$\partial T/\partial n=0$ 来完成；在求解盐度时，可以借助$\partial S/\partial n=0$ 来完成。

2.2.4　数值求解

水动力计算模式求解方法采用内、外模式分裂法，其中前者依靠隐式格式计算出三维速率、紊动变量等，后者采用半隐式格式求解表面水位以及垂线水平流速分量。

假定垂向变量各单元相同且相邻单元之间呈线性关系，在单元内对连续方程(2-2)进行垂向积分，可得：

$$\partial_t(m\Delta_k\zeta)+\partial_x(m_yH\Delta_ku_k)+\partial_y(m_xH\Delta_kv_k)+m(w_k-w_{k-1})=0 \quad (2\text{-}24)$$

在单元内对动量方程(2-4)和(2-5)进行垂向积分,可得:

$$\partial_t(mH\Delta_ku_k)+\partial_x(m_yH\Delta_ku_ku_k)+\partial_y(m_xH\Delta_kv_ku_k)+(mwu)_k-(mwu)_{k-1}-(mf+v_k\partial_xm_y-u_k\partial_ym_x)\Delta_kHv_k=-0.5m_yH\Delta_k\partial_x(p_k+p_{k-1})-m_yH\Delta_kg\partial_x\zeta+m_yH\Delta_kgb_k\partial_xh-0.5m_yH\Delta_kgb_k(z_k+z_{k-1})\partial_xH+m(\tau_{xz})_k-m(\tau_{xz})_{k-1}+(\Delta Q_u)_k \quad (2\text{-}25)$$

$$\partial_t(mH\Delta_kv_k)+\partial_x(m_yH\Delta_ku_kv_k)+\partial_y(m_xH\Delta_kv_kv_k)+(mwv)_k-(mwv)_{k-1}-(mf+v_k\partial_xm_y-u_k\partial_ym_x)\Delta_kHu_k=-0.5m_xH\Delta_k\partial_y(p_k+p_{k-1})-m_xH\Delta_kg\partial_y\zeta+m_xH\Delta_kgb_k\partial_yh-0.5m_xH\Delta_kgb_k(z_k+z_{k-1})\partial_yH+m(\tau_{yz})_k-m(\tau_{yz})_{k-1}+(\Delta Q_v)_k \quad (2\text{-}26)$$

式中,Δ_k 为垂向单元层厚度,其界面湍动切应力表达式如下:

$$(\tau_{xz})_k=2H^{-1}(A_v)_k(\Delta_{k+1}+\Delta_k)^{-1}(u_{k+1}-u_k) \quad (2\text{-}27)$$

$$(\tau_{yz})_k=2H^{-1}(A_v)_k(\Delta_{k+1}+\Delta_k)^{-1}(v_{k+1}-v_k) \quad (2\text{-}28)$$

若垂向分为 k 层,对式(2-6)垂向积分可得:

$$p_k=gH(\sum_{j=k}^{K}\Delta_jb_j-\Delta_kb_k)+p_s \quad (2\text{-}29)$$

式中,p_s 为表面压强。

连续方程采用类似方法可离散成:

$$\partial_t(m\Delta_k\zeta)+\partial_x(m_yH\Delta_ku_k)+\partial_y(m_xH\Delta_kv_k)+m(w_k-w_{k-1})=0 \quad (2\text{-}30)$$

首先求解外模,沿水深积分得到水位,然后求解内模,即:依据水位求解流速垂向分布。

(1)外模式

控制方程为:

$$\partial_t(mH\bar{u})+\sum_{k=1}^{K}(\partial_x(m_yH\Delta_ku_ku_k)+\partial_y(m_xH\Delta_kv_ku_k)-H(mf+v_k\partial_xm_y-u_k\partial_ym_x)\Delta_kv_k)=-m_yHg\partial_x\zeta-m_yH\partial_xp_s+m_yHg\bar{b}\partial_xh-m_yHg(\sum_{k=1}^{K}(\Delta_k\beta_k+0.5\Delta_k(z_k+z_{k-1})b_k))\partial_xH-0.5m_yH^2\partial_x(\sum_{k=1}^{K}\Delta_k\beta_k)+m(\tau_{xz})_k-m(\tau_{xz})_0+\bar{Q}_u \quad (2\text{-}31)$$

$$\partial_t(mH\bar{v})+\sum_{k=1}^{K}(\partial_x(m_yH\Delta_ku_kv_k)+\partial_y(m_xH\Delta_kv_kv_k)-H(mf+v_k\partial_xm_y-u_k\partial_ym_x)\Delta_ku_k)=-m_xHg\partial_y\zeta-m_xH\partial_yp_s+m_xHg\bar{b}\partial_yh-m_yHg(\sum_{k=1}^{K}(\Delta_k\beta_k+0.5\Delta_k(z_k+z_{k-1})b_k))\partial_yH-0.5m_xH^2\partial_y(\sum_{k=1}^{K}\Delta_k\beta_k)+m(\tau_{yz})_k-m(\tau_{yz})_0+\bar{Q}_v \quad (2\text{-}32)$$

$$\partial_t(m\zeta)+\partial_x(m_yH\bar{u})+\partial_y(m_xH\bar{v})=0 \tag{2-33}$$

求解时,必须利用相关变量整理控制方程,以下是具体变化过程:

$$\partial_t\bar{U}=-m_x^{-1}m_yHg\partial_x\zeta-m_x^{-1}m_yH\partial_xp_s+m_x^{-1}m_yHg(\bar{b}\partial_xh-\bar{B}\partial_xH-0.5H\partial_x\bar{\beta})-m_x^{-1}\sum_{k=1}^{k}\Delta_k(\partial_x(U_ku_k)+\partial_y(V_ku_k))+m_x^{-1}\sum_{k=1}^{K}\Delta_k(mf+v_k\partial_xm_y-u_k\partial_xm_x)Hv_k+m_y(\tau_{xz})_k-m_y(\tau_{xz})_o+m_x^{-1}\bar{Q}_u \tag{2-34}$$

$$\partial_t\bar{V}=-m_xm_y^{-1}Hg\partial_y\zeta-m_xm_y^{-1}H\partial_yp_s+m_xm_y^{-1}Hg(\bar{b}\partial_yh-\bar{B}\partial_yH-0.5H\partial_y\bar{\beta})-m_y^{-1}\sum_{k=1}^{K}\Delta_k(\partial_x(U_kv_k)+\partial_y(V_kv_k))-m_y^{-1}\sum_{k=1}^{K}\Delta_k(mf+v_k\partial_xm_y-u_k\partial_ym_x)Hu_k+m_x(\tau_{yz})_k-m_x(\tau_{yz})_o+m_y^{-1}\bar{Q}_v \tag{2-35}$$

$$\partial_t\zeta+m^{-1}(\partial_x\bar{U}+\partial_y\bar{V})=0 \tag{2-36}$$

$$\bar{U}=m_yH\bar{u} \tag{2-37}$$

$$\bar{V}=m_xH\bar{v} \tag{2-38}$$

$$U_k=m_yHu_k \tag{2-39}$$

$$V_k=m_xHv_k \tag{2-40}$$

$$\bar{\beta}=\sum_{k=1}^{k}\Delta_k\beta_k \tag{2-41}$$

$$\bar{B}=\sum_{k=1}^{k}(\Delta_k\beta_k+0.5\Delta_k(z_k+z_{k-1})b_k) \tag{2-42}$$

变量在计算网格的布置见图2-6。

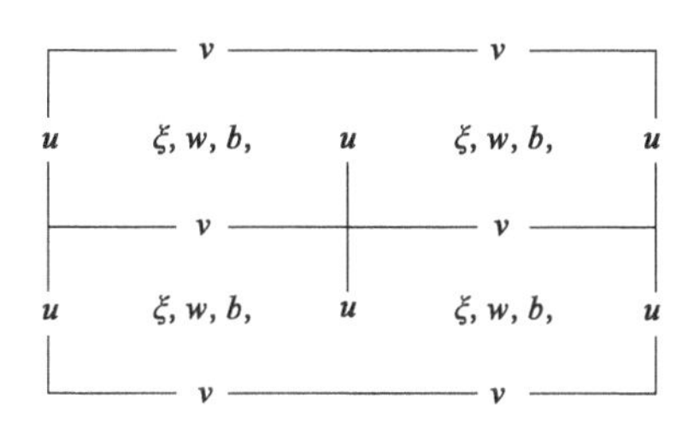

图2-6 自由表面位移居中的水平网格

当变量位于中心差分节点以外的位置时,可以借助空间平均实施估算。一般情况下,式(2-34)~式(2-36)主要通过三层显格式进行处理。以下是基本公式:

$$\bar{U}^{n+1} = \bar{U}^{n-1} - \theta (m_x^{-1} m_y H)^u g\delta_x^u(\zeta^{n+1} + \zeta^{n-1}) - 2\theta (m_x^{-1} m_y H)^u \delta_x^u p_s +$$
$$2\theta (m_x^{-1} m_y H)^u g(\bar{b}^u \delta_x^u h - \bar{B}^u \delta_x^u H - 0.5H^u \delta_x^u \bar{\beta}) - 2\theta (m_x^{-1})^u$$
$$\sum_{k=1}^{k} \Delta_k [\delta_x^u (U_k u_k) + \delta_y^u (V_k u_k)] +$$
$$2\theta (m_x^{-1})^u \sum_{k=1}^{K} \Delta_k [(mf + v_k \partial_x m_y - u_k \partial_y m_x) H v_k]^u + 2\theta m_y^u [(\tau_{xz}^{n-1})_k - (\tau_{xz}^{n-1})_0]^u +$$
$$2\theta (m_x^{-1})^u \sum_{k=1}^{K} \Delta_k [\partial_x (m_y H \tau_{xx}^{n-1}) + \partial_y (m_x H \tau_{xy}^{n-1}) + \partial_y (m_x H \tau_{xy}^{n-1}) - \partial_x (m_y H \tau_{yy}^{n-1})]_k^u \tag{2-43}$$

$$\bar{V}^{n+1} = \bar{V}^{n-1} - \theta (m_x m_y^{-1} H)^v g\delta_y^v(\zeta^{n+1} + \zeta^{n-1}) - 2\theta (m_x m_y^{-1} H)^v \delta_y^v p_s +$$
$$2\theta (m_x m_y^{-1} H)^v g(\bar{b}^v \delta_y^v h - \bar{B}^v \delta_y^v H - 0.5H^v \delta_y^v \bar{\beta}) - 2\theta (m_y^{-1})^v$$
$$\sum_{k=1}^{K} \Delta_k [\delta_x^v (U_k v_k) + \delta_y^v (V_k v_k)] -$$
$$2\theta (m_y^{-1})^v \sum_{k=1}^{K} \Delta_k [(mf + v_k \partial_x m_y - u_k \partial_y m_x) H u_k]^v + 2\theta m_x^v [(\tau_{yz}^{n-1})_K - (\tau_{yz}^{n-1})_0]^v +$$
$$2\theta (m_y^{-1})^v \sum_{k=1}^{K} \Delta_k [\partial_x (m_y H \tau_{yx}^{n-1}) + \partial_y (m_x H \tau_{yy}^{n-1}) - \partial_y (m_x H \tau_{xx}^{n-1}) + \partial_x (m_y H \tau_{yx}^{n-1})]_k^v \tag{2-44}$$

$$\zeta^{n+1} - \zeta^{n-1} + \theta (m^{-1})^{\zeta} [\delta_x^{\zeta}(\bar{U}^{n+1} + \bar{U}^{n-1}) + \delta_y^{\zeta}(\bar{V}^{n+1} + \bar{V}^{n-1})] = 0 \tag{2-45}$$

式中,θ 为时间步长。对于式(2-43)~式(2-45)而言,所有存在上标 $n+1$ 与 $n-1$ 的变量均可以认为是具体时间层的数值,而不存在标注的被认为是 n 层中的数值。而上标 u、v、ζ 则认为是变量值。

其中算子 d 的下标可以设置方向,在该坐标系中,x、y 轴中心差分方程为:

$$\delta_x[\phi(x,y)] = \phi(x+0.5,y) - \phi(x-0.5,y) \tag{2-46}$$
$$\delta_y[\phi(x,y)] = \phi(x,y+0.5) - \phi(x,y-0.5) \tag{2-47}$$

其中有限差分算子能够求出平流加速度项:

$$\delta_x^u[U_k(x)u_k(x)] = U_k(x+0.5)u_k(x+0.5) - U_k(x-0.5)u_k(x-0.5) \tag{2-48}$$

u 变量可以通过均值法计算出半步长,以下是基本公式:

$$\delta_x^u(U_k(x)u_k(x)) = 0.25[U_k(x+1) + U_k(x)][u_k(x+1) + u_k(x)] - 0.25[U_k(x) + U_k(x-1)][u_k(x) + u_k(x-1)] \tag{2-49}$$

速度面通过迎风格式进行计算,公式如下:

$$\delta_x^u[U_k(x)u_k(x)] = 0.5\mathrm{Max}((U_k(x+1) + U_k(x)),0)u_k^{n-1}(x,y) + 0.5\mathrm{Min}\{[U_k(x+1) + U_k(x)],0\}u_k^{n-1}(x+1,y) -$$

$$0.5\mathrm{Max}\{[U_k(x)+U_k(x-1)],0\}u_k^{n-1}(x-1,y)-$$
$$0.5\mathrm{Min}\{[U_k(x)+U_k(x-1)],0\}u_k^{n-1}(x,y) \tag{2-50}$$

考虑到运算结果的合理性与有效性,对于式(2-49)而言,输运项、速度项分别处于 n 和 $n-1$ 时间层,基于模拟环境采用其中一种公式完成运算。

对于式(2-43)与而言,科氏力与曲率项可以根据能量守恒定律进行处理,变量所在位置可参照图 2-7 进行了解。

$$[(mf+v_k\partial_x m_y-u_k\partial_y m_x)Hv_k]^u=0.5[(RHv_k)^\zeta(x+0.5,y)+(RHv_k)^\zeta(x-0.5,y)] \tag{2-51}$$

$$R_k^\zeta(x+0.5)=fm(x+0.5,y)+v_k^\zeta(x+0.5,y)[m_y(x+1,y)-m_y(x,y)]-u_k^\zeta(x+0.5,y)[m_x(x+0.5,y+0.5)-m_x(x+0.5,y-0.5)] \tag{2-52}$$

$$v_k^\zeta(x+0.5,y)=0.5[v_k(x+0.5,y+0.5)+v_k(x+0.5,y-0.5)] \tag{2-53}$$

$$u_k^\zeta(x+0.5,y)=0.5[u_k(x+1,y)+u_k(x,y)] \tag{2-54}$$

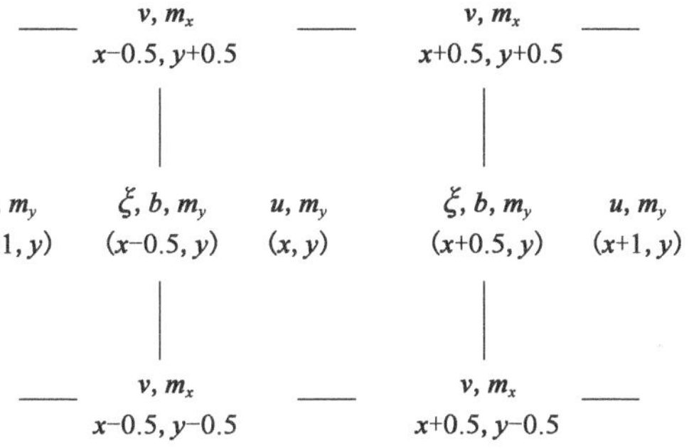

图 2-7 在(x,y)平面 u 居中的网格

源汇项可表示为水平扩散项,通常选择 Mellor 与 Blumberg[97] 提供的模式。水平应力张量基本求解方程为:

$$(\tau_{xx})_k=2A_H m_x^{-1}\partial_x u_k \tag{2-55}$$

$$(\tau_{xy})_k=(\tau_{yx})_k=2A_H(m_x^{-1}\partial_x v_k+m_y^{-1}\partial_y u_k) \tag{2-56}$$

$$(\tau_{yy})_k=2A_H m_y^{-1}\partial_y v_k \tag{2-57}$$

如果对流加速度项选择中心差分法进行处理,那么水平扩散系数 A_H 一般取偏小值,可以避免各单元出现明显的空间振荡,可参照式(2-49)进行了解。如果将水平紊动扩散系数理解为子网格尺度,那么,A_H 可以根据 Smagorinsky[98] 采用的模式进行处理。

对于式(2-43)~式(2-45)而言，需要为边界明确输运项，同时将 $n+1$ 层各项数值代入式(2-45)，综合以上三式，消掉该层无法确定的输运项，由此能够确定自由水面需要的赫尔姆霍茨型椭圆方程：

$$\zeta^{n+1} - g\theta^2 (m^{-1})^{\zeta} \{ \delta_x^{\zeta} [(m_x^{-1} m_y H)^u \delta_x^u \zeta^{n+1}] + \delta_y^{\zeta} [(m_x m_y^{-1} H)^v \delta_y^v \zeta^{n+1}] \} - \varphi = 0 \tag{2-58}$$

(2)内模式

控制方程：

$$\begin{aligned}
&\partial_t [mH\Delta_{k+1,k}^{-1} (u_{k-1} - u_k)] + \partial_x [m_y H\Delta_{k+1,k}^{-1} (u_{k+1}u_{k+1} - u_k u_k)] + \partial_y [m_x H\Delta_{k+1,k}^{-1} \\
&(v_{k+1}u_{k+1} - v_k u_k)] + \\
&m\Delta_{k+1,k}^{-1} \{ \Delta_{k+1,k}^{-1} [(wu)_{k+1} - (wu)_k] - \Delta_k^{-1} [(wu)_k - (wu)_{k-1}] \} - \\
&\Delta_{k+1,k}^{-1} [(mf + v_{k+1}\partial_x m_y - u_{k+1}\partial_y m_x) Hv_{k+1} - (mf + v_k \partial_x m_y - u_k \partial_y m_x) Hv_k] \\
&= m_y H\Delta_{k+1,k}^{-1} g(b_{k+1} - b_k)(\partial_x h - z_k \partial_x H) - 0.5 m_y H^2 \Delta_{k+1,k}^{-1} g(\Delta_{k+1}\partial_x b_{k+1} + \Delta_k \partial_x b_k) + \\
&m\Delta_{k+1,k}^{-1} \{ \Delta_{k+1}^{-1} [(\tau_{xz} - (\tau_{xz})_k] - \Delta_k^{-1} [(\tau_{xz} - (\tau_{xz})_{k-1}] \} + \\
&\Delta_{k+1,k}^{-1} [(Q_u)_{k+1} - (Q_u)_k]
\end{aligned} \tag{2-59}$$

$$\begin{aligned}
&\partial_t [mH\Delta_{k+1,k}^{-1} (v_{k-1} - v_k)] + \partial_x [m_y H\Delta_{k+1,k}^{-1} (u_{k+1}v_{k+1} - u_k v_k)] + \\
&\partial_y [m_x H\Delta_{k+1,k}^{-1} (v_{k+1}v_{k+1} - v_k v_k)] + \\
&m\Delta_{k+1,k}^{-1} \{ \Delta_{k+1,k}^{-1} [(wv)_{k+1} - (wv)_k] - \Delta_k^{-1} [(wv)_k - (wv)_{k-1}] \} + \\
&\Delta_{k+1,k}^{-1} [(mf + v_{k+1}\partial_x m_y - u_{k+1}\partial_y m_x) Hu_{k+1} - (mf + v_k \partial_x m_y - u_k \partial_y m_x) Hu_k] \\
&= m_x H\Delta_{k+1,k}^{-1} g(b_{k+1} - b_k)(\partial_y h - z_x \partial_y H) - 0.5 m_x H^2 \Delta_{k+1,k}^{-1} g(\Delta_{k+1}\partial_y b_{k+1} + \Delta_k \partial_y b_k) + \\
&m\Delta_{k+1,k}^{-1} \{ \Delta_{k+1}^{-1} [(\tau_{yz})_{k+1} - (\tau_{yz})_k] - \Delta_k^{-1} [(\tau_{yz})_k - (\tau_{yz})_{k-1}] \} + \\
&\Delta_{k+1,k}^{-1} [(Q_v)_{k+1} - (Q_v)_k]
\end{aligned} \tag{2-60}$$

$$\Delta_{k+1,k} = 0.5(\Delta_{k+1} + \Delta_k) \tag{2-61}$$

结合式(2-27)和式(2-28)，将剪切力和速度差分二者联系起来，采用连续方程联立式(2-27)和式(2-28)将剪切力和速度差分建立联系，垂向速度 w 采用连续方程(2-27)除以 Δ_k 并减去方程(2-33)后得到：

$$w_k = w_{k-1} - m^{-1}\Delta_k (\partial_x (m_y H (u_k - \bar{u})) + \partial_y (m_x H (v_k - \bar{v}))) \tag{2-62}$$

式(2-31)与式(2-32)必须分别计算。结合图2-8，能够确定 x 方向的变量所在。

首先，需要通过三层显格式离散化处理：

$$\begin{aligned}
&(U_{k+1} - U_k)^{**} = (U_{k+1} - U_k)^{n-1} - 2\theta (m_x^{-1})^u \cdot \\
&[\delta_x^u (U_{k+1}u_{k+1} - U_k u_k) + \delta_y^u (V_{k+1}u_{k+1} - V_k u_k)] -
\end{aligned}$$

$$2\theta(m_x^{-1})^u\{\Delta_{k+1}^{-1}[(Wu)_{k+1}-(Wu)_k]-\Delta_k^{-1}[(Wu)_k-(Wu)_{k-1}]^u\}+$$
$$2\theta(m_x^{-1})^u[(mf+v_{k+1}\partial_x m_y-u_{k+1}\partial_y m_x)Hv_{k+1}-(mf+v_k\partial_x m_y-u_k\partial_y m_x)Hv_k]^u+$$
$$2\theta(m_x^{-1}m_yH)^u g[(b_{k+1}-b_k)u\delta_x^u(h-z_kH)-0.5H^u\delta_x^u(\Delta_{k+1}b_{k+1}+\Delta_k b_k)]+$$
$$2\theta(m_x^{-1})^u[(Q_u)_{k+1}-(Q_u)_k]^u \tag{2-63}$$

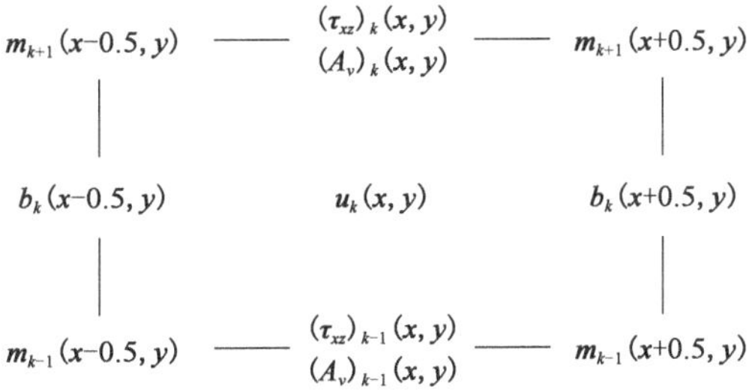

$m_{k+1}(x-0.5,y)$ —— $(\tau_{xz})_k(x,y)$, $(A_v)_k(x,y)$ —— $m_{k+1}(x+0.5,y)$

$b_k(x-0.5,y)$ $u_k(x,y)$ $b_k(x+0.5,y)$

$m_{k-1}(x-0.5,y)$ —— $(\tau_{xz})_{k-1}(x,y)$, $(A_v)_{k-1}(x,y)$ —— $m_{k-1}(x+0.5,y)$

图2-8 垂向(x,z)平面u居中的网格

$$(V_{k+1}-V_k)^{**}=(V_{k+1}-V_k)^{n-1}-2\theta(m_y^{-1})^v\cdot$$
$$[\delta_x^v(U_{k+1}v_{k+1}-U_kv_k)+\delta_y^v(V_{k+1}v_{k+1}-V_kv_k)]-$$
$$2\theta(m_y^{-1})^v[\Delta_{k+1}^{-1}((Wv)_{k+1}-(Wv)_k]-\Delta_{k+1}^{-1}[(Wv)_{k+1}-(Wv)_k]-$$
$$2\theta(m_y^{-1})^u[(mf+v_{k+1}\partial_x m_y-u_{k+1}\partial_y m_x)Hu_{k+1}-(mf+v_k\partial_x m_y-u_k\partial_y m_x)Hu_k]^v+$$
$$2\theta(m_xm_y^{-1}H)^v g[({}^{b}_{k+1}-b_k)^v\delta_y^v(h-z_kH)-0.5H^v\delta_y^v(\Delta_{k+1}b_{k+1}+\Delta_k b_k)]+$$
$$2\theta(m_y^{-1})^v[(Q_v)_{k+1}-(Q_v)_k]^v \tag{2-64}$$

$$W=mw=m_xm_yw \tag{2-65}$$

式中,**代表当前解,如果变量没有标记时间层,那么全部处于n层。式(2-39)与式(2-40)为水平体积输运U与V赋予了具体含义,W代表垂向体积输移。垂向动量通量相关方程式为:

$$(Wu)_k^u=0.25[W_k(x-0.5)+W_k(x+0.5)][u_k(x)+u_{k+1}(x)] \tag{2-66}$$

$$(Wu)_k^u=0.5\mathrm{Max}\{[W_k(x-0.5)+W_k(x+0.5)],0\}u_k^{n-1}(x)+0.5\mathrm{Min}\{[W_k(x-0.5)+W_k(x+0.5)],0\}u_{k+1}^{n-1}(x) \tag{2-67}$$

在式(2-67)中,能够得到迎风格式相关的对流速度。

针对第2次时间步,基本方程式为:

$$\frac{(U_{k+1}-U_k)^{n+1}}{2\theta m_y^u\Delta_{k+1,k}}=\frac{(U_{k+1}-U_k)^{**}}{2\theta m_y^u\Delta_{k+1,k}}+\left(\frac{(\tau_{xz})_{k+1}-(\tau_{xz})_k}{\Delta_{k+1}\Delta_{k+1,k}}-\frac{(\tau_{xz})_k-(\tau_{xz})_{k-1}}{\Delta_k\Delta_{k+1,k}}\right)^{n+1} \tag{2-68}$$

$$\frac{(V_{k+1}-V_k)^{n+1}}{2\theta m_x^v\Delta_{k+1,k}}=\frac{(V_{k+1}-V_k)^{**}}{2\theta m_x^v\Delta_{k+1,k}}+\left(\frac{(\tau_{yz})_{k+1}-(\tau_{yz})_k}{\Delta_{k+1}\Delta_{k+1,k}}-\frac{(\tau_{yz})_k-(\tau_{yz})_{k-1}}{\Delta_k\Delta_{k+1,k}}\right)^{n+1} \tag{2-69}$$

借助式(2-27)与式(2-28),紊动剪切应力以及水平输移之间存在以下关联:

$$(\tau_{xz})_k^{n+1}=\left(\frac{A_v^u}{H^u}\right)_k^n\left(\frac{U_{k+1}-U_k}{m_y^uH^u\Delta_{k+1,k}}\right)^{n+1} \tag{2-70}$$

$$(\tau_{yz})_k^{n+1}=\left(\frac{A_v^v}{H^v}\right)_k^n\left(\frac{V_{k+1}-V_k}{m_x^vH^v\Delta_{k+1,k}}\right)^{n+1} \tag{2-71}$$

综合上式,能够消掉式(2-68)与(2-69)中 $n+1$ 层对应的水平输运差值,最终推导出紊动剪切应力求解公式:

$$-\Delta_k^{-1}\Delta_{k+1,k}^{-1}(\tau_{xz})_{k-1}^{n+1}+\left(\Delta_k^{-1}\Delta_{k+1,k}^{-1}+\frac{(H^u)^{n+1}}{2\theta}\left(\frac{H^u}{A_v^u}\right)_k^n+\Delta_{k+1}^{-1}\Delta_{k+1,k}^{-1}\right)(\tau_{xz})_k^{n+1}$$

$$-\Delta_{k+1}^{-1}\Delta_{k+1,k}^{-1}(\tau_{xz})_{k+1}^{n+1}=(2\theta m_y^u\Delta_{k+1,k})^{-1}(U_{k+1}-U_k)^{**} \tag{2-72}$$

$$-\Delta_k^{-1}\Delta_{k+1,k}^{-1}(\tau_{yz})_{k-1}^{n+1}+\left(\Delta_k^{-1}\Delta_{k+1,k}^{-1}+\frac{(H^v)^{n+1}}{2\theta}\left(\frac{H^v}{A_v^v}\right)_k^n+\Delta_{k+1}^{-1}\Delta_{k+1,k}^{-1}\right)(\tau_{yz})_k^{n+1}-$$

$$\Delta_{k+1}^{-1}\Delta_{k+1,k}^{-1}(\tau_{yz})_{k+1}^{n+1}=(2\theta m_x^v\Delta_{k+1,k})^{-1}(V_{k+1}-V_k)^{**} \tag{2-73}$$

式(2-68)和式(2-69)计算时间步长选取不受稳定性的限制,因为这种方程十分稳定,如果式(2-68)与式(2-69)存在着有效解,那么 $K-1$ 层输运差值 $U_{k+1}-U_k$ 以及 $V_{k+1}-V_k$ 能够通过式(2-66)与式(2-67)进行计算,然后建立 K 对方程组。表面水平输运公式如下:

$$\begin{cases}U_k=\bar{U}+\sum\limits_{k=1}^{K-1}(\sum\limits_{j=1}^{k}\Delta_j)(U_{k+1}-U_k)\\ V_k=\bar{V}+\sum\limits_{k=1}^{K-1}(\sum\limits_{j=1}^{k}\Delta_j)(V_{k+1}-V_k)\end{cases} \tag{2-74}$$

底层能够理解为水深对应的积分以及输运差值:

$$\begin{cases}U_1=\bar{U}+\sum\limits_{k=1}^{K-1}(1-\sum\limits_{j=1}^{k}\Delta_j)(U_{k+1}-U_k)\\ V_1=\bar{V}+\sum\limits_{k=1}^{K-1}(1-\sum\limits_{j=1}^{k}\Delta_j)(V_{k+1}-V_k)\end{cases} \tag{2-75}$$

式(2-65)与式(2-69)进行计算时,必须提前明确底、表两层的应力。而自由水面位置,必须明确具体的风应力。而沉积物边界处,需要明确底层应力,同时,其切应力求解方程如下:

$$(\tau_{xz})_0^{n+1} = c_b\left(\sqrt{u_1 u_1 + v_1^u v_1^u}\right)^n \left(\frac{U_1}{m_y^u H^u}\right)^{n+1} \tag{2-76}$$

$$(\tau_{yz})_0^{n+1} = c_b\left(\sqrt{u_1^v u_1^v + v_1 v_1}\right)^n \left(\frac{V_1}{m_x^v H^v}\right)^{n+1} \tag{2-77}$$

假定固体底面、底层网格两者的流速是对数形式，那么能够明确切应力系数是：

$$c_b = \kappa^2\left(\ln\left(\frac{\Delta_1 H}{2z_0^*}\right)\right)^{-2} \tag{2-78}$$

式中，z_o^* 为无量纲化底摩擦高度。把式(2-75)以及 V_1 有关公式代入式(2-76)与(2-77)中，那么则能够通过深度平均以及 $n+1$ 层中无法明确的未知输运差得到该层的底层剪切应力，表达方程式为：

$$(\tau_{xz})_0^{n+1} = c_b\left(\sqrt{u_1 u_1 + v_1^u v_1^u}\right)^n \left(\left(\frac{\overline{U}}{m_y^u H^u}\right)^{n+1} - \sum_{k=1}^{K-1}\left(1 - \sum_{j=1}^{k}\Delta_j\right)\frac{\Delta_{k+1,k}\,(\tau_{xz})_k^{n+1}}{\left(\frac{A_v^u}{H^u}\right)_k^n}\right) \tag{2-79}$$

y 方向有着相近的方程式。把该式代入式(2-72)与式(2-73)，且 $k=1$，得到三对角方程组，基于相关运算流程与 Sherman－Morrison 方程进行运算，可以节约计算时间。

$$w_k = w_{k-1} - (m^\zeta)^{-1}\Delta_k\left(\delta_x^\zeta(U_k - \bar{U}) + \delta_y^\zeta(V_k - \bar{V})\right) \tag{2-80}$$

基于式(2-62)可得以上公式，即垂向速度对应方程。因为 $w_0=0$，式(2-80)各变量均处于 $n+1$ 层，由底层获得有效解。

2.3　波浪计算模式

2.3.1　控制方程

在 SWAN 模型中，波浪可以通过动谱平衡方程描述，对于笛卡尔、球坐标系而言，全部适用。以下是前一种坐标系对应的方程表达式：

$$\frac{\partial N}{\partial t} + \frac{\partial C_x N}{\partial x} + \frac{\partial C_y N}{\partial y} + \frac{\partial C_\sigma N}{\partial \sigma} + \frac{\partial C_\theta N}{\partial \theta} = \frac{S_{tot}}{\sigma} \tag{2-81}$$

式中，左边首项为动谱密度与时间的关系；二、三项为几何空间中动谱密度的扩散；四、五项为水流与水深造成的波动频移、折射与变浅现象；右项为源汇项，主要通过谱密度进行描述，也就是风输入、白浪破碎等造成的波浪破碎、各波的非线性关系。C_x、C_y、C_σ 和 C_θ 分别代表 x、y、σ 和 θ 空间上的波浪传播速度。

$$
\begin{aligned}
C_x &= \frac{\mathrm{d}x}{\mathrm{d}t} = \frac{1}{2}\left[1+\frac{2kd}{\sinh(2kd)}\right]\frac{\sigma k_x}{k^2}+U_x \\
C_y &= \frac{\mathrm{d}y}{\mathrm{d}t} = \frac{1}{2}\left[1+\frac{2kd}{\sinh(2kd)}\right]\frac{\sigma k_y}{k^2}+U_y \\
C_\sigma &= \frac{\mathrm{d}\sigma}{\mathrm{d}t} = \frac{\partial\sigma}{\partial d}\left(\frac{\partial d}{\partial t}+\bar{U}\cdot\nabla d\right)-c_g\vec{k}\cdot\frac{\vec{U}}{\partial s} \\
C_\theta &= \frac{\mathrm{d}\theta}{\mathrm{d}t} = -\frac{1}{k}\left(\frac{\partial\sigma}{\partial d}\frac{\partial d}{\partial m}+\vec{k}\cdot\frac{\partial\vec{U}}{\partial m}\right)
\end{aligned}
\tag{2-82}
$$

式中，$\vec{k}=(k_x,k_y)$为波数；d 为水深；$\vec{U}=(U_x,U_y)$为流速；s 为沿 θ 方向空间坐标；m 为与 s 垂直的坐标；相对频率 $\sigma=\vec{k}\cdot\vec{U}+\omega$，$\omega$ 为固有频率；$\frac{\mathrm{d}}{\mathrm{d}t}$为算子，$\frac{\mathrm{d}}{\mathrm{d}t}=\frac{\partial}{\partial t}+(\vec{c}+\vec{U})\cdot\nabla_{x,y}$；$c_g$ 为群速度。

2.3.2 边界条件

实际运算时，主要包含水、陆两种边界，假设波浪在水边界可以自由离开，在遇到陆边界时可以全部消散。求解风浪的过程中，需要结合风速、风向等参数确定该域中所有点对应时间的风能输入量，如果波浪达到相应尺度，那么风能输入、耗散、非线性转换将逐渐稳定，借此获取所有点的方向谱。求解涌浪的过程中，通过水边界提供方向谱，在波浪传递期间，各点方向谱最终将走向平稳，借此确定对应的数值。求解混合浪的过程中，需要为该域添加风，且边界处需要采用数值造波处理。

2.3.3 数值算法

SWAN 模型依靠全隐有限差分格式，时间步长有着较大的取值范围，在动谱平衡方程中，离散格式为：

$$
\left[\frac{N^{i_t,n}-N^{i_t-1,n}}{\Delta t}\right]_{i_x,i_y,i_\sigma,i_\theta}+\left|\frac{[c_xN]_{i_x}-[c_xN]_{i_x-1}}{\Delta x}\right|_{i_y,i_\sigma,i_\theta}^{i_t,n}+\left|\frac{[c_yN]_{i_y}-[c_yN]_{i_y-1}}{\Delta y}\right|_{i_x,i_\sigma,i_\theta}^{i_t,n}+
$$

$$\left|\frac{(1-\nu)\left[c_\sigma N\right]_{i_\sigma+1}+2v\left[c_\sigma N\right]_{i_\sigma}-(1+\nu)\left[c_\sigma N\right]_{i_\sigma-1}}{2\Delta_\sigma}\right|_{i_x,i_y,i_\theta}^{i_i,n}+$$

$$\left|\frac{(1-\eta)\left[c_\theta N\right]_{i_\theta+1}+2\eta\left[c_\theta N\right]_{i_\theta}-(1+\eta)\left[c_\theta N\right]_{i_\theta-1}}{2\Delta\theta}\right|_{i_x,i_y,i_\sigma}^{i_t,n}=\left|\frac{S_{total}}{\sigma}\right|_{i_x,i_y,i_\sigma,i_\theta}^{i_t,n^*}$$

(2-83)

式中：Δt、Δx、Δy、$\Delta\sigma$、$\Delta\theta$ 分别为时间步长，地理空间 x、y 方向步长、相对频率 σ，方向分布步长 θ；i_t 为层标号；i_x、i_y、i_σ、i_θ 为各方向对应的网格标号；n 为各层迭代数；n^* 可以按照实际要求进行设置，也可以设置成 n 或 $n-1$。$\nu\in[0,1]$，$\eta\in[0,1]$。

2.4　泥沙计算模式

2.4.1　控制方程

三维悬沙输运扩散方程：

$$\frac{\partial(m_x m_y HS)}{\partial t}+\frac{\partial(m_y HuS)}{\partial x}+\frac{\partial(m_x HvS)}{\partial y}+\frac{\partial(m_x m_y wS)}{\partial z}-\frac{\partial(m_x m_y w_s S)}{\partial z}$$

$$=\frac{\partial}{\partial x}\left(\frac{m_y}{m_x}HK_H\frac{\partial S}{\partial x}\right)+\frac{\partial}{\partial y}\left(\frac{m_x}{m_y}HK_H\frac{\partial S}{\partial y}\right)+\frac{\partial}{\partial z}\left(m_x m_y\frac{K_v}{H}\frac{\partial S}{\partial z}\right)+Q_s$$

(2-84)

式中，K_H、K_v 为水平、垂向扩散系数；w_s 为泥沙沉降速率；S 为含沙量。左项为水平、垂直两种方向的对流通量；右侧两项为单位时间下，因为紊动传播影响，导致水平、垂直方向出现的泥沙通量；Q_s 为其他源汇项。

模式提供了5种经验公式来计算推移质输沙率 q_B，公式通用形式为：

$$q_{B_i}=\rho_s vR_{d_i}\phi\left(\theta-\theta_{cr_i}\right)^{\alpha}\sqrt[\beta]{\theta}\tag{2-85}$$

式中，α 和 β 为经验常数；ϕ 是临界希尔兹数 θ_{cr_i} 的函数；R_{d_i} 为沉积物颗粒雷诺数。

2.4.2　数值解法

对于悬移质输运方程而言，鉴于悬沙浓度梯度水平向远小于垂向，因此往往可以被忽略，从而方程简化为：

$$\frac{\partial(m_x m_y HS_j)}{\partial t}+\frac{\partial(m_y HuS_j)}{\partial x}+\frac{\partial(m_y HvS_j)}{\partial y}+\frac{\partial(m_x m_y wS_j)}{\partial z}$$

$$-\frac{\partial(m_x m_y w_{sj}S_j)}{\partial z}=\frac{\partial}{\partial z}\left(m_x m_y\frac{K_V}{H}\frac{\partial S_j}{\partial z}\right)+Q_{sj} \tag{2-86}$$

在多组分泥沙的计算中,S_j 为第 j 构成的水平浓度,源汇项处在外模型,涉及点源及其荷载,内模型中概化了有机泥沙化学效应,一旦必须对絮团变化状态进行模拟,还应考虑不同构成之间的泥沙质量转换。

对于式(2-86)而言,垂向边界条件为:

$$-\frac{K_V}{H}\frac{\partial S_j}{\partial z}-w_{sj}S_j=J_{jo},z\approx 0$$

$$-\frac{K_V}{H}\frac{\partial S_j}{\partial z}-w_{sj}S_j=0,z\approx 1 \tag{2-87}$$

式中:J_{jo}是网格水体以及底床间的转换流量,正值为流向水体。(2-86)能够借助破开算子法获得有效解。计算过程中,初始浓度与水平对流项有关,其他源汇项存在着相应的体积通量。

$$H^{n+1}S^{*}=H^{n}S^{n}+\frac{\theta}{m_x m_y}(Q_{sj}^{E})^{n+1/2}-$$

$$\frac{\theta}{m_x m_y}\left(\frac{\partial(m_y(Hu)^{n+1/2}S^n)}{\partial x}+\frac{\partial(m_x(Hv)^{n+1/2}S^n)}{\partial y}+\frac{\partial(m_x m_y w^{n+1/2}S^n)}{\partial z}\right) \tag{2-88}$$

式中,n 和 $n+1$ 表示前后时间步,* 为中间环节的有效解。源汇项中涉及水平对流扩散时步,和水平对流项相同,对于离散连续型方程而言,需要安插相应的中间步。水平对流时步可以通过非扩散 MPDATA 法进行计算。

以下是沉积步对应方程:

$$S^{**}=S^{*}+\frac{\theta}{H^{n+1}}\frac{\partial(w_s S^{**})}{\partial z} \tag{2-89}$$

式(2-89)采用隐式逆风差分格式求解

$$S_{kc}^{**}=S_{kc}^{*}-\frac{\theta}{\Delta_z H^{n+1}}(w_s S^{**})_{kc} \tag{2-90}$$

$$S_k^{**}=S_k^{*}+\frac{\theta}{\Delta_1 H^{n+1}}(w_s S^{**})_{k+1}-\frac{\theta}{\Delta_z H^{n+1}}(w_s S^{**})_k,2\leqslant k\leqslant kc-1 \tag{2-91}$$

$$S_1^{**}=S_1^{*}+\frac{\theta}{\Delta_z H^{n+1}}(w_s S^{**})_2 \tag{2-92}$$

然后基于悬浮、沉降求出水体与底床间的泥沙转换。

$$S_1^{***} = S_1^{**} + \frac{\theta}{\Delta_z H^{n+1}} L_0 J_0^{***} \tag{2-93}$$

式中，L_0 为流量限制量，导致单一时间步中，仅底床顶层泥沙能够彻底悬浮，而指定时步中，水体与底床间的泥沙转换可以理解成底部边界条件。对于非黏性泥沙悬移质和沉积，底部通量如下：

$$J_0^{***} = \frac{w_s}{v}(\mu S_{eq} - S_1^{***}) \tag{2-94}$$

将(2-94)式代入式(2-93)得到

$$\left(1 + \frac{\theta L_0 w_z}{\Delta_z H^{n+1} v}\right) S_1^{***} = S_1^{**} + \frac{\theta L_0 w_s}{\Delta_z H^{n+1} v} \mu S_{eq} \tag{2-95}$$

而黏性泥沙悬浮状态下，底层通量即底床切应力与其特征对应的函数，而它的沉积现象，相关通量有以下方程式：

$$J_0^{***} = -p_d w_s S_1^{***} \tag{2-96}$$

式中，p_d 为沉积率，将(2-96)代入(2-93)得

$$\left(1 + \frac{\theta p_d w_s}{\Delta_z H^{n+1}}\right) S_1^{***} = S_1^{**} \tag{2-97}$$

最后一步是隐式垂向扩散时步

$$S^{n+1} = S^{***} + \theta \frac{\partial}{\partial z}\left(\left(\frac{K_v}{H^2}\right)^{n+1} \frac{\partial S^{n+1}}{\partial z}\right) \tag{2-98}$$

而底床与水体表面并未出现扩散流量。

2.4.3 冲刷求解

淤泥底床包含整体、表面冲刷两种现象。如果底床抗冲刷性不足、水流强度较高，会出现第一种情况，一旦出现，那么泥沙将以块状持续活动，地形明显改变。通常来讲，这种现象出现的几率较小。本文仅分析第二种现象，也就是受到波流动力影响，导致此处泥沙在床面悬扬。

将水流底部与临界冲刷两种应力相比，如果前者偏高，那么会出现冲刷。对应的冲刷计算公式如下：

$$\begin{aligned} \frac{\partial m_e}{\partial t} &= E\left(\frac{\tau_b}{\tau_{ce}} - 1\right)^a, \quad \tau_b \geqslant \tau_{ce} \\ \frac{\partial m_e}{\partial t} &= 0, \qquad \tau_b < \tau_{ce} \end{aligned} \tag{2-99}$$

式中，τ_b 与 τ_{ce} 分别代表底部、临界冲刷两种切应力；E 为冲刷系数，能够按照泥沙自身特征，通过实验室直接进行测取。Mulder 与 Udink 假设 E 为 $5\times10^{-3}\text{kg/m}^2\text{s}$。但是，按照英国 HR 研究数据显示，在粘性土中，$E=2\times10^{-4}\sim4\times10^{-3}\text{kg/m}^2\text{s}$，$\alpha=1.16$。临界冲刷应力一般能够设置成底床泥沙密度相关的经验函数，Mehta 等采用的方程如下[78]：

$$\tau_{ce} = c\rho_s^d \tag{2-100}$$

式中，ρ_s 为底部泥沙干密度；c 和 d 分别为泥沙种类对应的系数。

2.4.4 淤积求解

假设冲刷、淤泥现象并未同步发生，Krone 率先明确沉积模型对应的假设：泥沙颗粒到达底部后，将随之按照相应概率沉积，且沉积率处于 0～1 范围内。基于单位时间、面积，泥沙质量求解方程如下：

$$\frac{\partial m_d}{\partial t}(S_d w_s)\left(1-\frac{\tau_b}{\tau_{cd}}\right),\tau_b \leqslant \tau_{cd} \tag{2-101}$$

$$\frac{\partial m_d}{\partial t} = 0,\tau_b \leqslant \tau_{cd} \tag{2-102}$$

式中，τ_b 为底部切应力；τ_{cd} 为临界淤积切应力；S_d 为底床泥沙浓度。事实上，我们主要根据现场测量结果来确定临界切应力，一般处于 $0.06\sim1.1\text{N/m}^2$ 区间内。基于实验室分析结果，Winterwerp 等研究认为 $\tau_{cd}=0.2\text{N/m}^2$。

2.4.5 泥沙底床的变化过程

底床泥沙质量守恒方程：

$$\partial_t\,(S^iB)_k = -\delta(k,k_t)J_{SB}^i + \alpha_A\delta(k,k_t)J_{PA}^i - \alpha_A\delta(k,k_t-1)J_{PA}^i \tag{2-103}$$

式中，上标 i 为第 i 类泥沙；S 为第 k 层泥沙质量浓度；B 为层厚；J_{SB} 为单位时间、面积下，由底床至水体悬扬的泥沙质量通量；α_A 为粗化参数，如果数值是 1，那么需要对粗化层进行模拟，如果数值是 0，不必考虑这项操作。

对于质量守恒方程而言，含沙量等同于体积份数：

$$\partial_t\left(\frac{F^iB}{1+\varepsilon}\right)_k = -\delta(k,k_t)\frac{J_{SB}^i}{\rho_s^i} + \alpha_A\delta(k,k_t)\frac{J_{PA}^i}{\rho_s^i} - \alpha_A\delta(k,k_t-1)\frac{J_{PA}^i}{\rho_s^i} \tag{2-104}$$

式中，F^i 为第 i 种泥沙体积份数，满足：

$$S^i = \frac{F^i\rho_s^i}{1+\varepsilon} \tag{2-105}$$

$$F_k^i = \left(\sum_i \left(\frac{S^i B}{\rho_s^i} \right)_k \right)^{-1} \left(\frac{S^i B}{\rho_s^i} \right)_k \tag{2-106}$$

求解底床时，必须根据底层泥沙以及水体的质量守恒原理来实现。把式(2-104)中所有泥沙构成统一计算，能够建立泥沙对应的守恒方程：

$$\partial_t \left(\frac{B}{1+\varepsilon} \right)_k = -\delta(k,k_t) \sum_i \frac{J_{SB}^i}{\rho_s^i} + \alpha_A \delta(k,k_t) \sum_i \frac{J_{PA}^i}{\rho_s^i} - \alpha_A \delta(k,k_t-1) \sum_i \frac{J_{PA}^i}{\rho_s^i} \tag{2-107}$$

水体的质量守恒方程为：

$$\begin{aligned} \partial_t \left(\frac{\varepsilon B}{1+\varepsilon} \right)_k = {} & q_{wk-} - q_{wk+} - \\ & \delta(k,k_t) \left(\sum_i \left(\varepsilon_{kt}^i \max\left(\frac{J_{SB}^i}{\rho_s^i}, 0 \right) \right) + \sum_i \left(\varepsilon_{dep}^i \min\left(\frac{J_{SB}^i}{\rho_s^i}, 0 \right) \right) \right) + \\ & \alpha_A (\delta(k,k_t) - \delta(k,k_t-1)) \left(\sum_i \left(\varepsilon_{kt-1}^i \max\left(\frac{J_{PA}^i}{\rho_s^i}, 0 \right) \right) + \sum_i \left(\varepsilon_{kj}^i \min\left(\frac{J_{PA}^i}{\rho_s^i}, 0 \right) \right) \right) \end{aligned} \tag{2-108}$$

式中，没有上标 i 的 ε 是底床孔隙率；存在上标 i 的 ε 是各类泥沙孔隙率。式(2-103)与式(2-108)组合能够建立底床厚度对应方程：

$$\begin{aligned} \partial_t B_k = {} & q_{wk-} - q_{wk+} - \\ & \delta(k,k_t) \left(\sum_i \left((1+\varepsilon_{kt}^i) \max\left(\frac{J_{SB}^i}{\rho_s^i}, 0 \right) \right) + \sum_i \left((1+\varepsilon_{dep}^i) \min\left(\frac{J_{SB}^i}{\rho_s^i}, 0 \right) \right) \right) + \\ & \alpha_A \delta(k,k_t) \left(\sum_i \left((1+\varepsilon_{kt-1}^i) \max\left(\frac{J_{PA}^i}{\rho_s^i}, 0 \right) \right) + \sum_i \left((1+\varepsilon_{kt}^i) \min\left(\frac{J_{PA}^i}{\rho_s^i}, 0 \right) \right) \right) \end{aligned} \tag{2-109}$$

底床运算流程如下：首先计算出各类泥沙构成对应的淤积与悬浮；然后通过式(2-105)获取泥沙厚度，明确淤积、悬浮；接着通过式(2-103)获取底床孔隙率；最后完成固结求解。

2.5　水质计算模式

2.5.1　控制方程

水质模型中的主要质量守恒方程由物质输移、平流扩散和动力学过程组成：

$$\frac{\partial C}{\partial t}+\frac{\partial (uC)}{\partial x}+\frac{\partial (vC)}{\partial y}+\frac{\partial (wC)}{\partial z}=\frac{\partial}{\partial x}\left(K_x\frac{\partial C}{\partial x}\right)+\frac{\partial}{\partial y}\left(K_y\frac{\partial C}{\partial y}\right)+\frac{\partial}{\partial z}\left(K_z\frac{\partial C}{\partial z}\right)+S_c \tag{2-110}$$

模型求解时，动力学项与物理输运项脱耦，若对物理输运求解，质量守恒方程与盐度方程则采取相同的形式：

$$\frac{\partial C}{\partial t}+\frac{\partial (uC)}{\partial x}+\frac{\partial (vC)}{\partial y}+\frac{\partial (wC)}{\partial z}=\frac{\partial}{\partial x}\left(K_x\frac{\partial C}{\partial x}\right)+\frac{\partial}{\partial y}\left(K_y\frac{\partial C}{\partial y}\right)+\frac{\partial}{\partial z}\left(K_z\frac{\partial C}{\partial z}\right) \tag{2-111}$$

若方程只对动力学过程求解，则方程被视为动力学过程：

$$\frac{\partial C}{\partial t}=S_C \tag{2-112}$$

也可以表示如下：

$$\frac{\partial C}{\partial t}=K\cdot C+R \tag{2-113}$$

式中，C 为水质指标变量浓度；u、v 和 w 分别为 x、y、z 方向的速度；K_x、K_y、K_z 分别为 x、y、z 方向的扩散系数；S_C 为单位体积源汇项；K 为动力学速率；R 为源汇项。

(1)浮游藻类

对于水质模型而言，必须重点考虑浮游藻类（比如：蓝藻，绿藻等，逐一通过下标 $X=c,g,d$ 等注明），此模型一方面能够考虑藻类代谢、生长状态，同时能够考虑沉降、外源，基本控制方程为：

$$\frac{\partial B_X}{\partial t}=(P_X-BM_X-PR_X)B_X+\frac{\partial}{\partial z}(WS_X\cdot B_X)+\frac{WB_X}{V} \tag{2-114}$$

式中，B_X 为生物量（gc/m^3）；t 为时间（day）；P_X 为生长速度（day^{-1}）；BM_X 为代谢速率（day^{-1}）；PR_X 为被捕食速率（day^{-1}）；WS_X 为沉降速率（m/day）；WB_X 为外源载入数量（gc/day）；V 为单元体积（m^3）。

生长过程中，营养物质、水温等直接决定着藻类状态，以上条件与其生长间的关系有以下方程式：

$$P_X=P_M\cdot f(N)\cdot f(I)\cdot f(T) \tag{2-115}$$

式中，P_X 为生长速率（day^{-1}）；P_M 为理想环境中可以达到的生长速率（day^{-1}）；$f(N)$ 为营养物质对应的限制函数；$f(I)$ 为光照情况对应的限制函数；$f(T)$ 为水温对应的限制函数。以上函数取值范围是 0 ~ 1，当取值增大时，起到的限制效果随之降低。数值 1 可以理解成无限制；数值 0 可以理解成全面限制，无法稳定生长。

以下是营养物质限制函数相关的方程式：

$$f(N) = \min(f_N, f_P) \tag{2-116}$$

$$f_N = \frac{\mathrm{NH_4} + \mathrm{NO_3}}{\mathrm{KHN} + \mathrm{NH_4} + \mathrm{NO_3}} \tag{2-117}$$

$$f_P = \frac{\mathrm{PO_{4d}}}{\mathrm{KHP} + \mathrm{PO_{4d}}} \tag{2-118}$$

式中，f_N、f_P 分别为氮、磷对应的限制函数；NH_4 为氨氮浓度（gN/m^3）；NO_3 为硝态氮浓度（gN/m^3）；KHN 为氮获取的半饱和常数（gN/m^3）；PO_{4d}为溶解后的磷酸盐浓度（gP/m^3）；KHP 为磷获取的半饱和常数（gP/m^3）。

以下是光照条件限制函数相关的方程式：

$$f(I) = \frac{2.718FD}{Kess \cdot \Delta z}(e^{-\alpha_\beta} - e^{-\alpha_\gamma}) \tag{2-119}$$

$$\alpha_\beta = \frac{I_o}{FD \cdot I_s}\exp[-Kess(H_T + \Delta z)] \tag{2-120}$$

$$\alpha_T = \frac{I_o}{FD \cdot I_s}\exp(-Kess \cdot H_T) \tag{2-121}$$

$$Kess = Ke_b + Ke_{TSS} \cdot TSS + Ke_{Chl}\sum_{X=c,d,g}\left(\frac{B_X}{CChl_X}\right) \tag{2-122}$$

$$I_s = \mathrm{maximum}\{(I_o)_{adj}e^{-Kess \cdot D_{opt}}, (I_s)_{\min}\} \tag{2-123}$$

$$(I_o)_{adj} = CI_a \cdot I_o + CI_b \cdot I_1 + CI_c \cdot I_2 \tag{2-124}$$

式中，FD 为日间的比例长度（$0 \leqslant FD \leqslant 1$）；$Kess$ 为综合光照衰减系数（m^{-1}）；Δz 为水层厚（m）；I_o 为水体表面每天光照综合强度（langleys/day）；I_s 为理想光照强度（langleys/day）；H_T 为液面至水层顶端的距离（m）；Ke_b、Ke_{TSS}、Ke_{Chl} 分别为背景、总悬浮物、叶绿素三者的光衰减系数，三者对应单位分别为（m^{-1}）、（m^{-1}pey gm^{-3}）、（m^{-1}pey mg Chl m^{-3}）；TSS 为水动力模型给出的悬浮物浓度（g/m^{-3}）；B_X 为生物量（gC/m^3）；$CChl_x$ 为其中碳与叶绿素的比值（g C per mg Chl）；D_{opt}为最多藻类生长量对应的水深（m）；$(I_o)_{adj}$为调整后的水体表面光强度（langleys/day）；I_1、I_2 分别为模拟前一日、前两日的光照强度（Iangleys/day）；CI_a，CI_b，CI_c 分别为 I_0，I_1，I_2 的权重系数，$CI_a + CI_b + CI_c = 1$。

以下是水温限制藻类生长的函数相关方程式：

$$f(T) = \begin{cases} \exp[-KTG_1(T - T_M)^2], if \quad T \leqslant T_M \\ \exp[-KTG_2(T_M - T)^2], if \quad T > T_M \end{cases} \tag{2-125}$$

式中,T 为利用水动力模型求解得到的水温值(℃);T_M 为藻类生长的理想水温(℃);KTG_1、KTG_2 分别为小于、超过理想水温后的限制因子(℃$^{-2}$)。

(2)有机碳

此项同样决定着藻类生长状态。主要包含颗粒态与溶解态两种有机碳,前者是由水解、沉降等现象带来的,后者是由脱硝、外界负荷等影响造成的。

模拟期间,对应的转换表达式如下:

$$\frac{\partial RPOC}{\partial t} = \sum_{x \to c,d,g} FCRP \cdot PR_x \cdot B_x - K_{RPOC} \cdot RPOC + \frac{\partial}{\partial z}(WS_{RP} \cdot RPOC) + \frac{WRPOC}{V} \tag{2-126}$$

基于上式进行分析说明:

$RPOC$、K_{RPOC}、WS_{RP}、$WRPOC$:分别代表难溶性颗粒有机碳浓度、水解速度、沉降速度、外界负荷量;$FCRP$:代表被捕食碳提供的难溶性颗粒有机碳;PR_x、B_x 分别代表藻类群捕食速度、生物总量。

$$\frac{\partial LPOC}{\partial t} = \sum_{x \to c,d,g} FCLP \cdot PR_x \cdot B_x - K_{LPOC} \cdot LPOC + \frac{\partial}{\partial z}(WS_{LP} \cdot LPOC) + \frac{WLPOC}{V} \tag{2-127}$$

基于式(2-127)进行分析说明:

$LPOC$、K_{LPOC}、WS_{LP}、$WLPOC$:分别为易溶性颗粒有机碳浓度、水解速度、沉降速度、外界负荷量;$FCLP$ 为被捕食碳提供的易溶性颗粒有机碳。

$$\frac{\partial DOC}{\partial t} = \sum_{x \to c,d,g} \left[FCD_x + (1 - FCD_x)\frac{KHR_x}{KHR_x + DO}\right]BM_x \cdot B_x + \sum_{x \to c,d,g} FCDP \cdot PR_x \cdot B_x + K_{RPOC} \cdot RPOC + K_{LPOC} \cdot LPOC - K_{HR} \cdot DOC - Denit \cdot DOC + \frac{WDOC}{V} \tag{2-128}$$

式中:DOC、K_{HR}、$WDOC$ 分别为溶解性有机碳浓度、非自养呼吸速率、外界负荷量;FCD_x、BM_x 分别为藻类群常数($0 < FCD_x < 1$)、新陈代谢速率;KHR_x 为溶解性有机碳提供的溶解氧半饱和常数;DO 为溶解氧浓度;$FCRP$ 为被捕食碳提供的溶解有机碳;$Denit$ 为反硝化反应效率。

(3)磷

经过磷的分析可知,其溶解度偏低,处于水体时,背景值同样偏小。因为人类生活的影响,导致水体内磷含量大量增加,尤其是此类洗涤剂的出现,与其含量息息相关。事实上,其类型非常多样,首先是总磷;主要是由藻类捕食与代谢、矿化反应、外界负荷等因素带来的。其次又包含颗粒态、溶解态两种有机磷;前

者主要是由藻类捕食与代谢、水解反应、沉降等因素造成的，后者主要是由藻类捕食与代谢、水解、矿化等因素造成的。

模拟期间，对应的转换表达式如下：

$$\frac{\partial RPOP}{\partial t} = \sum_{x \to c,d,g}(FPR_x \cdot BM_x + FPRP \cdot PR_x)APC \cdot B_x - K_{RPOP} \cdot RPOP + \frac{\partial}{\partial z}(WS_{RP} \cdot RPOP) + \frac{WRPOP}{V} \tag{2-129}$$

式中，$RPOP$、K_{RPOP}、$WRPOP$ 分别为难溶性颗粒有机磷浓度、水解速度、外界负荷量；FPR_x、$FPRP$ 分别为藻类新陈代谢、被捕食磷提供的难溶颗粒有机磷；APC 为各藻类群磷与碳之间的比例均值。

$$\frac{\partial LPOP}{\partial t} = \sum_{x \to c,d,g}(FPL_x \cdot BM_x + FPLP \cdot PR_x)APC \cdot B_x - K_{LPOP} \cdot LPOP + \frac{\partial}{\partial z}(WS_{LP} \cdot LPOP) + \frac{WLPOP}{V} \tag{2-130}$$

式中，$LPOP$、K_{LPOP}、$WLPOP$ 分别为易溶性颗粒有机磷浓度、水解速度、外界负荷量；$FPLP$ 为被捕食磷提供的易溶性颗粒有机磷。

$$\frac{\partial DOP}{\partial t} = \sum_{x \to c,d,g}(FPD_x \cdot BM_x + FPDP \cdot PR_x)APC \cdot B_x + K_{RPOP} \cdot RPOP + K_{LPOP} \cdot LPOP - K_{DOP} \cdot DOP + \frac{WDOP}{V} \tag{2-131}$$

式中，DOP 为溶解性磷酸盐浓度；FPD_x、$FPDP$ 为藻类新陈代谢、被捕食磷分别提供的溶解性有机磷；K_{DOP}、$WDOP$ 为代表溶解有机磷的矿化速率、外界负荷。

$$\frac{\partial PO_{4t}}{\partial t} = \sum_{x \to c,d,g}(FPI_x \cdot BM_x + FPIP \cdot PR_x - P_x)APC \cdot B_x + K_{DOP} \cdot DOP + \frac{\partial}{\partial z}(WS_{TSS}PO_{4p}) + \frac{BFPO_{4d}}{\Delta z} + \frac{WPO_{4t}}{V} \tag{2-132}$$

式中，PO_{4t}为总磷酸盐；PO_{4p}为颗粒磷酸盐；FPI_x、$FPIP$ 为藻类新陈代谢、被捕食磷提供的无机磷；WS_{TSS}为悬浮泥沙沉降速度；$BFPO_{4d}$为磷酸盐转换通量；WPO_{4t}为 PO_{4t}外界负荷量。

(4)氮

在水体中，可以提供动植物必需的蛋白质。近几年，重点关注非点源无机物污染项。其种类主要分为四类，首先是颗粒态有机氮：主要是由藻类捕食与代谢、沉降、外界负荷等因素造成的。其次是溶解态有机氮:主要是由藻类捕食与代谢;水解等因素造成的。然后是氨氮:主要是由藻类捕食与代谢、硝酸盐硝化、外界负荷等因素造成的。最后是硝酸盐氮:主要是由藻类吸收;氨氮硝化;外界负荷等因素造成的。

模拟期间,对应的转换表达式为:

$$\frac{\partial RPON}{\partial t}=\sum_{x\to c,d,g}(FNR_x\cdot BM_x+FNRP\cdot PR_x)ANC_x\cdot B_x-K_{RPON}\cdot RPON+\frac{\partial}{\partial z}(WS_{RP}\cdot RPON)+\frac{WRPON}{V}\tag{2-133}$$

式中,$RPON$、K_{RPON}、$WRPON$ 分别为难溶性颗粒有机氮浓度、水解速度、外界负荷量;FNR_x、$FNRP$ 分别代表藻类新陈代谢、被捕食氮提供的难溶颗粒有机氮;ANC_x代表藻类群氮与碳之间的比值。

$$\frac{\partial LPON}{\partial t}=\sum_{x\to c,d,g}(FNL_x\cdot BM_x+FNLP\cdot PR_x)ANC_x\cdot B_x-K_{LPON}\cdot LPON+\frac{\partial}{\partial z}(WS_{LP}\cdot LPON)+\frac{WLPON}{V}\tag{2-134}$$

式中,$LPON$、K_{LPON}、$WLPON$ 分别为易溶性颗粒有机氮浓度、水解速率、外界负荷量;$FNLP$ 为被捕食氮提供的易溶性颗粒有机氮。

$$\frac{\partial DON}{\partial t}=\sum_{x\to c,d,g}(FND_x\cdot BM_x+FNDP\cdot PR_x)ANC_x\cdot B_x+K_{RPON}\cdot RPON+K_{LPON}\cdot LPON-K_{DON}\cdot DON+\frac{WDON}{V}\tag{2-135}$$

式中,DON、K_{DON}、$WDON$ 分别为溶解性有机氮浓度、矿化速度、外界负荷;FND_x、$FNDP$ 分别为藻类新陈代谢、被捕食氮提供的溶解性有机氮。

$$\frac{\partial NH_4}{\partial t}=\sum_{x\to c,d,g}(FNI_x\cdot BM_x+FNIP\cdot PR_x-PN_x\cdot P_x)ANC_x\cdot B_x+K_{DON}\cdot DON-Nit\cdot NH_4+\frac{BFNH_4}{\Delta z}+\frac{WNH_4}{V}\tag{2-136}$$

式中,NH_4为氨氮的浓度;FNI_x为藻类新陈代谢氮提供的无机氮;$FNIP$ 为被捕食氮提供的溶解性有机氮;PN_x为藻类群 x 铵获取率;Nit 为硝化速度;$BFNH_4$、WNH_4为铵转换通量、外界负荷。

$$\frac{\partial NO_3}{\partial t}=-\sum_{x\to c,d,g}((1-PN_x)\cdot P_x\cdot ANC_x\cdot B_x+Nit\cdot NH_4-ANDC\cdot Denit\cdot DOC)+$$

$$\frac{BFNO_3}{\Delta z} + \frac{WNO_3}{V} \tag{2-137}$$

基于上式进行分析说明：

$ANDC$ 代表单位质量内溶解性有机碳消除的硝酸盐氮量；

$BFNO_3$代表沉积物—水硝酸盐转换通量；

WNO_3代表外界负荷量。

(5)硅

首先是颗粒态生物硅：主要是由硅藻捕食与代谢；沉降；外界负荷等因素造成的。其次是有效硅：主要是由硅藻捕食与代谢；颗粒态生物硅溶解；外界负荷等因素造成的。

(6)溶解氧

对于溶解氧而言，其源汇生成途径十分丰富：藻类光合、呼吸作用；硝化反应；表层得氧、外界负荷等因素均会使其出现。

经过分析可知，状态方程如下：

$$\begin{aligned}\frac{\partial DO}{\partial t} = &\sum_{x\to c,d,g}\left((1.3-0.3PN_x)\cdot P_x-(1-FCD_x)\frac{DO}{KHR_x+DO}BM_x\right)AOCR\cdot B_x - \\ &AONT\cdot Nit\cdot NH_4 - AOCR\cdot K_{HR}\cdot DOC-\frac{DO}{KH_{COD}+DO}\cdot COD + \\ &K_r(DO_s-DO)+\frac{SOD}{\Delta z}+\frac{WDO}{V}\end{aligned} \tag{2-138}$$

式中，PN_x为藻类群铵的获取率；$AONT$ 为单位质量下，铵离子正常硝化对应的溶解氧；$AOCR$ 为呼吸过程溶解氧和碳之间的比值；SOD 为底泥耗氧量；DO_s、WDO 分别为溶解氧的饱和浓度、外负荷；K_r 为复氧系数。

(7)化学需氧量

其本身是由沉积物产生的硫化物形成的，对于淡水而言，同时能够产生一定量的沼气。基于动力学公式，硫化物与沼气均能够转变成耗氧量进行处理。

状态方程如下：

$$\frac{\partial COD}{\partial t} = -\frac{DO}{KH_{COD}+DO}K_{COD}\cdot COD+\frac{BFCOD}{\Delta z}+\frac{WCOD}{V} \tag{2-139}$$

式中，COD 为化学需氧量浓度；KH_{COD}、K_{COD}分别为 COD 氧化的溶解氧半饱和常数、速率；$BFCOD$、$WCOD$ 分别为 COD 沉积通量、外界负荷。

2.5.2 数值求解

水质模型运算过程中，需要对源汇项进行线性化操作，通过相关矩阵描述，比较普遍的为 Monod 模式：

$$\frac{\partial}{\partial t}[C] = [K] \cdot [C] + [R] \tag{2-140}$$

式中，$[C]$、$[K]$、$[R]$三者的单位分别是 mass/volume、time^{-1}、mass/(volume · time)。因为物质上层单元格直接下降至后续单元格中，我们能够将其定义成后者的输入项，如果式(2-140)针对有限体积单元格进行运算，那么能够建立以下方程式：

$$\frac{\partial}{\partial t}[C]_k = [K1]_k \cdot [C]_k + \lambda [K2]_k \cdot [C]_{k+1} + [R]_k \tag{2-141}$$

式中，下标 k 代表垂直方向 k 层中的单元格，$k=1$、$k=KC$ 两者分别代表底层、表层水体，对于前者而言 $\lambda=1$，反之 $\lambda=0$。$[K2]$代表对角矩阵，其中的非零元素为前一层沉降物。对于式(2-140)而言，可采用梯形法进行运算，时间步长设置成 θ，以下是其基本方程式：

$$[C]_k^N = \left([I] - \frac{\theta}{2}[K1]_k^0\right)^{-1} -$$

$$\left\{[C]_k^0 + \frac{\theta}{2}([K1]_k^0 \cdot [C]_k^0 + \lambda [K2]_k^0 \cdot [C]_{k+1}^A) + \theta [R]_k^0\right\} \tag{2-142}$$

式中，时间步长 $\theta = 2 \cdot m \cdot \Delta t$；$m$ 取整数、$[I]$代表单位矩阵；$[C]^A = [C]^N + [C]^O$，上标 O 与 N 为方程校准开始、结束时的参数变量。式(2-140)主要由表层水体逐层朝下计算，在水质方程中，各参数变量计算方程分别为：

$$B_c^N = \left\{B_C^O + \frac{\theta}{2} \cdot [a_{1,C} \cdot B_C^O + \lambda \cdot t_{1,c} \cdot (B_c)_{k+1}^A] + \theta \cdot r_{1,c}\right\}\left(1 - \frac{\theta}{2} \cdot a_{1,c}\right)^{-1} \tag{2-143}$$

$$B_d^N = \left\{B_d^O + \frac{\theta}{2} \cdot [a_{2,d} \cdot B_d^O + \lambda \cdot t_{2,d} \cdot (B_d)_{k+1}^A] + \theta \cdot r_{2,d}\right\}\left(1 - \frac{\theta}{2} \cdot a_{2,d}\right)^{-1} \tag{2-144}$$

$$B_g^N = \left\{B_g^O + \frac{\theta}{2} \cdot [a_{3,g} \cdot B_g^O + \lambda \cdot t_{3,g} \cdot (B_g)_{k+1}^A] + \theta \cdot r_{3,g}\right\}\left(1 - \frac{\theta}{2} \cdot a_{3,g}\right)^{-1} \tag{2-145}$$

$$RPOC^N = \left\{RPOC^O + \frac{\theta}{2} \cdot TT_{RPOC} + \theta \cdot r_4\right\}\left(1 - \frac{\theta}{2} \cdot b_4\right)^{-1} \tag{2-146}$$

$$RPOP^N = \left\{RPOP^O + \frac{\theta}{2} \cdot TT_{RPOP} + \theta \cdot r_4\right\}\left(1 - \frac{\theta}{2} \cdot b_4\right)^{-1} \tag{2-147}$$

$$DOC^N = \left\{DOC^O + \frac{\theta}{2} \cdot TT_{DOC} + \theta \cdot r_6\right\}\left(1 - \frac{\theta}{2} \cdot d_6\right)^{-1} \tag{2-148}$$

$$RPOP^N = \left\{RPOP^O + \frac{\theta}{2} \cdot TT_{RPOP} + \theta \cdot r_7\right\}\left(1 - \frac{\theta}{2} \cdot e_7\right)^{-1} \tag{2-149}$$

$$LPOP^N = \left\{LPOP^O + \frac{\theta}{2} \cdot TT_{LPOP} + \theta \cdot r_8\right\}\left(1 - \frac{\theta}{2} \cdot f_8\right)^{-1} \tag{2-150}$$

$$DOP^N = \left\{DOP^O + \frac{\theta}{2} \cdot TT_{DOP} + \theta \cdot r_9\right\}\left(1 - \frac{\theta}{2} \cdot g_9\right)^{-1} \tag{2-151}$$

$$PO_{4p+4d}^N = \left\{PO_{4p+4d}^O + \frac{\theta}{2} \cdot TT_{PO_{4p+4d}} + \theta \cdot r_{10}\right\}\left(1 - \frac{\theta}{2} \cdot h_{10}\right)^{-1} \tag{2-152}$$

$$RPON^N = \left\{RPON^O + \frac{\theta}{2} \cdot TT_{RPON} + \theta \cdot r_{11}\right\}\left(1 - \frac{\theta}{2} \cdot i_{11}\right)^{-1} \tag{2-153}$$

$$LPON^N = \left\{LPON^O + \frac{\theta}{2} \cdot TT_{LPON} + \theta \cdot r_{12}\right\}\left(1 - \frac{\theta}{2} \cdot j_{12}\right)^{-1} \tag{2-154}$$

$$DON^N = \left\{DON^O + \frac{\theta}{2} \cdot TT_{DON} + \theta \cdot r_{13}\right\}\left(1 - \frac{\theta}{2} \cdot k_{13}\right)^{-1} \tag{2-155}$$

$$NH_4^N = \left\{NH_4^O + \frac{\theta}{2} \cdot \left[\sum_{X=c,d,g} a_{14,x} \cdot B_x^A + k_{14} \cdot DON^A + l_{14} \cdot NH_4^O\right] + \theta \cdot r_{14}\right\} \left(1 - \frac{\theta}{2} \cdot l_{14}\right)^{-1} \tag{2-156}$$

$$NO_3^N = NO_3^O + \frac{\theta}{2} \cdot \left[\sum_{X=c,d,g} a_{15,x} \cdot B_x^A + d_{15} \cdot DOC^A + l_{15} \cdot NH_4^A\right] + \theta \cdot r_{15} \tag{2-157}$$

$$COD^N = \left\{COD^O + \frac{\theta}{2} \cdot O_{18} \cdot COD^O + \theta \cdot r_{18}\right\}\left(1 - \frac{\theta}{2} \cdot O_{18}\right)^{-1} \tag{2-158}$$

$$DO^N = \left\{DO^O + \frac{\theta}{2} \cdot TT_{DO} + \theta \cdot r_{19}\right\}\left(1 - \frac{\theta}{2} \cdot p_{19}\right)^{-1} \tag{2-159}$$

2.5.3　主要水质指标及其源汇

对于水质指标而言,在计算温度、盐度期间,均可以利用水动力模块进行处理,它们彼此间存在耦合关系。如果水质指标降解时满足一级反应动力学方程,同时和剩下的指标不存在耦合关系,那么能够借助模块提供的污染模拟功能,计算出有效解。如果对物理、化学等比较庞杂的水环境过程进行模拟,那么对于各类水质指标因子的物理、化学过程而言,则需要借助于专门的水质模型进行模拟分析,各水质指标及源汇项如表 2-1、图 2-9 所示。

水质指标因子及其源汇项　　表 2-1

组　分	内 部 源 项	内 部 汇 项
溶解总固体		
示踪剂	0 阶衰减(用于计算水库水力停留时间)	沉降 0 或 1 阶衰减
无机悬浮固体		沉降
活性磷	藻类/水生植物呼吸作用 底泥释放 BOD 衰减	藻类/水生植物生长 无机悬浮固体的吸附
氨氮	底泥释放 藻类/水生植物排泄 BOD 衰减	藻类/水生植物生长 硝化作用
硝酸盐氮 亚硝酸盐氮	硝化作用	反硝化作用 藻类/水生植物生长
溶解硅	底泥厌氧释放 颗粒生物硅的衰减	藻类/水生植物生长 悬浮固体的吸附
颗粒生物硅	藻类/水生植物的死亡	沉降 衰减
总铁 COD	底泥厌氧释放	沉降 衰减
藻类	藻类生长	呼吸 排泄 死亡 沉降
水生植物	水生植物生长	呼吸 排泄 死亡 沉降
溶解氧	气水表面交换 藻类/水生植物生长	表面交换 藻类/水生植物呼吸 硝化作用 COD 衰减 0 阶或 1 阶泥沙耗氧
总无机碳	底泥释放 表面交换 藻类呼吸	表面交换 藻类/水生植物生长 BOD 衰减
碱度		

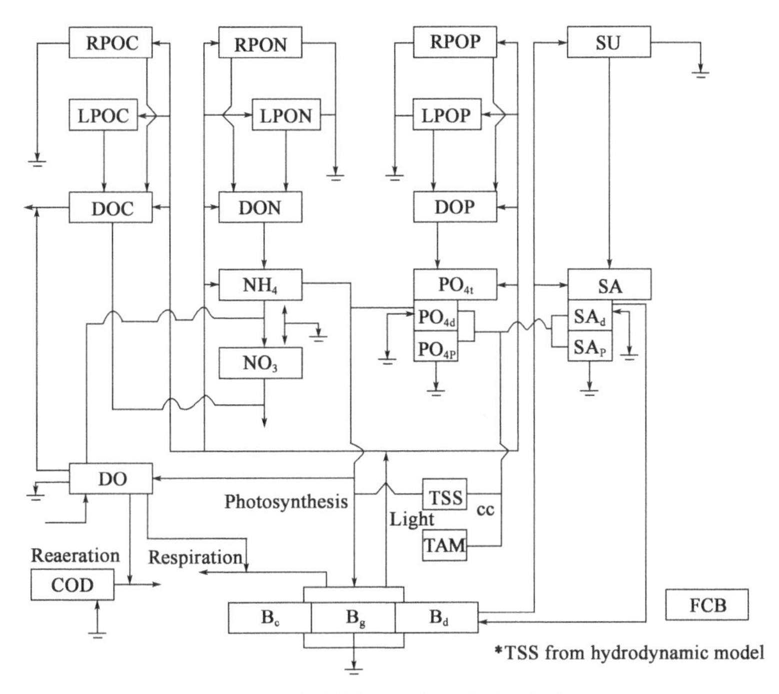

图 2-9　水质指标因子相互关系示意图

结合图例进行说明，B_m代表大型藻类；B_c代表蓝藻；B_d代表硅藻；B_g代表绿藻；COD 代表化学需氧量；DO 代表溶解氧；DOC、DON、DOP 分别代表溶解态有机碳、有机氮、有机磷；FCB 代表大肠杆菌；LPON、LPOP 分别代表易降解的颗粒态有机氮、有机磷；NH_4代表氨氮；NO_3代表硝酸盐氮；PO_{4t}、PO_{4d}、PO_{4P}分别代表总、溶解性、颗粒态三种磷酸盐磷；RPOC、RPON、RPOP 分别代表难降解的颗粒态有机碳、有机氮、有机磷；SA、SA_d、SA_P分别代表有效硅、溶解性、颗粒态三种有效硅；TAM 代表所有活性金属；TSS 代表盐度、温度。总悬浮颗粒物；Reaeration 代表复氧；Respiration 代表呼吸；Photosynthesis 代表光合效应；Light 代表光照。

2.6　岛群河口精细化建模特殊处理技术

岛群河口具有岛屿数量多、陆域边界不规则、滩槽交错、底质类型复杂、生物类型多样等诸多特殊性。以往学者在海洋数学模型研究中，往往把关注的焦点放在模型理论上，例如：修改模型中的相关方程，方程中系数的变动，增加考虑因素。而忽略了模型应用本身,对如何合理搭建模型本身开展研究甚少,将岛群河口作为一类属河口,并针对岛群河口特殊性开展数学模型应用的更是鲜有报道。因此,本章围绕岛群河口这一特殊河口类型,针对岛群河口特点,探讨搭建岛群河口三维精细数学模型方法与特殊处理技术。

2.6.1 复杂网格质量检查技术

岛群河口相比一般河口而言,其陆域边界几何形状更加不规则,也更趋复杂化,不仅涉及到上游狭长的河道,近岸曲折的海岸线,而且牵涉到外海星罗棋布、大大小小的岛屿。因此,如何更好地对这类岛群河口进行网格剖分,确保网格质量将直接影响到数值模拟计算结果的可靠度和精确度[99,100],因此,复杂海域网格剖分质量的重要性绝不亚于数值算法。

网格单元是数值计算信息的载体,是开展数学模型最基础也是最关键步骤之一,网格质量好坏直接关系到数值计算精度[101,102],因此,模型运算之前对网格质量进行检查是十分必要的。对于网格质量而言,我们能够通过偏斜角度法进行评测,也就是对比网格夹角和网格类别有关的等分角,基于最终产生的比值结果对其质量进行判定,该比值称作网格偏斜角度值(ASV),介于 0 到 1 之间,比值越小代表网格质量越好。

ASV 求解公式:

$$ASV = \max[(Q_{\max} - Q_e)/(180 - Q_e),(Q_e - Q_{\min})/Q_e] \tag{2-160}$$

其中,$Q_{\max}$、$Q_{\min}$ 分别代表单网格最大角与最小角;Q_e 代表各种网格相关的等分角,在三角网格中 $Q_e = 60°$,对于四边形网格,$Q_e = 90°$。

2.6.2 水深地形无缝光滑处理技术

(1)平面无缝平滑衔接

水深地形概化处理是开展数学模型试验最基础的准备工作,直接关系到数模验证效果和模拟结果准确度。岛群河口水环境数值模拟计算范围往往较大,涉水面积可达上万平方公里,所需海图数量经常多达十幅以上,才能覆盖整个模型计算域,并且比尺大小不一,从 1:1 000 到 1:250 000 不等,比尺跨度较大,海图测绘新旧不一,时间跨度也较大。

计算域所搜集的十几张海图资料加上实测的多份 CAD 水深资料,首先要保证水深资料可覆盖整个计算域,这个条件通常很好满足。但是不可避免地会存在不同比尺,不同新旧的水深地形衔接边缘区水深数据重叠冗余问题。为真实反演海底地形并实现地形平滑过渡,避免尖点、异点现象,水深数据在保证平面

无缝衔接的基础之上,还应去除冗余。选图依据应以时间最新优先、比尺较大优先为基本原则,以不同等深线叠合再现为准则选用水深数据,依次确定补缝海图,重叠部分水深数据去除冗余。

(2)深度平滑衔接

海图起算面往往以深度基准面为准,该基面是根据验潮站观测数据,经相关公式推算确定。深度基准面比实际最低潮面要低,因此称"理论最低潮面"。我国自 1957 年统一采用前苏联弗拉基米尔斯方法以 8 ~ 11 个分潮(M_2、S_2、N_2、K_2、K_1、O_1、P_1、Q_1、M_4、MS_4)根据调和常数计算的理论深度基准面[103]。

海洋水动力数值模拟采用的水深地形通常需选取平均海平面作为基准面,因此从海图数字化提取的以理论最低潮面为基面的水深数据需统一至平均海平面。根据 1950 ~ 1956 年青岛验潮站潮汐观测资料推求的平均海面被选为全国统一的高程基准面,该基面在 1956 年被命名为"1956 黄海高程系",从而结束了过去我国高程系统混乱的局面。由于"1956 黄海高程系"仅仅采用了 6 年的潮汐资料,年限较短,因此,后来又采用 1952 ~ 1979 年较长时间段的潮汐观测资料进行重新推算校核,即目前推广使用的"1985 国家高程基准",二者换算关系为:1985 国家高程 = 1956 黄海高程 - 0.029m。当地平均海面与理论最低潮面之间的位置关系如图 2-10 所示,即:当地平均海面在理论最低潮面之上 Δh 位置处。

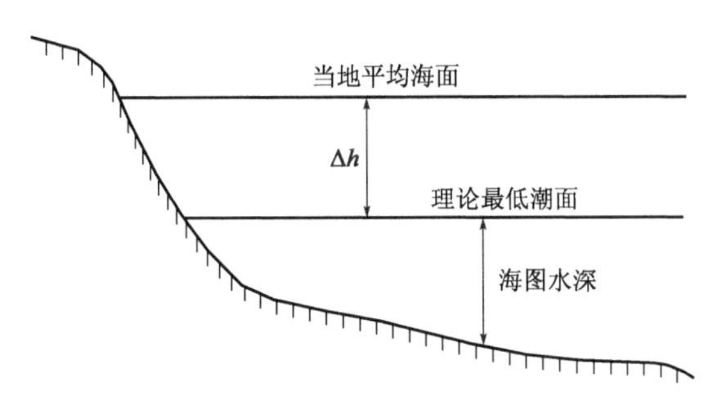

图 2-10 平均海面与理论最低潮面关系

当地平均海面是指当地多年年平均海面的算术平均值,而我国海岸线漫长,南北跨度大,各地的平均海面高程是不同的,因此各地平均海面与 1985 国家高程基准的偏差不尽相同,偏差总体分布规律自北向南呈递增趋势,其中渤海和黄海偏差介于 - 10 ~ 14cm,东海偏差介于 13 ~ 40cm,华南沿海偏差介于 35 ~ 60cm。我国沿海主要港口自北至南其当地平均海面与理论深度基准面(即:理论最低潮面)的垂直分布关系如图 2-11 所示。

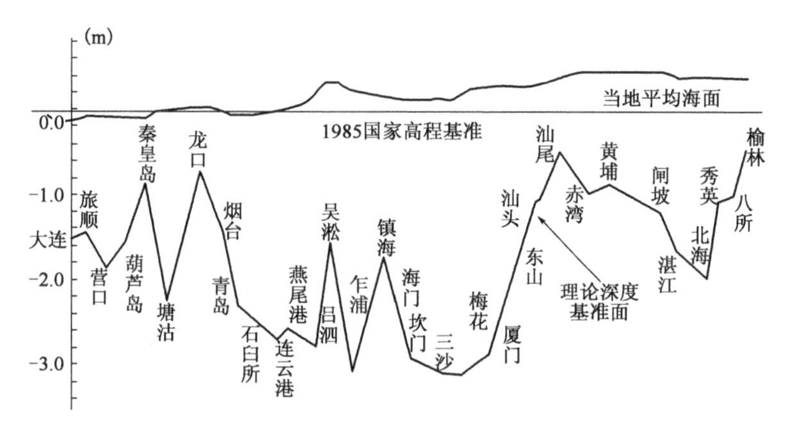

图 2-11　我国沿海港口当地平均海面与理论深度基准面的垂直分布

岛群河口水环境数值模拟计算域范围通常较大,涉海面积可达上万平方公里,十多张海图或实测 CAD 电子数据水深图拼接的水深地形,由于计算域南北跨度较大,因此各主要验潮站平均海面与理论深度基准面的换算关系会有所差异。因此,对于图幅较多且南北跨度较大的水深地形资料,需考虑各验潮站理论深度基准面与当地平均海平面之间的换算差异。例如:图 2-12a) 为某研究海域各验潮站理论深度基准面与平均海面的垂直分布关系,考虑到海底地形需平滑

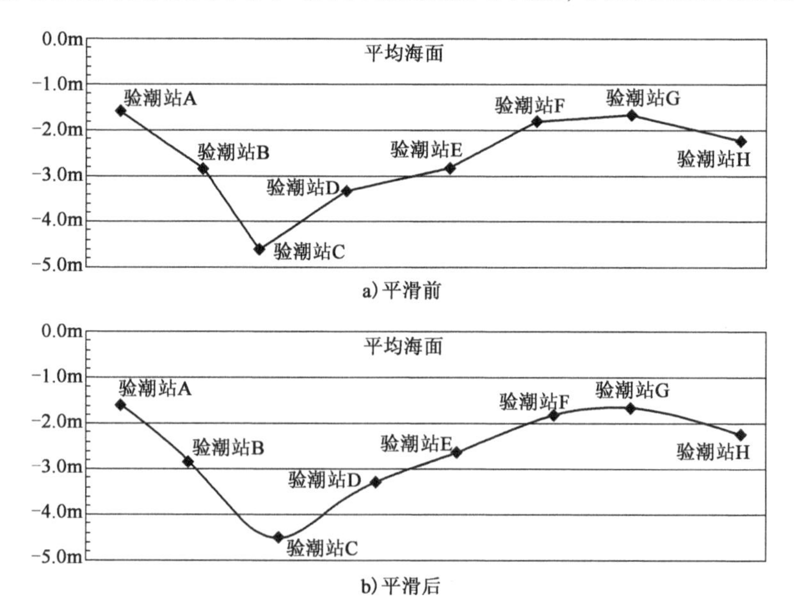

图 2-12　某海域各验潮站理论深度基准面与平均海面的垂直分布关系

过渡的特点，可采用样条插值法[104]将各验潮站换算关系由原先的折线平滑成曲线，详见图2-12b)，然后对各水深测点进行基面换算，统一至平均海面，从而实现水深地形的平滑过渡衔接。

2.6.3 浅滩及动边界处理方法

河口近岸海域往往存在大面积浅滩，随潮位涨落而呈现周期性“淹没”和“干出”现象，如果计算过程中采用恒定不变的固边界，一方面不能合理反演河口近岸浅滩区“露滩”现象，另一方面对于“露滩”区，由于连续和动量方程已经失去物理意义，易导致计算结果失真，甚至程序发散。因此，处理好移动边界问题，直接影响到计算结果的准确性，也是水动力环境数值模拟关键技术问题之一。

岛群河口数值模拟中拟采用“干湿临界水深判别法”考虑近岸浅水区“露滩”现象，其核心思想是通过设立一套判别准则，在水动力方程求解前，先判定网格水深情况，若网格水深大于设置的临界水深，则该网格点参与数值运算；若网格水深小于设置的临界水深，则该网格点不参与数值运算，被认为是“干点”。

具体方法如下：首先根据研究海域水深情况和需求精度，设定一个临界水深值，例如选定0.1m作为临界水深，然后对每个网格点水深情况进行“干、湿点”判断，若网格水深大于临界水深，则该网格被认为“湿点”，参与数值运算，若网格水深小于临界水深并且小于前一时间步长的水深，则该网格被认为“干点”，不参与数值运算，并将该网格单元通量设为0，若网格水深小于临界水深，但却大于前一时间步长的水深，则检查该网格点其四周的流速，并将出留边界的流速设为零，重复上述迭代过程，直至每个网格点的干湿状态不随后面迭代结果的变化而改变，迭代过程通常需要2~3次。

2.6.4 模型初始条件与边界条件设置

(1)初始条件

模型的初始条件包含的要素比较多，如水位、流速、含沙量等，因水位、流速能够根据外部动力状态及时调整，较短时间内即可达到稳定状态，因此水位和流速的初始值均可设置为常数0。而含沙量、温度、盐度场若要达到相对稳定的动态平衡，则需要耗费相当多的计算周期[105,106]，尤其在岛群河口区这种盐淡水交汇、岛屿众多的复杂海域。因此，含沙量、温度、盐度计算初始值的设定应尽可能反映实际情况合理给出，以便加速模型收敛，节省计算时间，消除初始值引起的计算误差。以盐度场为例，可以通过以下两种途径得到：①如果没有研究海域实测站点的盐度资料，就采用“零启动”，即将盐度变量初值赋零，使模型运行一段时间待盐度场达到基本稳定状态后，选取该稳定场作为盐度初始场对模型进行实际运算。②如果有研究海域实测站点的盐度资料，盐度模拟初始场最好采用实测站点插值后的场文件作为初始条件进行计算，选取稳定后的某时刻盐度场作为实际运行计算的盐度初始场。以典型岛群河口-瓯江口为例，图 2-13 给出了盐度初始场设定和判断盐度是否达到稳定动态平衡的检验点盐度曲线过程，

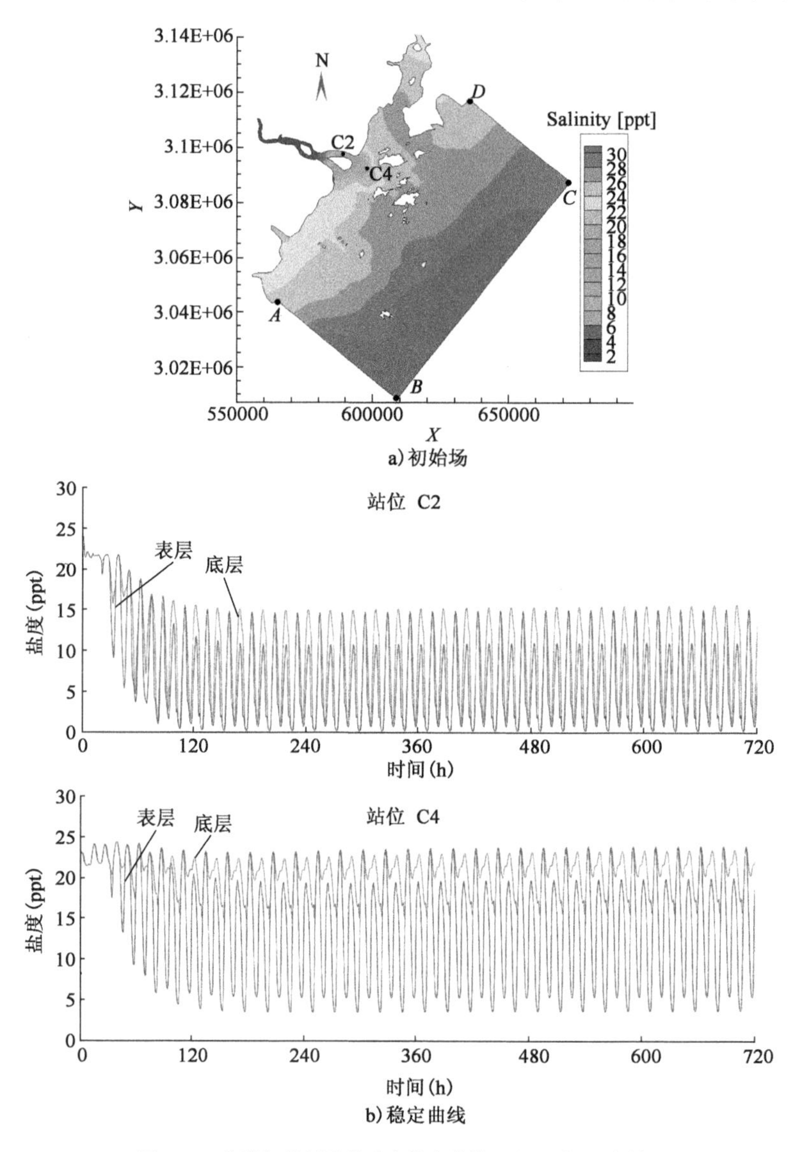

图 2-13　盐度初始场及检验点稳定曲线（以瓯江河口为例）

从该图可以看出无论是恰位于河口区的 C2 检验点，还是位于靠外海侧的 C4 检验点，盐度初始场在模拟到第 120h 的时候，基本达到了稳定状态，可以选取该时刻作为正式计算的盐度初始场条件。

(2)边界条件

模型边界条件设置的正确与否，直接关系到计算结果的正确性，因此需要给定合理的边界条件才能保证模型输出结果的精度。有学者研究表明[106,107]，模拟受径流影响的河口海域，上游若以水位作为边界条件，则无法反映下泄径流对河口海域的影响，应以上游河道对应水文站实测流量过程作为上游开边界控制条件。例如，图 2-14 给出了瓯江圩仁水文站不同情景下的流量过程，可以根据模型实际模拟时间段来选取对应的径流量过程作为上游开边界控制条件。

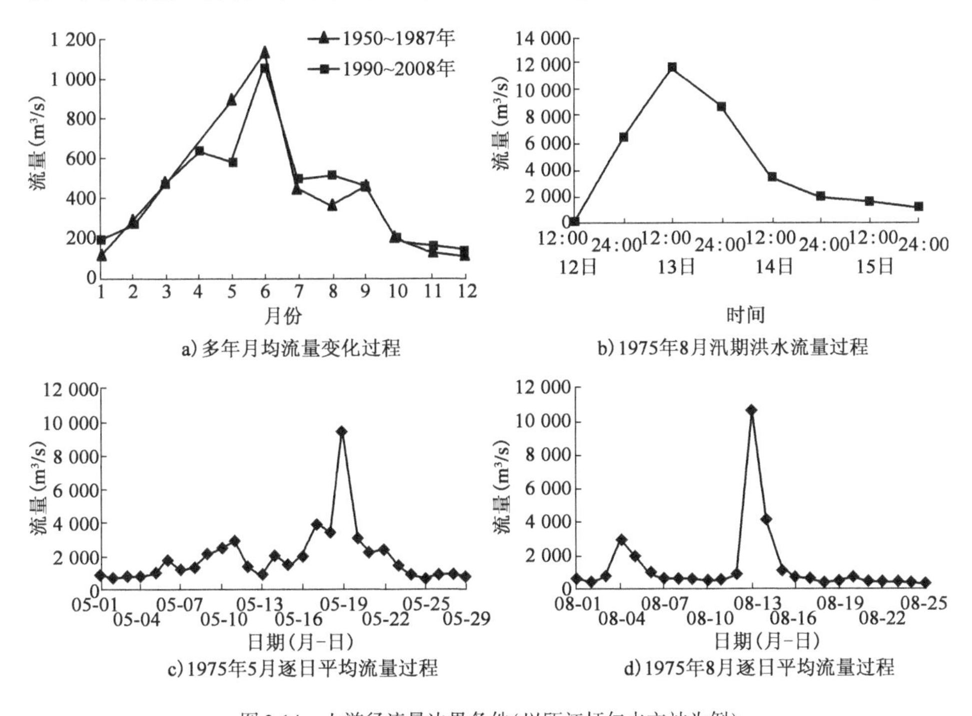

图 2-14 上游径流量边界条件(以瓯江圩仁水文站为例)

外海潮汐开边界则通常选取水位作为控制条件，潮位获取通常采用以下三种方法，一是采用控制中国海的 8 个主要分潮[108] M_2、S_2、N_2、K_2、K_1、O_1、P_1 和 Q_1 进行调和常数分析获取模拟时间段的潮位；二是由预先编制好的潮汐预报软件[109]获取潮位过程；三是选取实测潮位过程线作为潮位控制边界条件。但是，模型最终采用的潮位过程边界条件应以根据实测资料率定与验证后的潮位过程为准。采用第二种方法预测出的瓯江河口模型(见图 2-13a)开边界条件如图 2-15 所示,AB、BC、CD 三条开边界可以根据 A、B、C、D 四个点的潮位过程进行内插值获取。

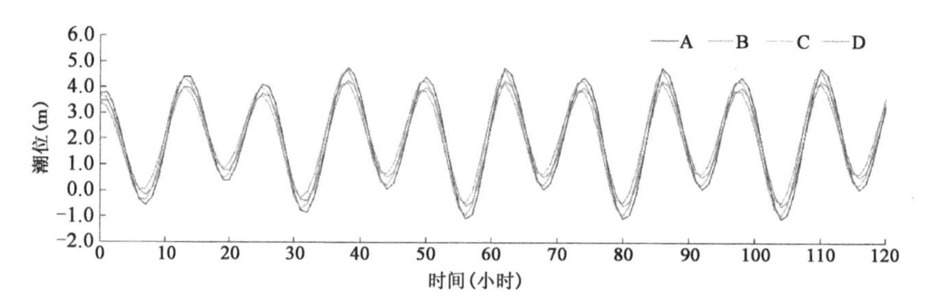

图 2-15　外海潮位开边界(以瓯江河口模型为例)

分析温、盐等对象的开边界条件不难发现,一般会出现入流、出流边界。前者主要根据开边界测量所得温、盐信息进行处理;后者主要是通过对流型开边界条件进行处理,以下是具体表达式:

$$\frac{\partial}{\partial t}(T,S) + U_n \frac{\partial}{\partial n}(T,S) = 0 \tag{2-161}$$

其中,n 为其单位法向量,在开边界中,q^2 与 $q^2 l$ 可以通过扩散方程求解出来,该方程并未考虑对流项。

2.7　模型关键参数选取方法

2.7.1　海面风应力

在海岸河口水动力数值模拟中,海面风应力通常采用二次幂经验公式来进行计算:

$$\vec{\tau}_s = \rho C_d |\vec{V}| \vec{V} \tag{2-162}$$

式中,$\vec{\tau}_s$ 为风应力;ρ 为空气密度;C_d 为拖曳系数;$\vec{V}$ 为表面风速;常取海表面 10m 处的风速。考虑到阻尼系数随风速加大而增大,一般常将表面风应力拖曳系数用如下线性公式计算:

$$C_d = (a + b|\vec{V}|) \times 10^{-3} \tag{2-163}$$

由于观测资料不同,推算的 a,b 差异性较大,试用范围也不尽相同,海面风应力拖曳系数可根据研究海域具体情况从表 2-2 中选取合适的参数化方案[110]。

不同拖曳系数选取参数化方案 表 2-2

参数化方案(作者及提出时间)	a	b	风速范围(m/s)
RM35(Rossby 和 Montgomery,1935)	1.300	0.000	5.5~7.9
Sv42(Sverdrup,1942)	2.600	0.000	5.5~7.9
DW62(Deacon 和 Webb,1962)	1.000	0.070	1.5~13.0
Ga77(Garratt,1977)	0.750	0.067	4.0~21.0
Sm(Smith,1980)	0.610	0.063	5.0~22.0
LP81(Large 和 Pond,1981)	0.490	0.065	11.0~25.0
Wu82(Wu,1982)	0.800	0.065	7.5~50.0
Ge87(Geernaert,1987)	0.580	0.085	5.0~25.0
YT98(Yelland 和 Taylor,1998)	0.500	0.071	6.0~26.0

2.7.2 海床摩擦应力

海床摩擦应力是水动力模型中一个重要的率定参数,符合二次幂定律:

$$\tau_b = \rho_0 C_f |\vec{v}_b| \vec{v}_b$$

式中,τ_b 为海底摩擦应力;$\vec{v}_b$ 为海底流速;ρ_0 为水体密度;C_f 为海底应力拖曳系数,可由谢才数 C($\mathrm{m}^{1/2}$/s)或曼宁数 n 确定:

$$C_f = g/C^2 C_f = g/\ (n^{-1} h^{1/6})^2 \tag{2-164}$$

曼宁数则可由 Nikuradse 粗糙长度比尺 k_s 确定:

$$n = k_s^{1/6}/25.4 \tag{2-165}$$

通常情况下,近岸海域曼宁数可取值 $0.025 \leqslant n \leqslant 0.048$,谢才数可取值 $30 \leqslant C \leqslant 50$,河口区曼宁数可取值 $0.015 \leqslant n \leqslant 0.030$。

Davies et al[111]给出在 σ 坐标系下的 C_f 计算式为:

$$C_f = \max\left\{\frac{\kappa^2}{[\ln((1+\sigma_{\kappa,b-1})H/z_0)]^2}, 0.0025\right\} \tag{2-166}$$

其中,κ 为 Karman 常数;z_0 为底床面糙率参数。

2.7.3 紊动粘滞系数

紊动粘滞系数分水平紊动粘滞系数 A_M 和垂直紊动粘滞系数 A_V。水平紊动粘滞系数取值取决于计算网格的尺寸,当网格较粗时,A_M 可取较大值;当网格较细时,A_M 可取较小值。

在数值模拟期间,水平紊动粘滞系数与网格间距乘积之间呈正比关系,可以通过 Smagorinsky[98] 亚网格尺度模型公式进行计算:

$$A_M = c\Delta x\Delta y\left\{\left[\frac{\partial u}{\partial x}\right]^2 + \frac{1}{2}\left[\frac{\partial v}{\partial x} + \frac{\partial u}{\partial y}\right]^2 + \left[\frac{\partial v}{\partial y}\right]^2\right\}^{1/2} \tag{2-167}$$

式中,c 一般取值 0.10 ~ 0.20,Δx,Δy 分别为 x,y 向的网格尺度,A_M 值一般在 1 ~ $50\mathrm{m}^2/\mathrm{s}$ 之间变化。

垂向紊动粘滞系数与水平流速、垂向分布状态直接相关,可以借此呈现出流体中的摩擦效应,该参数选取情况是否合理准确直接关系到模拟结果的精度。对于垂向紊动粘滞系数的求解,一些学者通过对一些简单的流体运动,如明渠流、管流等理论分析后,提出了若干个半经验性公式,常用的有常数型式、线性式、抛物线型式、指数型式、混合长型式、紊流模型等。为了比较不同的垂向紊动粘滞系数结构型式对计算结果的影响,选取长 1000m,宽 500m,水深 10m 的矩形明渠水槽作为算例,模拟 5 种不同结构型式下其流速剖面分布,具体如下:

常数型式 C_0:$A_V = A_{V0}$

线性型式 L_0:$A_V = A_{V0}(1+\sigma)$

分段线性型式 L_1:$A_V = \begin{cases} A_{V0} & \sigma \geqslant -0.5 \\ 2A_{V0}(1+\sigma) & \sigma < -0.5 \end{cases}$

抛物线型式 S_0:$A_V = -4A_{V0}\sigma(1+\sigma)$

Mellor - Yamada 紊流闭合模型:见前面 2.2.2 节中的式(2-10) ~ 式(2-15);

式中,A_{V0} 为常数值,σ 为垂向伸缩坐标。

以上五种不同结构型式的垂向紊动粘滞系数型式所对应的流速剖面见图 2-16,从该图可以看出,选取不同的垂向紊动粘滞系数结构型式其计算出的水平流速垂向分布也不同,在临底附近表现尤为明显。A_V 取值越大,则代表水体上下掺混作用越强,水体耗散作用越明显,流速则越小,流速垂向分布差异越小;反之,A_V 取值越小,则代表水体上下掺混作用越弱,水体耗散作用越不明显,流速则越大,流速分层现象越明显。计算结果显示采用 Mellor-Yamada 紊流闭合模型计算出的结果与经验解析解吻合更好些,也是目前应用最为广泛和比较推崇的方法之一。

2.7.4 泥沙主要参数

在泥沙数值模拟中,涉及到诸多影响泥沙运移趋势和分布的基本参数,例如:泥沙沉降速度、泥沙扩散系数、控制侵蚀速度的侵蚀系数、海床淤积物干密度等,这些基本参数选取恰当与否直接影响数值结果的可靠性。

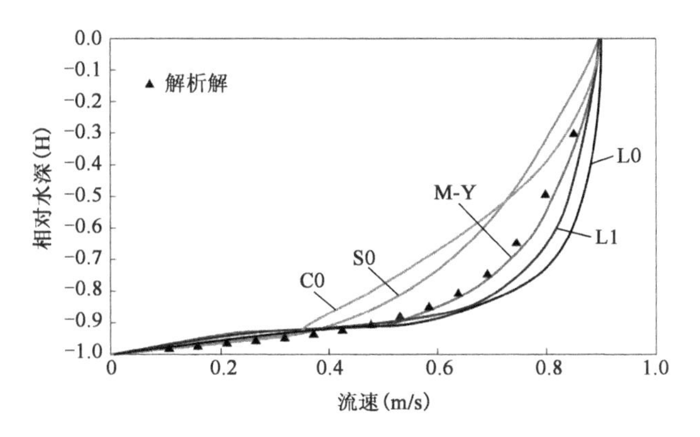

图 2-16　A_V 取不同结构型式时对应的流速剖面

(1)沉降速率 ω

对于泥沙而言,主要包含粘性与非粘性两种泥沙,如果悬沙浓度较小,那么其沉降速度主要根据单一颗粒对应的速率进行处理,后者可以直接认为是整体速率。根据 van Rijin[112] 可知,如果是离散颗粒,那么其沉降速率受到许多因素的影响,包括泥沙密度、标准粒径等,对于本模型而言,可通过以下方程式进行计算:

$$\frac{\omega_{soj}}{\sqrt{g'd_j}} = \begin{cases} \dfrac{R_{dj}}{18}, & d_j \leqslant 100\mu\text{m} \\ \dfrac{10}{R_{dj}}\left(\sqrt{1+0.01R_{dj}^2}-1\right), & 100\mu\text{m} < d_j \leqslant 1000\mu\text{m} \\ 1.1, & d_j > 1000\mu\text{m} \end{cases} \tag{2-168}$$

式中,g'为调整后的重力加速度;R_{dj}为颗粒雷诺数,以下是其方程式:

$$g' = g\left(\frac{\rho_{sj}}{\rho_w}-1\right), R_{dj} = \frac{d_j\sqrt{g'd_j}}{\nu} \tag{2-169}$$

如果泥沙含量极其明显,那么颗粒沉降会出现一定阻碍,与离散颗粒对比可知,速度偏低,通过变换其沉降求解方程,从而明确泥沙浓度受到的约束力。

$$\omega_{sj} = \left(1-\sum_i^1\frac{S_j}{\rho_{sj}}\right)^n\omega_{soj} \tag{2-170}$$

式中,ρ_{sj}为其颗粒密度,脚标范围是 2 ~4。

如果是粘性泥沙,那么沉降现象则较复杂,主要原因是会出现絮凝反应,而絮凝团沉降趋势和单颗粒泥沙之间存在着明显的差距。对于絮凝团而言,其出现受到许多因素的影响,包括悬浮物类别、浓度等。现阶段,我们一般会根据经验方程求出其沉降速率,实践操作期间,往往会选择 Ariathurai 和 Krone[114] 建立的方程进行处理，同时也是最先应用的一类方程，能够把这一速率定义成和泥沙浓度存在联系的函数：

$$\omega_s = \omega_{s0}\left(\frac{S}{S_0}\right)^a \tag{2-171}$$

式中下标 0 可以理解为参照值，ω_{s0} 为参照速率；S_0 为参照浓度；S 为水体泥沙浓度。基于参照浓度与 a 值，我们能够借助以上方程明确沉速与浓度间的关系，当前者出现变化时，后者也将出现一定的变化。而絮凝沉降过程中，沉速与悬沙浓度有着正比关系，换言之，当后者逐渐上升时，前者也将随之提升，限制沉降过程中，两者之间有着反比关系，不难理解，如果浓度不断上升，其沉速将会不断下降。

在水沙环境相对简单的海域，泥沙沉降速度也可按照常数处理，对于泥沙粒径 $d<0.01$mm 的泥沙，将发生絮凝现象，絮凝沉速通常在 0.04 ~ 0.05cm/s 之间，而当泥沙粒径在 0.03mm $<d<$ 0.20mm 之间时，曹祖德等人[115]建议按表 2-3 取值。

不同泥沙粒径对应的沉降速度 表 2-3

泥沙粒径（mm）	0.03	0.04	0.05	0.06	0.07	0.08	0.09	0.10	0.15	0.20
沉降速度（cm/s）	0.050	0.088	0.137	0.198	0.269	0.352	0.445	0.540	1.180	1.970

（2）淤积物干密度 ρ_d

海床淤积物干密度是泥沙重要参数之一，对泥沙起动、海床冲淤等均有重要影响。海床表层主要是浮泥或新淤积的泥沙，可称之为“软泥”，越往下其密度和强度都随之增加，可称之为“硬泥”。海床淤积物的干容重与孔隙率呈反比，孔隙率与泥沙粒径呈反比，淤积物的干容重随时间变化很小。根据大量实验结果得出，“软泥”的干密度一般在 100 ~ 400kg/m^{3}之间变化，具体数值与当地环境有关，和新淤积物的湿容重也有密切关系，而“硬泥”干容重则可根据底质中值粒径大小按照公式 $\gamma_d = 1750d^{0.183}$ 计算，其中值粒径单位为 mm。

（3）床面糙率 k

床面糙率与床面形状和底床泥沙粒径大小有关。根据有关学者研究结果，当泥沙中值粒径 $d<0.5$mm 时，可取床面糙率 $k=0.001$m，也可按照 n 倍泥沙中值粒径来计算，即：$k=nd$。

以瓯江河口为例，底床泥沙中值粒径多在 0.005 ~ 0.02mm 之间，因此，选取中间值 0.013mm 作为该海域泥沙平均中值粒径，保持其他泥沙参数固定不变，分别选取床面糙率 $k=1.0d$、$2.0d$、$3.0d$、$4.0d$、$5.0d$ 及常数 0.001m，分析床面糙率 k 的取值变化对悬沙浓度的影响情况，统计结果见表 2-4。由表可知，床面糙率取值不同对悬沙浓度值影响是较大的，床面糙率选取 $k=2.0d$ ~ $3.0d$ 时，其误

差范围满足《海岸与河口潮流泥沙模拟技术规程》[116]中规定的“潮段平均含沙量允许偏差应为 ±30%”。

不同床面糙率取值对悬沙浓度的影响　　表 2-4

床面糙率 k(m)	$k=0.001$	$k=1.0d$	$k=2.0d$	$k=3.0d$	$k=4.0d$	$k=5.0d$
悬沙浓度实测值(kg/m³)	1.08					
悬沙浓度模拟值(kg/m³)	1.75	0.74	1.23	1.29	1.43	1.52
相对误差(%)	+62.30	−31.70	+13.50	+19.20	+32.30	+40.80

(4)底部剪切应力 τ_b

泥沙近底交换是泥沙计算问题的关键所在,底部剪切应力模式是目前较为常用的方法,该方法假定泥沙底边界条件与水沙分界面上的剪切力有关,通过判定底部剪切应力与临界冲刷切应力和临界淤积切应力的大小关系来判定泥沙的起悬和沉降,图 2-17 示意了泥沙运动过程。

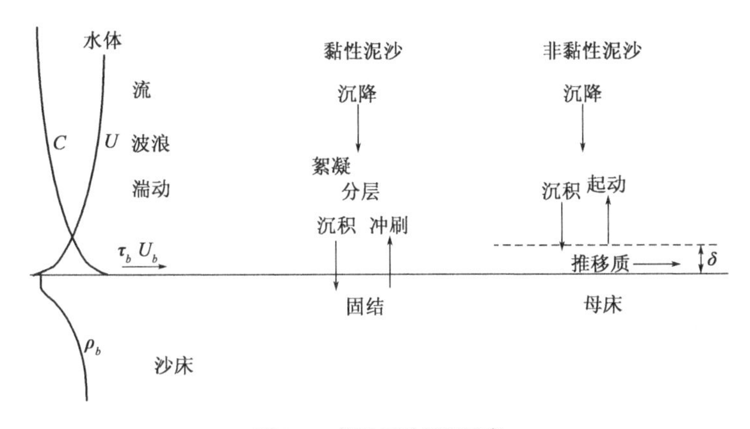

图 2-17　泥沙运动过程示意

泥沙模型中分冲刷和淤积两种模式。淤泥质底床分为整体冲刷和表面冲刷两种情况,整体冲刷是指当水流强度很大时,底床泥沙将以块状持续活动,地形明显改变。通常来讲,这种情况出现的几率较小。本文仅分析第二种情况,也就是受到波流动力影响,导致此处泥沙在床面悬扬。

将底部与临界冲刷两种应力相比,如果前者偏高,那么会出现冲刷。对应的冲刷力计算公式如下:

$$\begin{cases} \dfrac{\partial m_e}{\partial t} = E\left(\dfrac{\tau_b}{\tau_{ce}} - 1\right)^a, & \tau_b \geqslant \tau_{ce} \\ \dfrac{\partial m_e}{\partial t} = 0, & \tau_b < \tau_{ce} \end{cases} \tag{2-172}$$

式中，τ_b 与 τ_{ce} 分别为底部、临界冲刷两种切应力；E 为冲刷系数，E 能够按照泥沙自身特征，通过实验室直接进行测取。

当底部剪切应力小于临界淤积切应力，那么便会出现沉降，沉积率处在 0 ~ 1 范围内，基于单位时间、面积，泥沙质量求解方程如下：

$$\begin{cases} \dfrac{\partial m_d}{\partial t} = (S_d\omega_s)\left(1 - \dfrac{\tau_b}{\tau_{cd}}\right)^a, & \tau_b \geqslant \tau_{cd} \\ \dfrac{\partial m_d}{\partial t} = 0, & \tau_b < \tau_{cd} \end{cases} \tag{2-173}$$

式中，τ_b 为底部切应力，τ_{cd} 为临界淤积切应力，S_d 为接近底床的泥沙浓度。

（5）扩散系数 ε_s

泥沙、水体动量两种扩散系数存在着一定程度的差异，此前进行求解时，需要为两者构造出相应的线性关系[117]，以此为前提进行处理，具体关系式如下：

$$\varepsilon_s = \beta\phi\varepsilon_f \tag{2-174}$$

式中，β 为泥沙颗粒、水流两种扩散间的不同；ϕ 为前者的紊动衰减，主要用于海域泥沙浓度的分析。

对于泥沙模型而言，其扩散系数一般会选择 Mellor-Yamada 紊流闭合模型即式（2-10）~ 式（2-12）运算处理。和水体动量扩散系数有着一定不同，主要是方程紊流强度求解期间，选择的是波流集中形成的数值，那么求解扩散系数时，对波浪状态进行了分析。不但如此，泥沙垂向浓度梯度带来的紊动约束，可以通过 Richardson 数进行了解。

2.8 本章小结

本章首先归纳总结了岛群河口的基本特征，然后阐释了岛群河口三维数值模式基本理论，并对模型主要控制方程离散求解过程进行了详细推导。最后针对岛群河口的特殊性，探讨了岛群河口三维精细化建模特殊处理方法与技术，具体包括：复杂网格质量检测、水深地形无缝光滑处理技术、浅滩及动边界处理方法、模型初始条件与边界条件设置方法、模型中多项关键参数选取方法等。本章内容为后续章节应用岛群河口三维精细化模型研究水沙环境及水质变化过程奠定了坚实的理论基础，确保数值分析和工程应用的可靠性和科学性。

第3章　遥感定量反演技术辅助数模率定与验证

3.1　数模验证目前存在的主要问题

目前普遍采用的数学模型验证方法是基于海上人工逐点采样获取的现场短时间段内的水环境数据,然后通过室内分析用以模型验证。这种传统的获取现场验证资料的方法存在诸多弊端,比如:需要花费大量的人力,物力,测量区域十分有限,受自然环境影响较大,资料同步性较差。但最后也只能获得短时间内,有限空间内很少的几个离散点的现场数据资料。而现实中,数学模型反映的很多水环境参数是“面”的概念,而非几个散“点”就能描述的。

以含沙量为例,水体中含沙量的多少对港口航道及近海工程建设及运营等有着重要影响,因此,含沙量测量技术具有十分重要的工程意义。目前含沙量现场测量方法主要有光电测沙、同位素测沙及超声波测沙等,但都需要配备船只、专业人员才能完成含沙量现场测量工作,并且考虑到人员安全问题,只能选择无风天或者小风天的良好天气出海测量。由于现场测量人力成本,物力成本较高,少则十几万,多则几百万,因此只能获取少数几个散点的短时间内的含沙量数据资料,见图3-1。由于含沙量大小受天气影响较大,季节不同,含沙量大小不同;风况不同,含沙量大小也不同,有时会相差数十倍。但考虑到人员安全问题,通常选取无风天或小风天、无浪或小浪的情况下出海测量现场含沙量,这就导致现场实测出来的含沙量数值普遍偏小,仅能代表无风天或者小风天的含沙量情况,无法反映大风天的含沙量情况,并且只能反映几个散“点”的含沙量情况,无法反映大范围含沙量场同步“面”的分布情况。

数学模型若基于这些现场实测的几个散点的含沙量数据进行验证,只能反映有限空间内无风天或小风天情况下的含沙量情况,无法说明大范围空间“面”分布的合理性,也无法说明大风天等不利天气的含沙量大小,和含沙量的季节性变化。因此,基于少数几个散点进行含沙量验证得到的数学模型并不能证明建立的数学模型就是科学合理的,尤其是对于岛群河口这种陆域边界及水深情况复杂,含沙量分布规律不明显的海域。因此,为提高数学模型模拟精度,选择其他方法辅助数学模型验证诸如:含沙量、温盐、氨氮、COD、BOD、藻类等具有明显"面"分布特征的水环境参数是目前复杂海域迫在眉睫的问题。

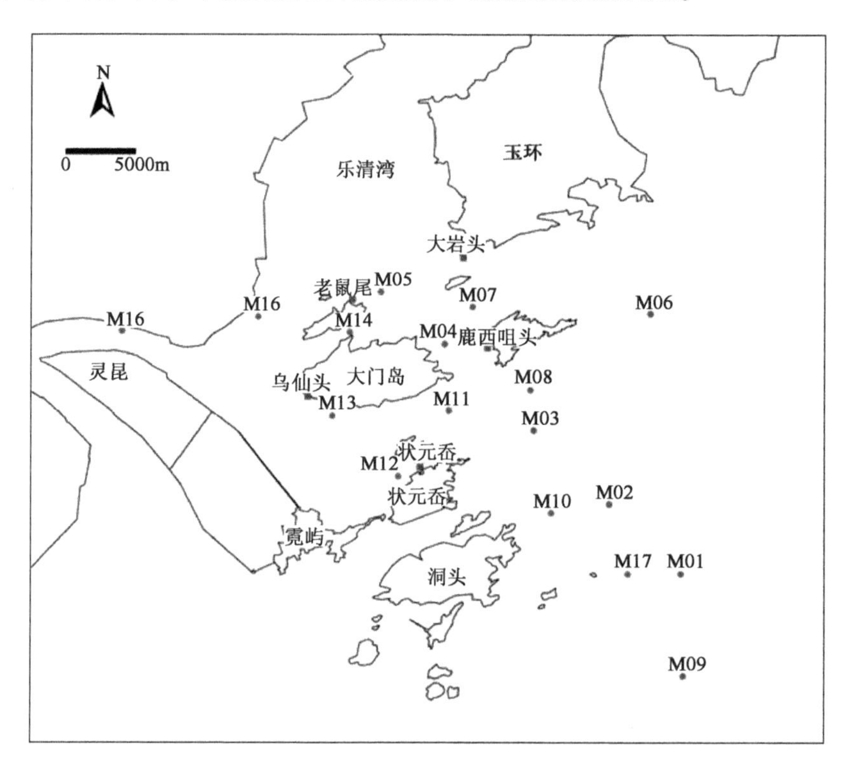

图3-1 现场水文测点布置

3.2 遥感定量反演技术与方法

随着卫星和雷达等观测技术的迅速发展,人类利用遥感定量反演技术获取了大量时空分布的观测数据,这些数据具有空间上的宏观性,时间上的连续性和可获取数据的全面性,可记录海岸河口各种物理现象,其中也包含了数值模式中一些参数的信息,如果将这些信息利用到数学模型验证当中,则可一定程度上弥补目前数模验证存在的问题。

含沙量、温盐、氨氮、COD、BOD、藻类等具有明显"面"分布特征的水环境参数仅仅依靠现场实测几个"散点"的数据资料率定数学模型,很难保证模型的准确性和计算精度,而利用遥感定量反演技术可低成本获取研究海域这些水环境参数的大范围空间分布,并可获取大风等不利天气情况下,及不同季节性的观测

数据资料,弥补传统现场测量的不足之处。

3.2.1 海洋水色遥感机理

海洋水色遥感是将辐射透射至水中,在水体反射作用下与水面分离,接着由遥感装置获取的一种反射辐射,也就是离水反射辐射[118]。以下是实现原理的说明:水体中的水质要素(例如:悬浮泥沙、化学需氧量(COD)、生化需氧量(BOD)、藻类(叶绿素)、盐度等)所对应的水体光学性质不同,当这些水质要素浓度发生变化时,水体吸收以及散射信号将出现相应的改变,依靠卫星传感器获取此类光学信号,然后通过不同水质要素浓度以及水体光学特征间的关联,多次利用反演算法确认其浓度值,如果光学信号受到大气,云等"噪声"干扰,要采取一定措施先去除这些"噪声",然后再进行水质要素浓度反演。

由于只有 0.4 ~ 0.76μm 的可见光才能入射到海水中,其他波段的入射光会被大气或海水表层吸收,因此水色遥感器的设置波段也集中在 0.4 ~ 0.7μm(即:400 ~ 700nm)可见光和近红外波段,近红外波段主要用来修正卫星接收的总辐射信号值。

3.2.2 遥感大气传输特性

众所周知,自然界中任何具有一定温度的物体都有吸收、反射或辐射电磁波的能力,卫星在空中接收到的地面水体向上辐射的能量由五部分组成,如图 3-2 所示。

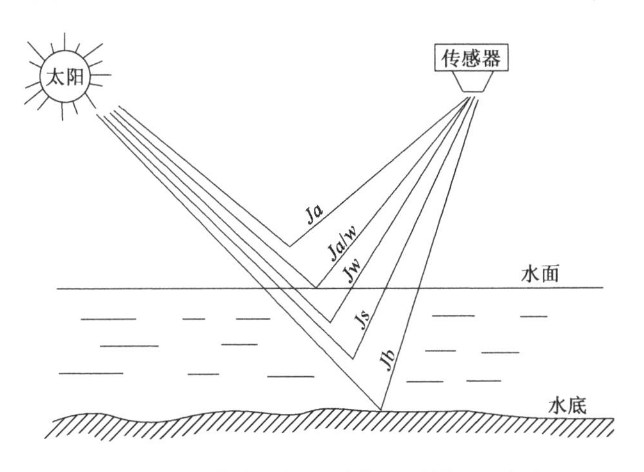

图 3-2 卫星传感器接收到水体的辐射能量示意图

$$J(\lambda)\Delta\lambda = Ja/w(\lambda)_1 + Jw(\lambda)_2 + Jb(\lambda)\Delta\lambda_3 + Ja(\lambda)\Delta\lambda_4 + Js(\lambda)\Delta\lambda_5 \tag{3-1}$$

其中:$Ja/w(\lambda)$为水气表面的反射,对于研究水体中悬浮泥沙问题时,该项只是一个噪声项。因为其不携带任何与水体悬浮泥沙有关的信息。该项与波长的关系不明显,它的大小取决于天顶角和传感器的几何位置及水面的粗糙度。通常若观察角偏离反射角30°以上时,直接太阳的水面反射影响是可以忽略不计的(探测器是垂直向下,完全避开太阳光的水面反射,天气晴朗时,并可忽略天空光的水面反射)。

$Jw(\lambda)$为水分子散射,属于瑞利反射,在温度确定后,则随折射率而定,水体的折射率很小($n = 1.33 \sim 1.34$),所以在一定程度上可以认为是一常量,水分子引起的散射量仅为1% ~3%之间,可忽略不计。

$Jb(\lambda)$为水底部反射,该项与水底的物质特性有关,主要取决于水体的深度和混浊度。实验证明[46]如果含沙量超过24mg/L,那么水深必须超过28cm才能防止受到干扰,也就是达到"无限"水深这一要求,即$Jb(\lambda)=0$。

$Ja(\lambda)$为大气层辐射,该项是由大气中气体分子和气溶胶粒子的散射所致,此项对遥感悬沙来讲影响严重。大气影响的稍许变化,可能会被认为是水体反射率的变化,因此在研究水体悬浮泥沙含量时,只有在进行大气校正后,才有可能得到精确的数据值。

$Js(\lambda)$为悬浮泥沙粒子的后向散射,其散射能量直接与浓度有关,与悬浮泥沙浓度成正比关系。

通过以上分析,卫星接收到的地面水体悬浮泥沙的信息可简化为:

$$J(\lambda)\Delta\lambda = Ja(\lambda)\Delta\lambda_4 + Js(\lambda)\Delta\lambda_5 \tag{3-2}$$

上式表明,卫星接收到的地面水体向上辐射的能量,可简化为两部分,即大气层辐射$Ja(\lambda)$和悬浮泥沙粒子的后向散射$Js(\lambda)$两部分。前人研究结果表明,对于低反射率的水体而言,大气层辐射的比例很大,有时甚至高达80%以上。所以作定量研究时如何采用精确简便的方法来消除大气的影响,这项工作是定量研究时所必须的。在实际应用中,采用了一种简便方法,即以遥感图像背景中的清澈水体作为参照,然后将浑水区各计算点辐射值与清水辐射值相比较,结果可以近似消除不同日期之间的大气影响误差。

3.2.3 遥感卫星数据获取

遥感卫星数据是遥感卫星在太空探测地球地表物体对电磁波的反射,及其发射的电磁波,从而提取该物体信息,完成远距离识别物体,将这些电磁波转换,识别得到可视图像,即为卫星影像。海洋水色卫星主要负责实现海洋光学遥感,目前研究领域的水色卫星平台并不多,大部分是针对水色遥感器的平台。例如:

1997 年 8 月,美国航天局成功发射首颗海洋水色卫星 SeaStar/SeaWiFS;1999 年 1 月,我国台湾地区与美国合作,完成低轨道水色卫星 ROCSAT-1 发射工作;2002 年 3 月 1 日欧空局发射 ENVISAT/MERIS,提供更高分辨率的图像来研究海洋的变化;2002 年 5 月 15 日,中国第一颗海洋卫星("海洋一号 A")发射升空;2007 年 4 月 11 日,装备更为精良的"海洋一号 B"卫星(HY-1B)成功发射升空;2011 年 8 月 16 日,将国内首颗海洋环境监控卫星"海洋二号"(HY-2)发射至太空。通用卫星 landsat-5 卫星影像和高分一号资源卫星影像资源具有获取方便,免费下载,分辨率较高等优点,也是常用的遥感卫星获取渠道之一。

Landsat-5 是美国在 1984 年 3 月 1 日发射的光学对地观测卫星,是 Landsat 卫星系列的第五颗卫星,该卫星是迄今为止在轨运行时间最长的光学遥感卫星,同时也是在全球应用最为广泛,成效最为显著[119]的遥感卫星。Landsat-5 影像包含 7 个波段,1 ~5 波段空间分辨率均是 30m,6 波段达到 120m,7 波段的空间分辨率为 30m。Landsat-5 每 16 天覆盖全球一次,即:每间隔 16 天才能再次获取同一地区的卫星遥感影像。Landsat-5 卫星主要轨道特性参数见表 3-1。

Landsat-5 卫星主要轨道特性参数 表 3-1

Landsat-5 卫星	
发射单位	美国国家宇航局(NASA)
发射时间	1984 年 3 月 1 日
轨道高度	705km
轨道倾角	98.22°
轨道周期	98.9min
24 小时绕地球	15 圈
过境时间	地方时 10 时上午
扫描带宽度	185km
重访周期	16 天
覆盖范围	184 ×185.2km
传感器	专题制图仪(TM)
波谱范围(μm)	0.45 ~0.52
	0.52 ~0.60
	0.63 ~0.69
	0.76 ~0.90
	1.55 ~1.75
	10.40 ~12.50
	2.09 ~2.35

高分一号资源卫星是2013年4月26日由长征二号运载火箭在酒泉卫星发射中心成功发射的，是我国高分辨率对地观测系统的首发星，重访周期仅为4天，该卫星配置了2台2m分辨率全色/8m分辨率多光谱相机(PMS相机)和4台16米分辨率多光谱宽幅相机(WFV相机)。与同类卫星相比，高分一号卫星在幅宽和时间分辨率上有明显优势。高分一号WFV相机的波段参数如表3-2所示。

高分一号WFV传感器参数 表3-2

波段	类型	波长(μm)	分辨率(m)
Band 1	蓝绿波段	0.45～0.52	16
Band 2	绿波段	0.52～0.59	16
Band 3	红波段	0.63～0.69	16
Band 4	近红外	0.77～0.89	16

3.2.4 遥感影像数据预处理

受传感器和大气环境的影响，原始遥感影像的辐射值存在一定的误差。为了提高后续的影像解译精度，有必要对遥感影像进行预处理。一般的预处理流程包括几何校正、镶嵌或裁剪、辐射定标、大气校正等。本研究使用ENVI 5.0 SP3软件处理遥感影像。

(1)几何校正

即对遥感影像中出现几何误差的环节进行调整与校准。几何误差分为内部误差和外部误差，内部误差有规律可循，一般获取的遥感影像都已进行了系统几何校正，消除了内部误差。实际校正过程中的几何误差多指地形起伏、大气折射等外部原因造成的变形误差。对于外部误差需要首先利用畸变的遥感影像与标准地图之间的一些对应点(即控制点数据对)来建立一个几何畸变模型，用数学表达式来描述遥感影像的几何畸变情况，然后利用控制点数据进行几何校正Landsat-5一般情况下不需要做几何校正，而未经几何校正的高分一号影像会有明显的几何变形，这是由于高分一号遥感影像数据利用了均一化辐射校正、去噪等方式进行优化，同时依靠卫星传递的影像数据信息建立RPC文件，因此，高分一号遥感影像可利用RPC文件进行正射矫正影像的几何变形。

(2)裁剪

图像镶嵌和裁剪是指当研究区域大于或远小于影像范围时，为了后续研究的方便，有必要对多副影像进行镶嵌或对单副影像进行裁剪，以获得和研究区域

相匹配的影像。由于 Landsat-5 和高分一号影像的图幅宽度都远大于研究区域的宽度,因此有必要对影像进行裁剪。

(3)辐射校正

此项操作核心目的便是解决光学遥感传感器各波段在记录辐射通量过程中通过各种途径混杂进来的误差(噪声),涵盖辐射定标与大气校正[120]。前者可以解决卫星传感器自带的偏差,后者能够降低大气散射等带来的影响。

本研究对象是瓯江河口海域的悬浮泥沙浓度,其所对应的海水光谱信号较弱,卫星传感器所接收的辐射量有超过90%的辐射量是由大气等非海水辐射造成的,海水带来的辐射并未达到10%,所以,大气校正作为准确反演海洋水色遥感影像的必要前提。大气校正就是指从卫星传感器所接收的总辐射亮度中去除这些大气产生的辐射亮度。大气校正过程主要包括以下三个步骤:一是根据传感器的增值与偏移进行定标,把其中的 DN 值改变成光谱辐射值;二是接着进行转变,得到相对反射值;三是解决大气吸收、散射带来的大气干扰,随后求出地面像元相对反射率。ENVI 提出的 Flaash 模块主要依靠 MOD-TRAN4 + 辐射传输模型进行处理,能够保证精度符合要求,无需借助遥感成像阶段的大气参数值,而是利用影像像素光谱特性明确大气特性,能够避免出现水蒸气/气溶胶散射效应,而根据像素进行校正,可以调整各像元间的“邻近效应”。所有针对影像的 MOD-TRAN 大气模型与气溶胶特征全部能够进行处理。经过辐射定标后的 Landsat-5 和高分一号影像均可用 ENVI 的 Flaash 模块进行大气校正。

3.3　遥感定量反演应用——以含沙量场为例

遥感作为快速获取观测数据的工具,针对空间尺度较大的海洋环境观测具有明显的优越性,而水环境数值模拟技术提供了利用有限的已知因素模拟预测感兴趣的时间和空间物质运移规律。在过去,人类利用传统现场观测与数值模拟研究海岸河口悬浮泥沙运移规律,自 20 世纪 70 年代,研究学者可以利用水色传感器监测水环境,定量遥感一些水环境参数。如果能将遥感定量反演得到的物理信息利用到数学模型率定与验证当中去,必将弥补数学模型传统验证方法的不足,对海岸河口复杂水环境数值模拟预测精度的提高具有重要意义。

3.3.1　研究区域概况

以我国著名的岛群河口——瓯江河口为例,该河口呈喇叭型,属与山区毗邻的陆海双相河口,是在溺谷型海湾基础上填充而成的。口外岛屿众多、有大、小门岛、霓屿岛、洞头岛、大瞿岛、竹屿岛等上百个岛屿;滩槽交错,地形十分复杂,有温州浅滩、中沙、三角沙等多个大面积浅滩,有黄大岙水道、中水道、重山水道、沙头水道等若干条水道,见图3-3。瓯江属山溪性河流,河流输沙量季节性变化很大。这些特征使得瓯江河口泥沙环境异常复杂,时间性和空间性变化幅度均很大,如此地形复杂的岛群河口,如果仅用分布零散的几个含沙量测站进行验证,是很难保证数学模型计算结果的准确性。

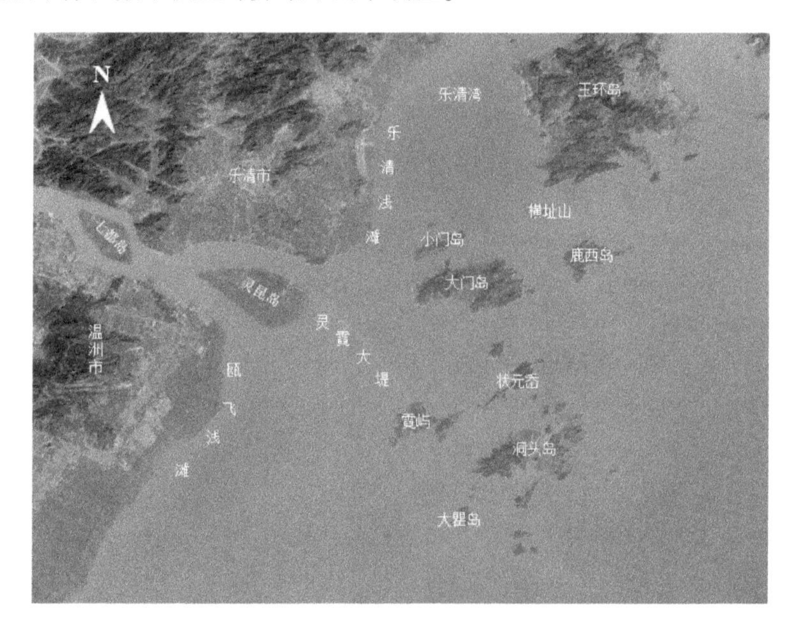

图3-3　研究区域地理形势

3.3.2　遥感影像资料收集

为了解研究海区的悬沙分布和运动规律,选取了2002~2015年间的不同季节和潮况的14景遥感影像。影像资料来自landsat-5卫星影像和高分一号资源卫星影像。

表3-3中为所选影像的成像时间及成像时的潮况和风况,潮况参考黄大岙站的预报潮汐值,风况数据参照了QuickSCAT/NCEP混合风场数据和温州历史天气数据。

3.3.3　遥感定量模式建立

通过遥感技术检测悬浮泥沙含量时,需要重点考虑遥感信息与这一含量间的定量关联性。光谱仪测量计算遥感反射率[123]的目的是建立遥感反射率与悬浮泥沙浓度之间的关系,然后将卫星影像进行辐射校正得到遥感反射率,进而反演悬浮泥沙浓度。

所选卫星遥感资料与水文气象条件 表3-3

成像日期	时间	成像时潮况		海区风况	
		潮型	潮况	风向	风速(级)
2002-02-12	10:16	大潮	落潮初期	NE	3级
2002-11-11	10:18	小潮	涨潮中期	S	2级
2003-01-14	10:21	中潮	落潮末期	E	2级
2005-10-18	10:17	大潮	落潮初期	ENE	5级
2008-01-11	10:25	中潮	涨潮末期	WNW	3级
2009-01-14	10:21	中潮	涨潮末期	ENE	4级
2009-04-28	10:28	中潮	涨潮末期	NE	3级
2009-08-26	10:35	小潮	涨潮中期	-	-
2009-09-11	10:35	小潮	涨潮中期	-	-
2013-12-3	10:25	大潮	落潮初期	无持续风向	≤3级
2014-06-13	10:21	大潮	落潮初期	SE	≤3级
2014-11-4	10:35	中潮	落潮中期	无持续风向	≤3级
2014-11-20	10:26	中潮	落潮中期	无持续风向	≤3级
2014-12-6	10:26	大潮	落潮中期	NW	≤3级

本文选用韩震[122]提出的遥感参数 X_s,计算公式如下:

$$X_s = \frac{R(550) + R(670)}{\dfrac{R(490)}{R(550)}} \tag{3-3}$$

式中,$R(490)$、$R(550)$、$R(670)$分别为TM1、TM2、TM3处的遥感反射率。试验表明,在可见光波段,悬浮泥沙含量最敏感波长为550nm和670nm,随着泥沙浓度增高,泥沙反射峰向红端偏移,当泥沙达到一定浓度后,550nm波段会出现饱和,而670nm更适合于高浓度泥沙的探测,490nm和550nm分别为叶绿素的吸收和反射峰,对叶绿素浓度较为敏感,计算公式中分子充分考虑了不同浓度泥沙反射峰的特征,可以有效反映出高、低浓度泥沙的光谱特性,分母主要是为了去除叶绿素对低浓度泥沙遥感信息的干扰,在泥沙浓度较低,叶绿素浓度较高情况下,因$R(550)$处于叶绿素的反射峰,故$R(550)+R(670)$将增大,又因$R(490)$处于叶绿素的吸收峰,故$R(490)/R(550)$也将增大,因此[$R(550)$ +

$R(670)]/[R(490)/R(550)]$相应减小,从而起到消除叶绿素对泥沙遥感信息干扰的作用。

为了建立遥感反演模型,必须有与卫星影像同步的现场观测数据。本文采用天津水运研究所2000年9月18日在研究海域进行的卫星遥感和海面测量同步实验结果进行遥感影像模型率定和精度检验。根据公式(3-1)和同步取样各测站表层实测含沙量得到各测站不同波段的遥感反射率和泥沙遥感参数,见表3-4。取样站位详见图3-4。各取样点表层含沙量见表3-5。

同步取样各站位表层含沙量 表3-4

站位	S1	S2	S3	S4	S5	S6	S7	S8
含沙量(mg/L)	260	235	203	210	190	154	90	131
	S9	S10	S11	S12	S13	S14	S15	
	152	141	134	142	28	19	8	

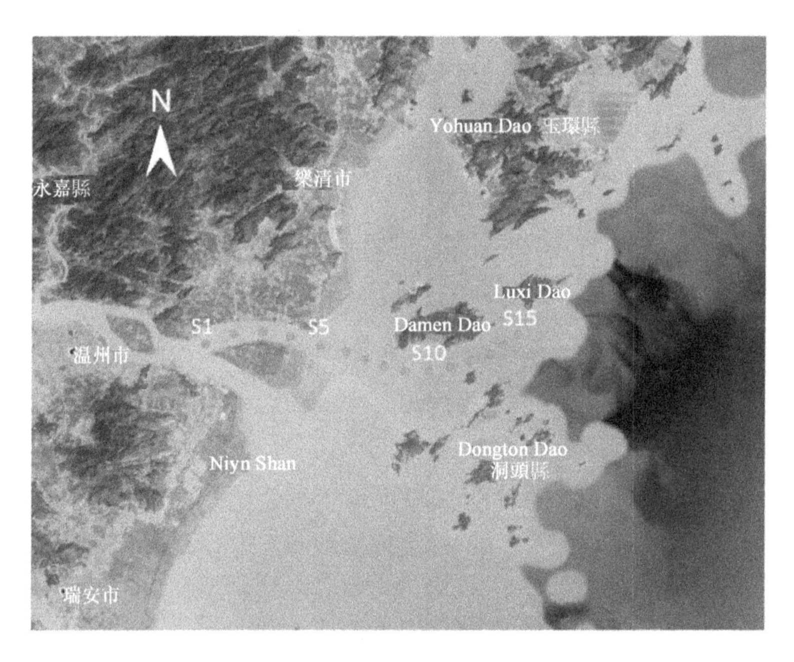

图3-4 现场卫星同步实测悬浮泥沙站位分布

对各测站实测含沙量对数lg(S)和泥沙遥感参数X_s的相关关系进行分析,见图3-5,得到统计相关模式如下:

$$\lg(S) = 19.595X_S + 0.6965 \qquad R^2 = 0.9433 \tag{3-4}$$

各测站不同波段的遥感反射率和泥沙遥感参数　　表 3-5

测站	实测含沙量对数	TM1 490nm 遥感反射率	TM2 550nm 遥感反射率	TM3 670nm 遥感反射率	泥沙遥感参数 X_s
1	2.414 973	0.014 496	0.022 334	0.030 758	0.081 798
2	2.371 068	0.012 540	0.020 134	0.027 755	0.076 890
3	2.307 496	0.012 642	0.020 670	0.026 766	0.075 952
4	2.322 219	0.012 979	0.020 840	0.027 653	0.077 863
5	2.278 754	0.012 911	0.020 745	0.027 021	0.076 749
6	2.187 521	0.013 526	0.021 703	0.027 354	0.078 712
7	1.954 243	0.011 477	0.019 254	0.021 954	0.069 128
8	2.117 271	0.013 002	0.021 379	0.026 313	0.078 419
9	2.181 844	0.013 484	0.021 682	0.027 276	0.078 721
10	2.149 219	0.013 243	0.021 562	0.026 823	0.078 777
11	2.127 105	0.013 080	0.021 481	0.026 515	0.078 822
12	2.152 288	0.013 266	0.021 573	0.026 865	0.078 771
13	1.447 158	0.009 010	0.013 725	0.010 581	0.037 026
14	1.278 754	0.006 923	0.009 896	0.006 812	0.023 883
15	0.903 090	0.005 521	0.007 530	0.004 333	0.016 179

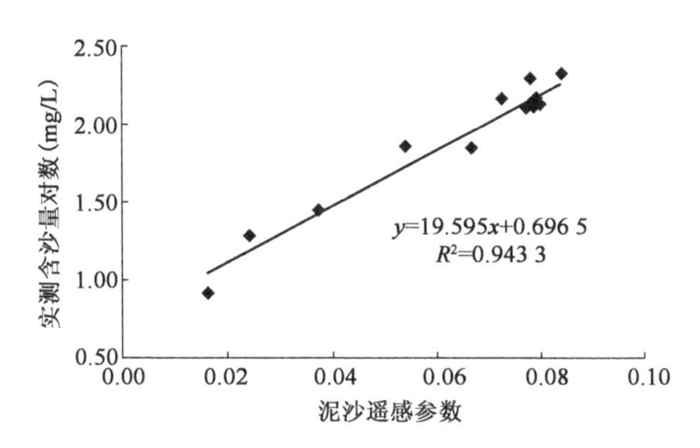

图 3-5　泥沙遥感参数与实测含沙量对数的相关性分析

3.3.4　遥感定量模式精度检验

为检验遥感反演公式的精度,这里将卫星遥感计算值与 2005 年 6 月 4 日乌仙头的实测准同步含沙量资料和2003年1月14日温州海洋环境监测中心站在乐清浦岐沙港头滚装码头实测的准同步资料进行对比验证,相对误差分别为2.3%和6.7%,精度满足要求,详见表3-6。因此,可采用建立的遥感反演模型对研究海域悬浮泥沙浓度进行反演研究。

卫星遥感反演值与实测含沙量进行比较 表3-6

	乌仙头(2005年)	沙港头(2003年)
反演含沙量(mg/L)	39.7	41.2
实测含沙量(mg/L)	38.8	38.6
绝对差(mg/L)	0.9	2.6
相对误差(%)	2.3	6.7

3.3.5 遥感定量反演结果分析

采用本文建立的遥感定量反演模式,对选取的研究海域2002~2015年间的不同季节和潮况的14景遥感影像进行悬浮泥沙含量反演,得到研究海域悬浮泥沙含量分布影像如图3-6所示。本研究海域表层含沙量分布具有如下特点:

横向上看,表层含沙量有近岸浅滩大、外海深水区小的分布特点。瓯江河口上游段含沙量超过0.5kg/m^3,河口近岸浅滩区域含沙量约介于0.1~0.3kg/m^3,而外海深水区域含沙量基本小于0.03kg/m^3。纵向上看,表层含沙量呈现出南高北低的分布特点。其中瓯江口浅滩区域最高,在0.2~0.5kg/m^{3}之间;瓯江口南部近岸浅滩也较高,在0.1~0.3kg/m^{3}之间;乐清湾中北部深槽水域较低,在0.03~0.2kg/m^{3}之间。

不同风向情况下含沙量分布有明显差异。W~NW向风为离岸风,其作用下波浪掀沙效果就不明显,因而表层含沙量相对较低,近岸含沙带的宽度也较窄;E向风为向岸风,其作用下波浪掀沙较明显,因而表层含沙量相对较高,近岸含沙带的宽度也较宽。

本研究海域夏季含沙量较低,其表层含沙量基本在0.1kg/m^{3}以下,在冬季偏北风作用下,本海域近岸浅滩含沙量整体较高。近岸较高含沙水体可在落潮流和沿岸流作用下运移至河口区附近,导致表层含沙量也较高,最大可达0.3kg/m^{3}左右。本研究海域表层含沙量分布总体上呈近岸浅滩高、外海深水区小以及浅滩高于深槽的分布特点,表明瓯江河口海域泥沙来源主要来自近岸浅滩泥沙的就地悬浮搬运。

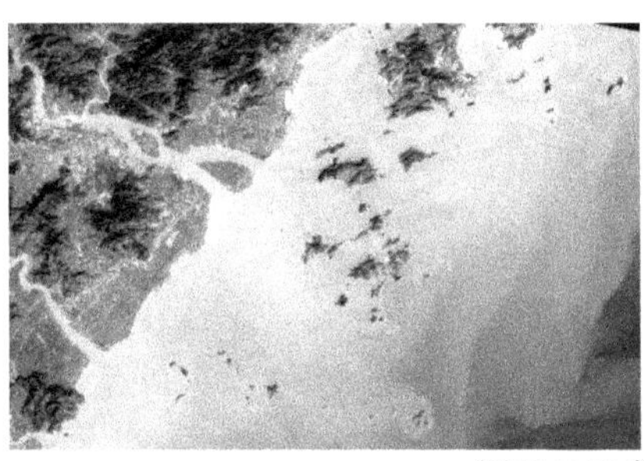

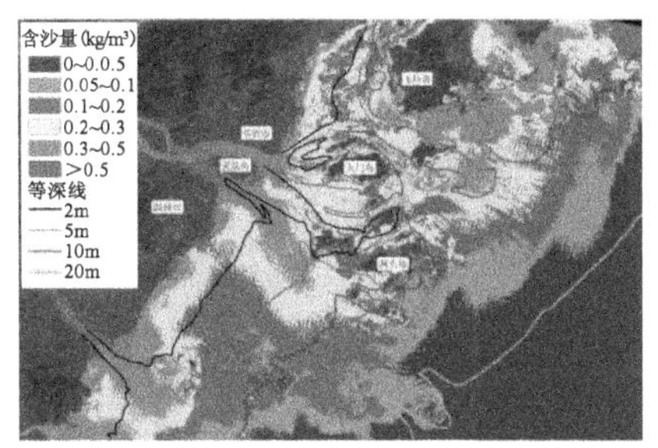

(2002-2-12 落潮初期 NE 3级)

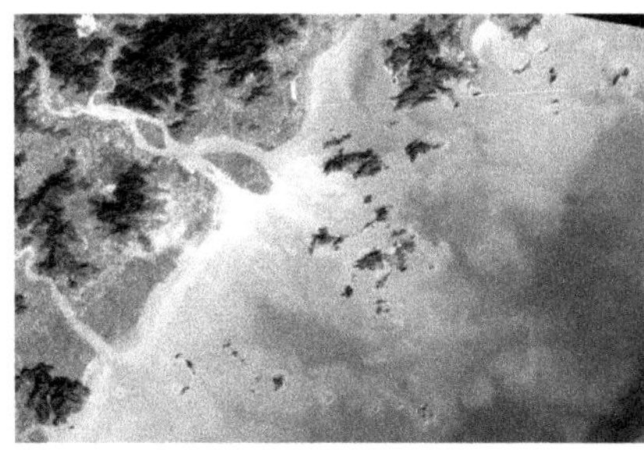

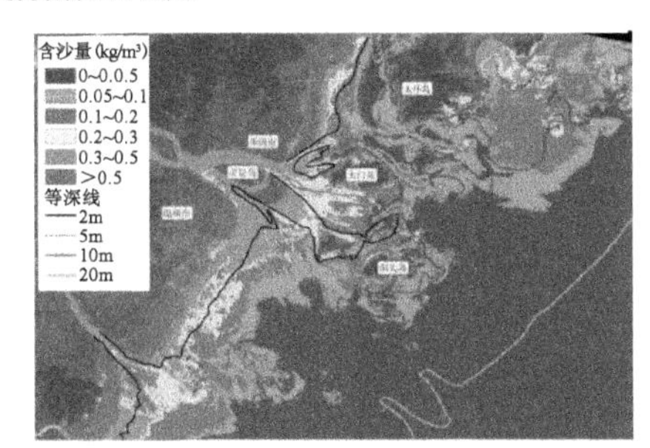

(2002-11-11 涨潮中期 S 2级)

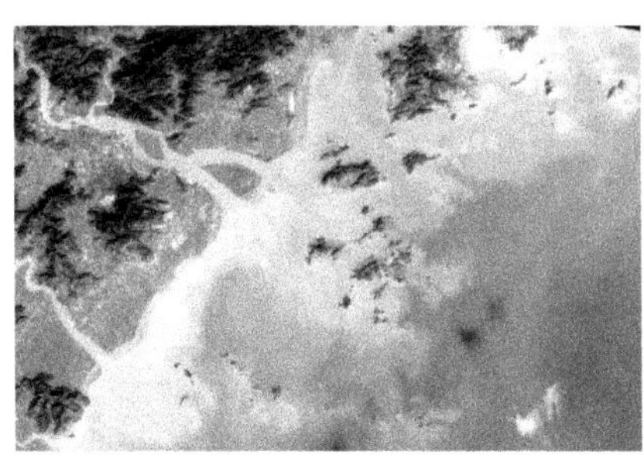

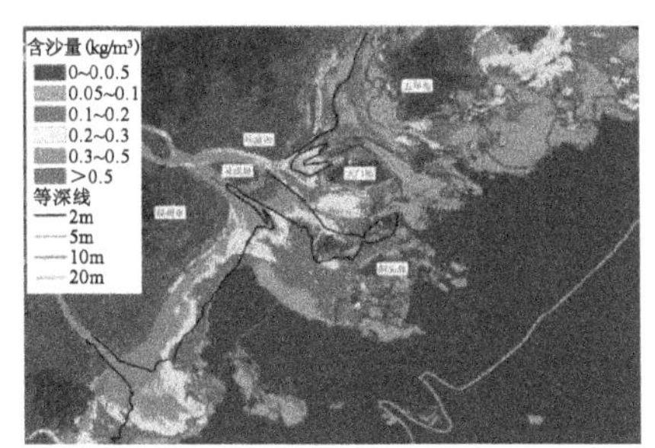

(2003-1-14 落潮末期 E 2级)

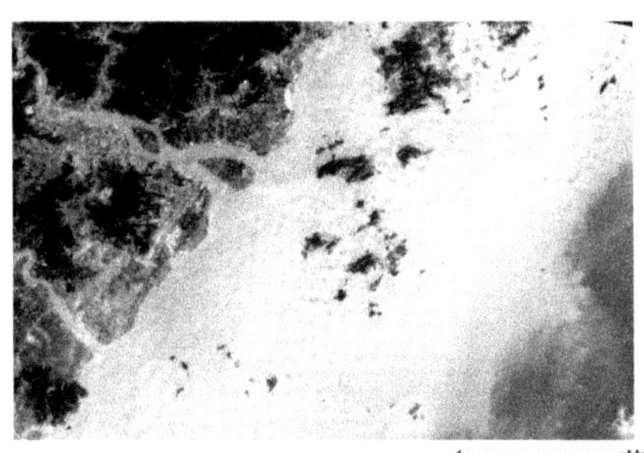

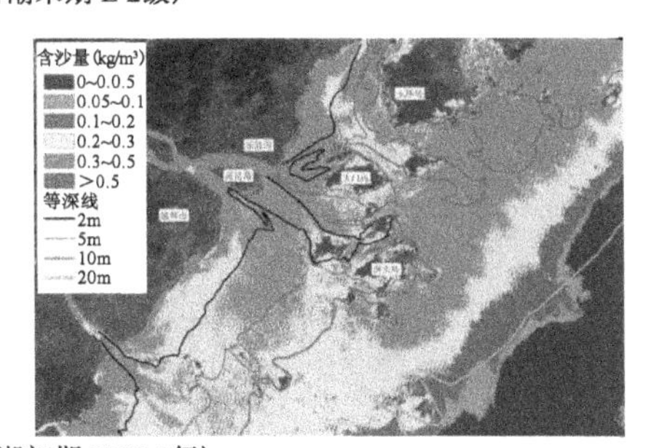

(2005-10-18 落潮初期 ENE 5级)

图　3-6

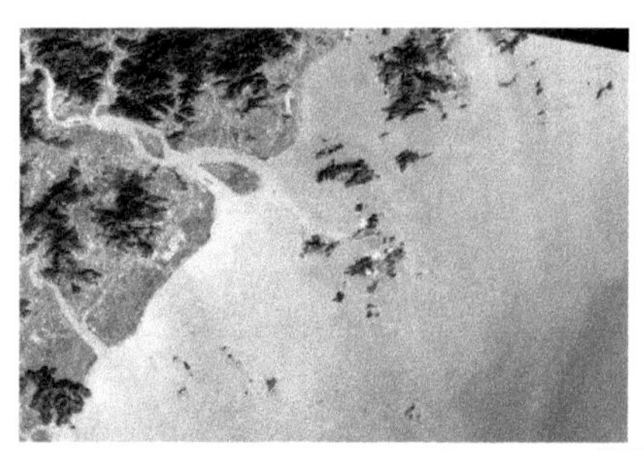

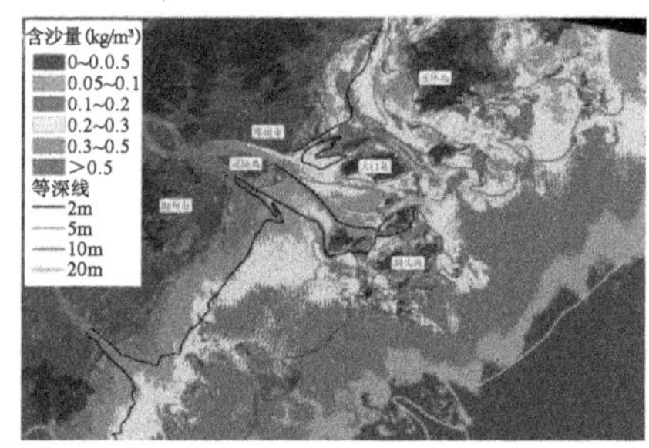

(2008-1-11 涨潮末期 WNW 3级)

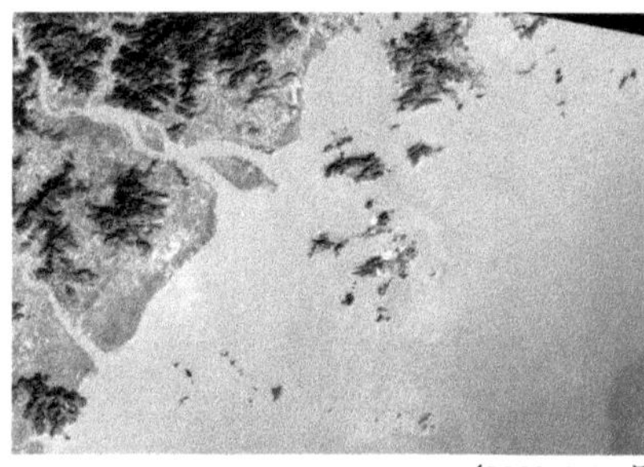

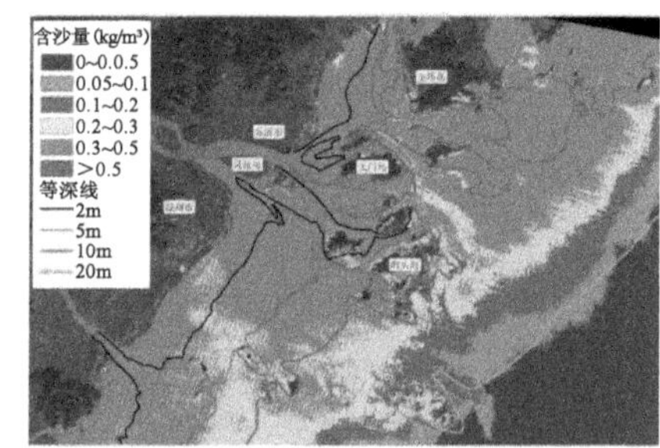

(2009-1-14 涨潮末期 ENE 4级)

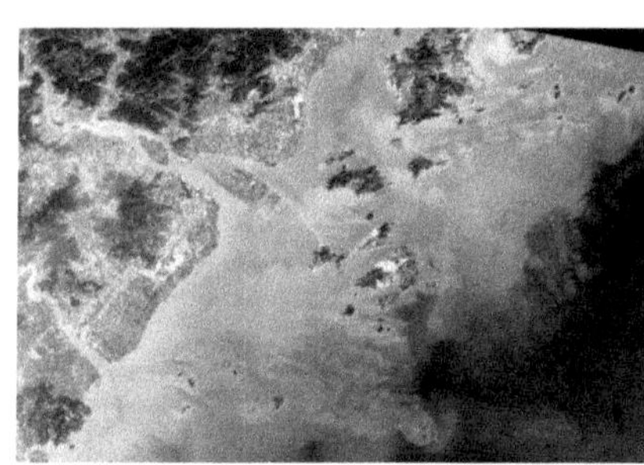

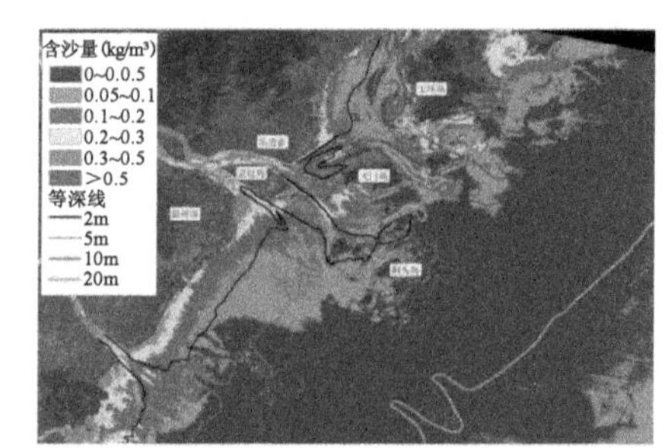

(2009-04-28 涨潮末期 NE 3级)

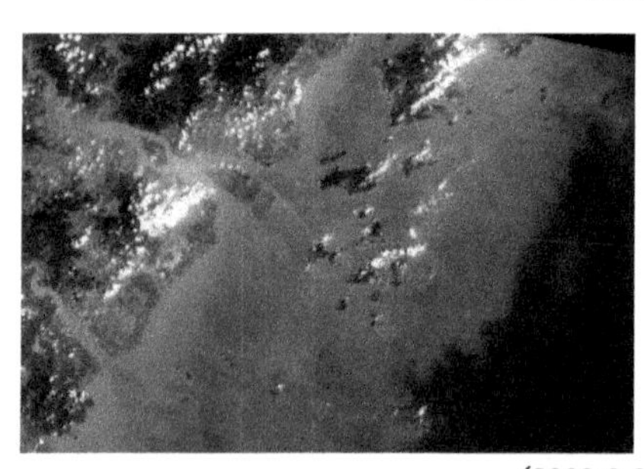

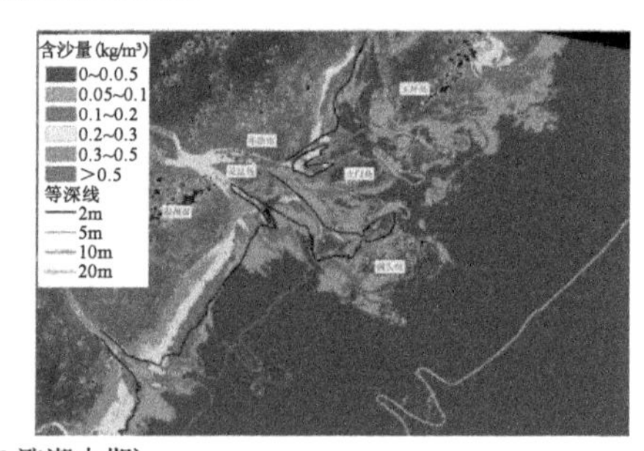

(2009-8-26 涨潮中期)

图 3-6

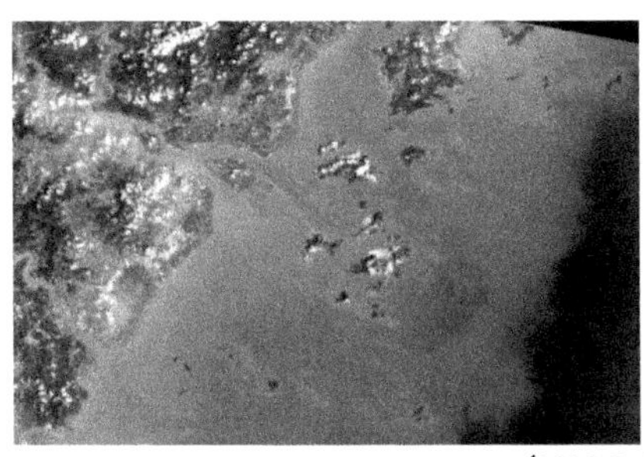
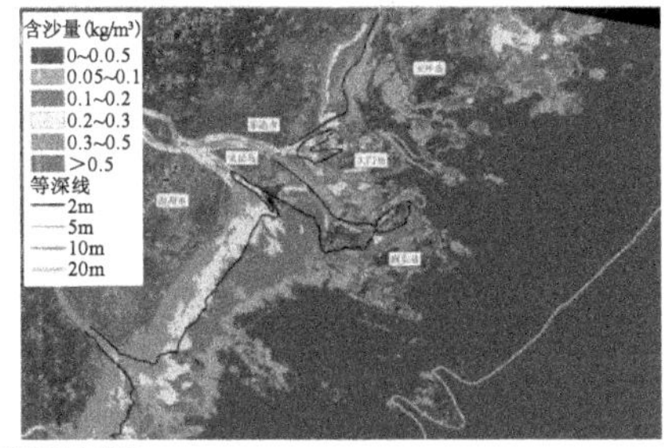

（2009-9-11 涨潮中期）

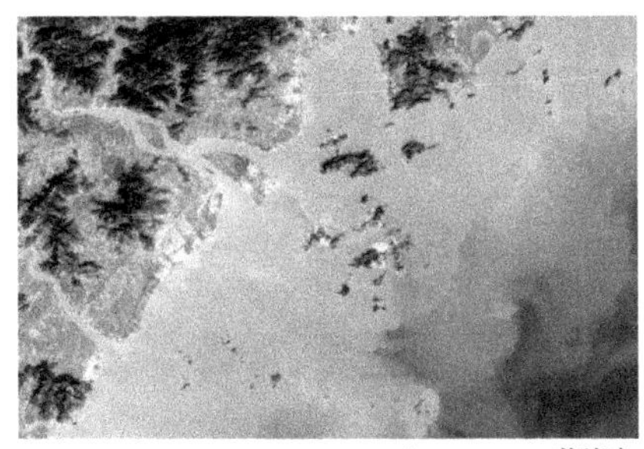
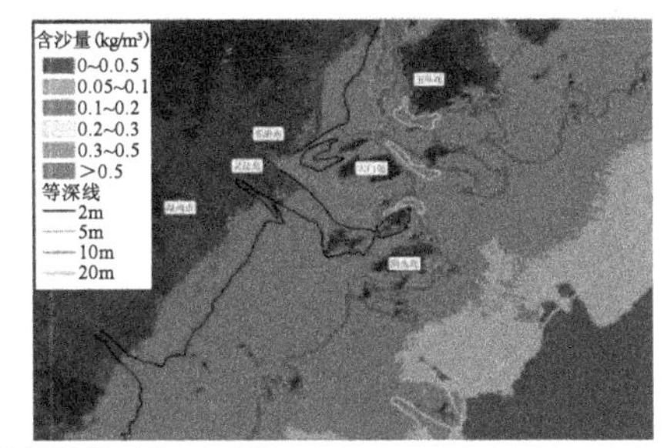

（2013-12-3 落潮初期 无持续风向 ≤3级）

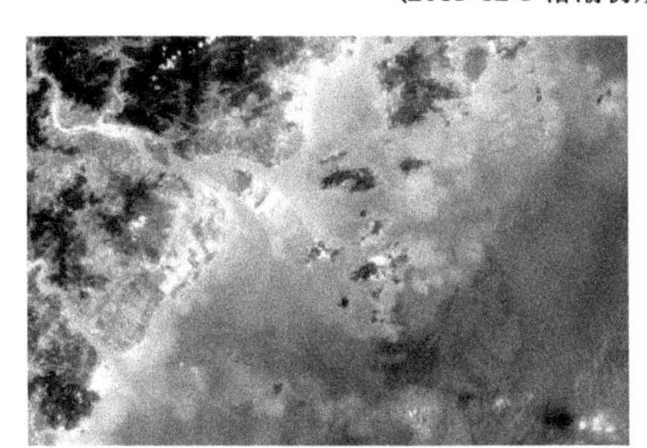
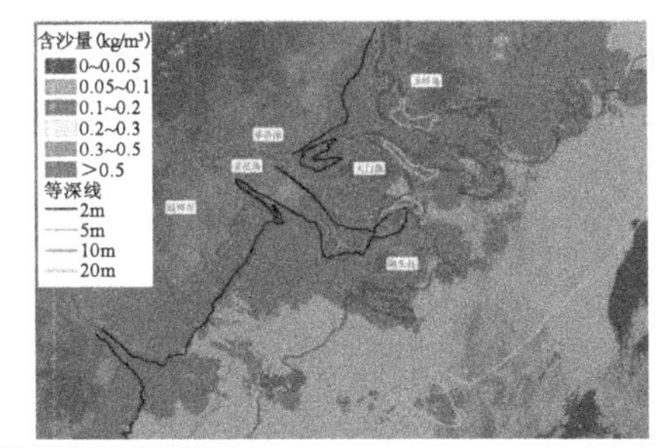

（2014-6-13 落潮初期 SE ≤3级）

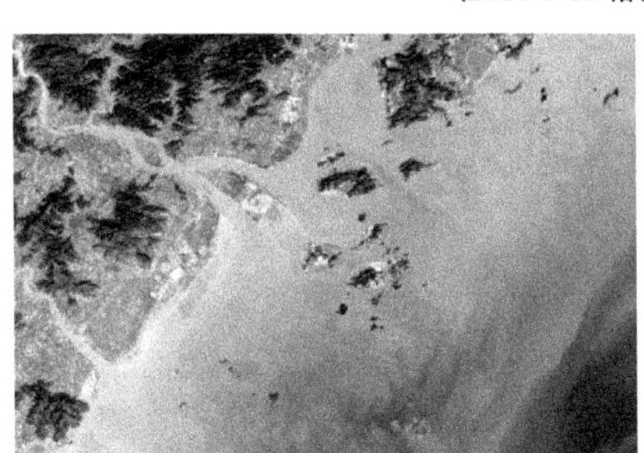
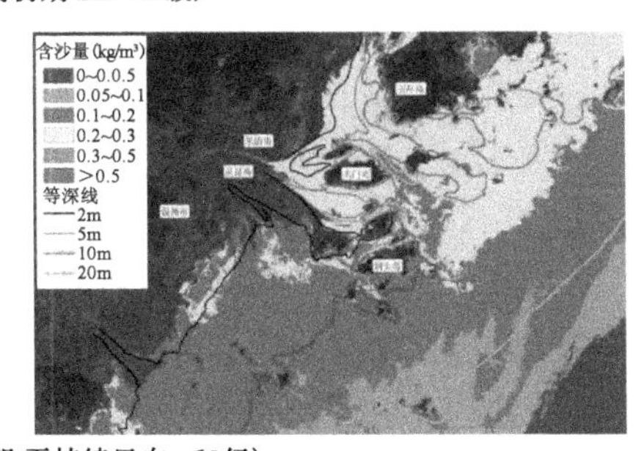

（2014-11-4 落潮中期 无持续风向 ≤3级）

图 3-6

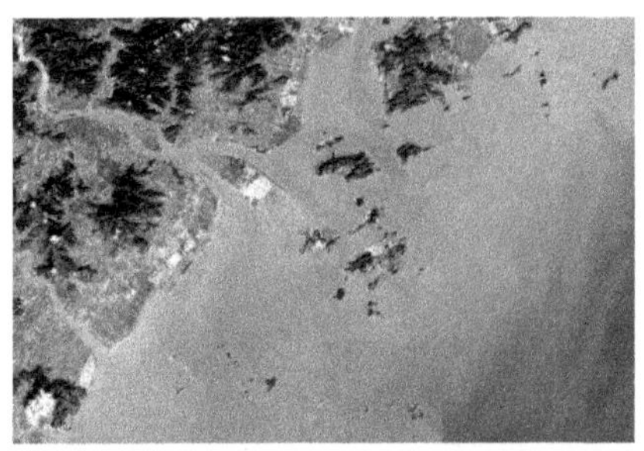

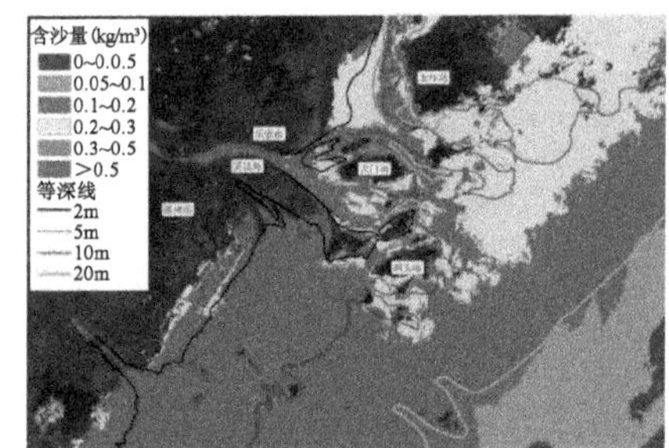

(2014-11-20 落潮中期 无持续风向 ≤3级)

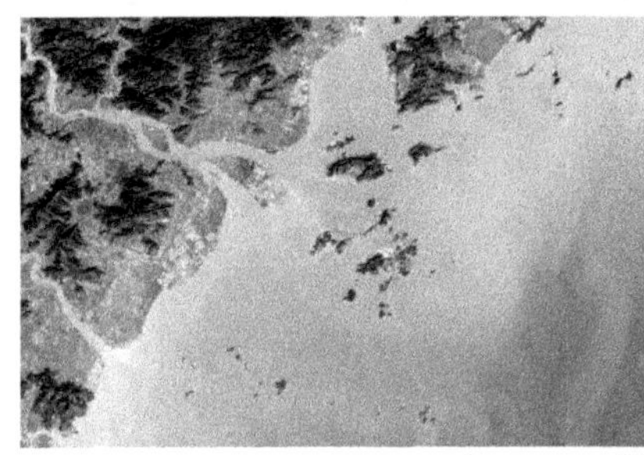

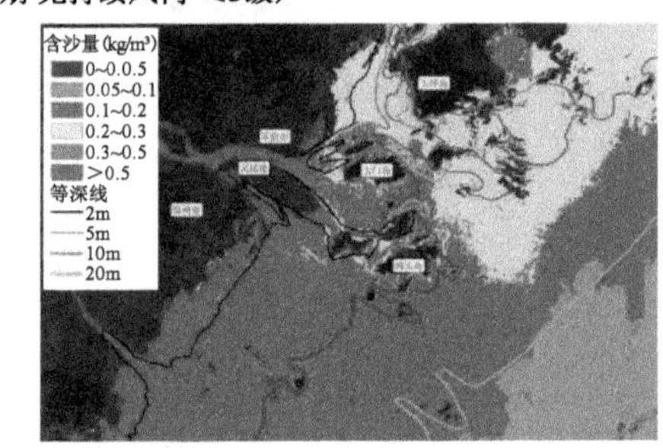

(2014-12-6 落潮中期 NW ≤3级)

图 3-6 研究海域遥感影像与含沙量反演结果

3.4 耦合遥感定量反演技术的数模试验

3.4.1 数学模型建立

(1)网格划分及参数选取

研究区域包括瓯江口及附近海域,网格划分如图 3-7 所示。水平方向采用正交曲线网格,网格分辨率最小为 5m,最大为 1000m,网格总数为 864 × 1217。垂向方向,采用 Sigma 坐标系,共分为 10 层,具体分层为:-0.10,-0.10,-0.10,-0.10,-0.10,-0.10,-0.10,-0.10,-0.10,-0.10。

根据 CFL(Courant,Friedrichs,Lewy)条件限制,外模时间步长取 0.01s,内模时间步长取 0.1s,模拟结果每 1 小时输出一次。海底拖曳系数取 0.025,粗糙高度取 0.002m。考虑到瓯江河口为典型淤泥质海岸性质,研究期间选择粘性泥沙模块实施处理,其沉降速率主要受到悬浮泥沙浓度与水体剪切应力两者的共同影响,而沉积概率主要依靠 Ariathurai 与 Krone[114] 建立的经验方程进行求解。如果非粘性泥沙海床出现糙化现象,可以假定海床拥有移动层,借此进行有效模

拟,如果悬浮出现于移动层,那么该层的基本构造能够依靠 van Rijin[113] 方法进行计算。

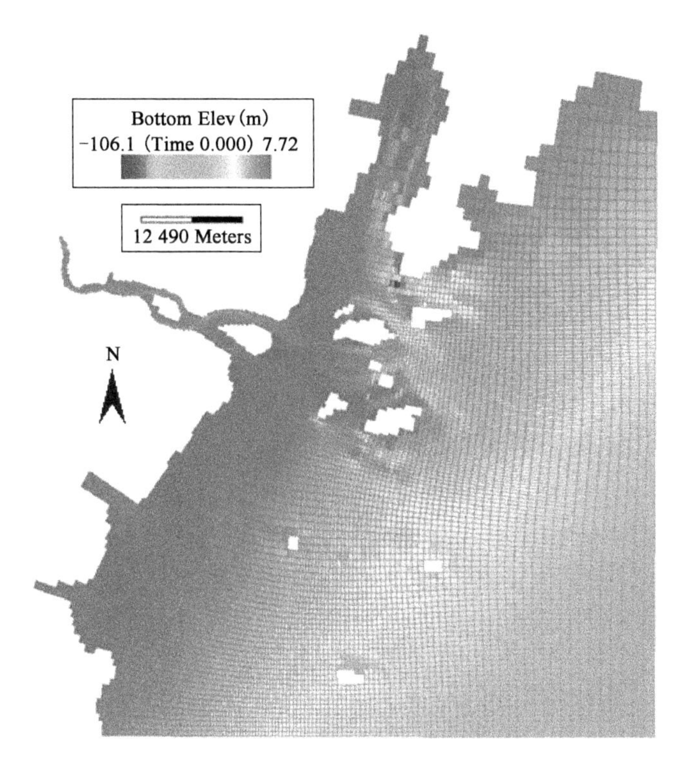

图 3-7 计算域网格划分

(2)初始条件和边界条件

数值模拟计算时,水位及流速采用零初始条件,含沙量初始场采取两种设定:首先:将初始条件限制成空间定值,那么粘性悬浮泥沙浓度可以标记成20mg/L,非粘性部分则能够标记成4mg/L;其次:利用研究海域多幅遥感影像定量反演的泥沙浓度结果,根据网格点所在位置明确对应的浓度值,使模型得到初始化处理,目的是为了比较初始化条件对模拟结果的影响。

开边界潮位采用 Chinatide[109] 预报值,上游考虑瓯江来水来沙,采用水文站实测流量和含沙量按照时间序列作为上游边界条件考虑到模拟过程中。模式从2005 年 1 月 1 日模拟到 2005 年 12 月 31 日,模拟 1 整年的水沙输移情况。

3.4.2 模型参数率定

即对模拟与测量两种数值进行拟合处理。对于模型而言,主要包含以下两种参数，首先是存在着一定的物理含义，能够依靠测取、物理分析或数学方法推求出来；二类是半理论半经验参数，可先按照其物理含义指出参数区间，接着根据实测结果获取参数值。对于后者而言，参数抉择期间，处理人员必须拥有相关经验，采用的数值是否合理，和经验有着紧密联系，存在很大随意性，因此，第二类模型参数的校正与优选是数学模型率定与验证过程中至关重要的一步。

水动力数学模型参数较少，且大多具有明确物理意义，比较好确定。而悬浮泥沙浓度由于受天文、气候、气象和地理环境等众多因素的综合影响，常常表现出不确定性和非线性，因此，悬沙输移模型涉及参数较多，且有许多经验型参数，因此，大部分模型只能依据实测的几个散点资料进行参数优选，其参数优选结果与操作人员的知识经验积累有很大关系。

具体率定时可采用以下几种方式来完成：分别是人工试错、自动优选以及人机联合优选三种处理方式。首先是人工试错法，主要由处理者自行设置参数值，依靠电脑完成分析计算，接着对比模拟、测量两种数值结果，变化参数再次求解，多次重复这一流程，从而得到最优解；其次是自动优选法，主要由电脑根据相应的规则条件确定参数值，保证目标函数为最合理状态；人机联合优选法是前两种方法的综合。目前，悬沙输移模型较常用的参数率定方法是人工试错率定法。

本次研究主要依靠人机交互模式来处理，率定以及检验时，不仅依据有限的几个实测散点数据，还会依据卫星影像遥感定量反演的悬浮泥沙浓度空间分布进行结果比对，调整各参数直到数值模拟结果和实测散点过程线及遥感反演的分布格局达到最佳吻合。因为参数调整时，容易使此前协调一致的范围发生误差，所以，我们能够基于率定参数确定均值，从而消除以上误差，保证结果的准确性。

在数学模型中，参数率定有着不可或缺的意义，按照此前提出的率定方法，对瓯江口海域悬浮泥沙输移数学模型进行参数率定，对数值模拟以及遥感反演对应的悬浮泥沙场进行研究，确认两者的空间分布特征有何不同，对带来不同的各项参数实施优化与改善，接着继续进行模式求解，多次开展这一流程，确保两者的空间分布特征大体一致，如此一来，便能够获得与此处悬浮泥沙数学模型非常匹配的参数值，因为参数变化过程中，容易使早前匹配一致的范围发生误差，我们需要从率定结果中取均值，以此改善此类误差影响，表 3-7 为模型率定的参数及最优取值。

实测含沙量与卫星遥感反演值进行比较　　表 3-7

模 型 参 数	调节值 1	调节值 2	调节值 3	平均值
底摩擦系数	0.002 0	0.002 8	0.003 5	0.002 8
底层糙率(m)	0.001 2	0.001 8	0.003 0	0.002 0
絮凝沉降速率(μm/s)	32.000 0	35.000 0	40.000 0	35.670 0
絮凝沉降速度相关指数	0.120 0	0.160 0	0.180 0	0.153 0
粘性泥沙沉降临界剪切应力($dynes/cm^2$)	0.600 0	0.900 0	1.300 0	0.930 0
粘性泥沙再悬浮相关变量(mg/cm^2)	1.400 0	1.900 0	2.300 0	1.870 0

3.4.3 数值模拟结果

经过数值模拟分析,在图 3-8 中给出了悬浮泥沙浓度空间表现。从图 3-8 可以看出,本研究海域夏季含沙量较低,其表层含沙量基本在 0.1kg/m^3以下,在冬季偏北风作用下,本海域近岸浅滩含沙量整体较高。近岸较高含沙水体可在落潮流和沿岸流作用下运移至河口区附近,导致表层含沙量也较高,最大可达 0.3kg/m^3左右。本研究海域表层含沙量分布总体上呈近岸浅滩高、外海深水区小以及浅滩高于深槽的分布特点,表明瓯江河口海域泥沙来源主要来自近岸浅滩泥沙的就地悬浮搬运。

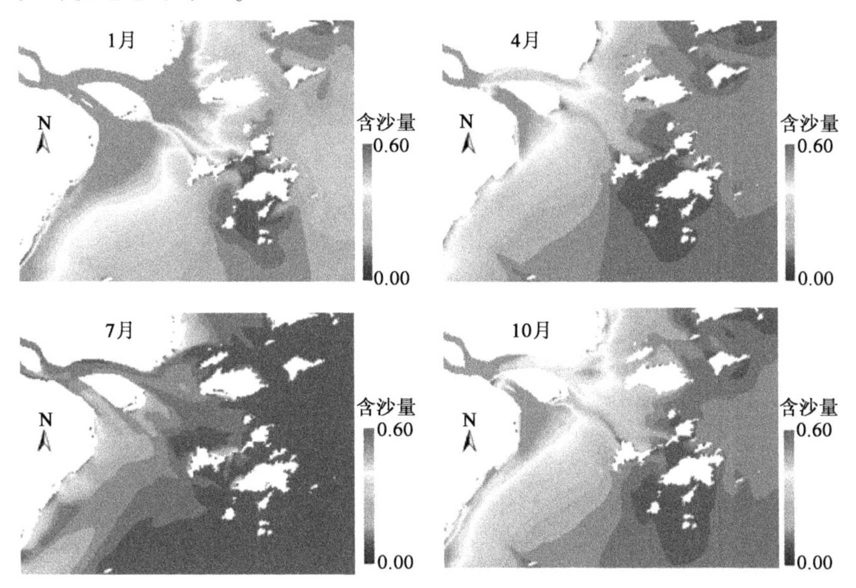

图 3-8　2005 年瓯江口海域悬浮泥沙分布数值模拟结果

3.5 优化率定参数计算结果精度统计分析

前面3.4章节建立并率定的泥沙数学模型与传统泥沙数学模型不同之处有两点:一是采用遥感影像定量反演的泥沙浓度值,根据网格点所在位置求出对应的泥沙浓度,以此为前提初始化悬浮泥沙输移模型,有别于传统人为假定定常值的初始方法;二是采用人机交互方法将遥感影像定量反演的泥沙结果用于辅助数学模型泥沙参数率定,来实现泥沙参数最优化,不仅实现单一的"点"验证合理,而且实现统观全局的"面"验证合理,有别于传统仅采用几个无风天或小风天实测含沙量单点值来率定泥沙参数的片面性和不合理性。本章节目的是检验本文建立的并率定良好的泥沙数学模型其模拟精度如何。

3.5.1 数值模拟结果与遥感反演相似性比较

选取无云且成像质量较好的遥感影像,经过大气校正,基于建立好的瓯江口海域悬浮泥沙浓度反演模型,反演出1999年10月2日和2008年10月10日瓯江口海域悬浮泥沙分布状态。在图3-9中,对数值模拟、遥感反演两种悬浮泥沙浓度空间分布进行了对比。基于此图不难发现,1999年10月2日和2008年10月10日数值模拟结果显示,含沙量分布整体呈现出近岸浅滩大、外海深水小的分布特点,近岸浅滩区含沙量约介于0.1~0.3kg/m^3,瓯江河口上游区域最高超过0.5kg/m^3,而外海水域一般都小于0.03kg/m^3,这与后者得到的结果完全匹配。所以,本文建立的泥沙数学模型是科学合理的。

3.5.2 不同初始化模型模拟结果比较

针对悬浮泥沙浓度、空间定值两种初始化模型产生的模拟结果进行对比,分析两者间的差异,采用这两种初始化模型方法模拟瓯江口海域悬浮泥沙浓度,并将两种不同初始化模型得到的悬浮泥沙浓度与现场实测结果(测站位置见图3-10)进行比较。

从图3-11可以看出,基于遥感反演建立的悬浮泥沙浓度初始化模型计算的结果,和真实情况基本一致,两种模型综合对比不难发现,这种模型计算的结果更加准确。足以表明,这种初始化模型可以更好地引导悬浮泥沙浓度向真实值方向发展,其模拟结果与实测值吻合更好些。所以,将水色遥感定量反演技术引入数值模拟中,用遥感反演的悬浮泥沙浓度空间变化场初始化模型得到的模拟结果相比定值初始化模型得到模拟结果有所改善,更好地发挥遥感反演快速获取大范围空间分布观测数据的优越性。

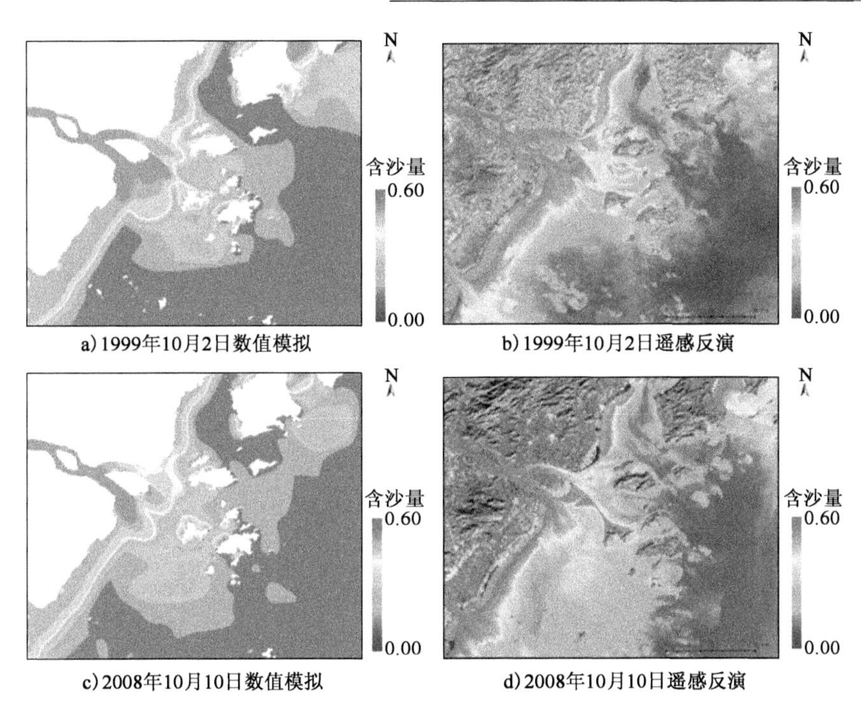

图 3-9 瓯江口海域悬浮泥沙分布数值模拟与遥感反演结果比较

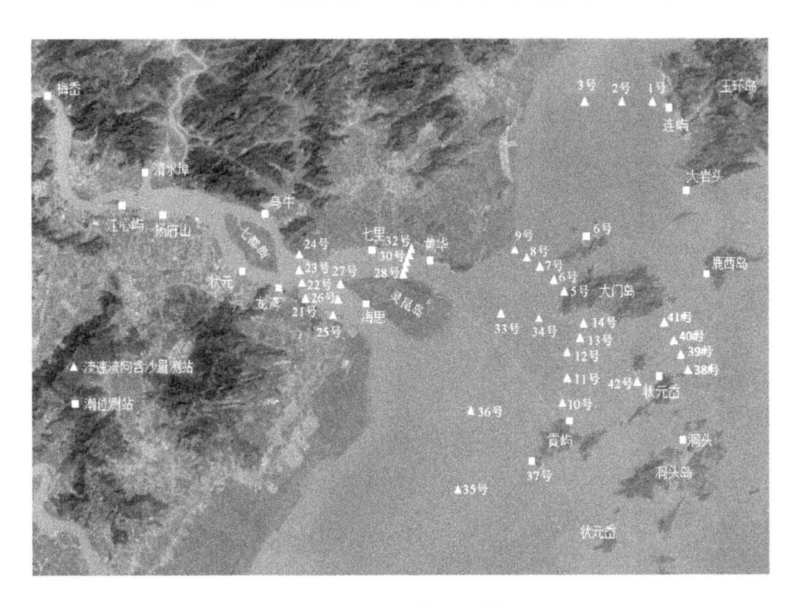

图 3-10 2005 年 6 月水文测站布置

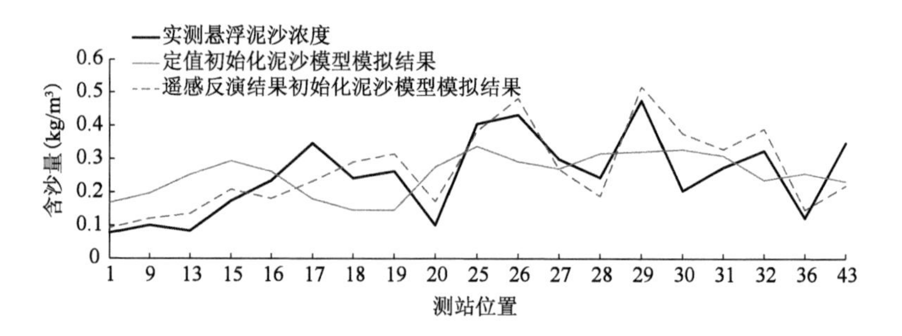

图 3-11 空间定值与遥感反演结果初始化模型模拟结果与实测值比较

3.5.3 数模计算结果精度统计分析

鉴于岛群河口含沙量分布具有空间分布差异大,受季节性影响明显等特点,本文提出了将遥感定量反演技术与数值模拟试验进行耦合的新思路,不仅将遥感定量反演的含沙量浓度场用来初始化数学模型,并且用于优化泥沙数学模型参数完成数学模型率定与验证。本章节采用数理统计方法对本文提出的耦合模型进行计算结果精度检验并与传统的数学模型计算结果精度进行比较。

本章节采用天津水运工程勘察设计院于2015年3~4月春季和2015年8~9月秋季在瓯江口大范围海域开展的春、秋季大、中、小潮水文全潮测验数据资料对本文提出的耦合模型和传统数学模型建立方法进行计算结果精度检验。水文测站春季共布设17个水文观测站,编号M01~M17,秋季仅对M01~M05、M08、M09~M13、M16共12个水文观测站进行水文测验,具体位置详见图3-12。

计算结果精度检验采用四个数学指标,分别是均方根误差*RMSE*、相对误差*RRE*、偏离率*Bias*、模型精度*Skill*,计算公式如下:

$$RMSE = \sqrt{\frac{\sum_{i=1}^{n}(O_i - P_i)^2}{n}} \tag{3-5}$$

$$PRE = \frac{\sqrt{\frac{\sum_{i=1}^{n}(O_i - P_i)^2}{n}}}{(O_{\max} - O_{\min})} \times 100 \tag{3-6}$$

$$Bias = \frac{\sum_{i=1}^{n}(O_i - P_i)}{n\bar{O}} \tag{3-7}$$

$$Skill = 1 - \frac{\sum_{i=1}^{n}(O_i - P_i)^2}{\sum_{i=1}^{n}[(P_i - \bar{O}) + (O_i - \bar{O})]^2} \tag{3-8}$$

其中,n 表示在一个潮型内观测的数据个数,O_i 代表观测值,P_i 代表模拟值,$\bar{O}$ 代表观测值的平均值,O_{max} 代表观测值中的最大值,O_{min} 代表观测值中的最小值。这种误差统计方法被广泛应用在水环境数值模拟中[123][125]。Marechal[126]研究表明,如果 $Skill > 0.65$ 代表模型模拟精度很好;如果 $0.5 < Skill < 0.65$ 代表模型模拟精度好;如果 $0.2 < Skill < 0.5$ 代表模型模拟精度一般;如果 $Skill < 0.2$ 代表模型模拟精度差。

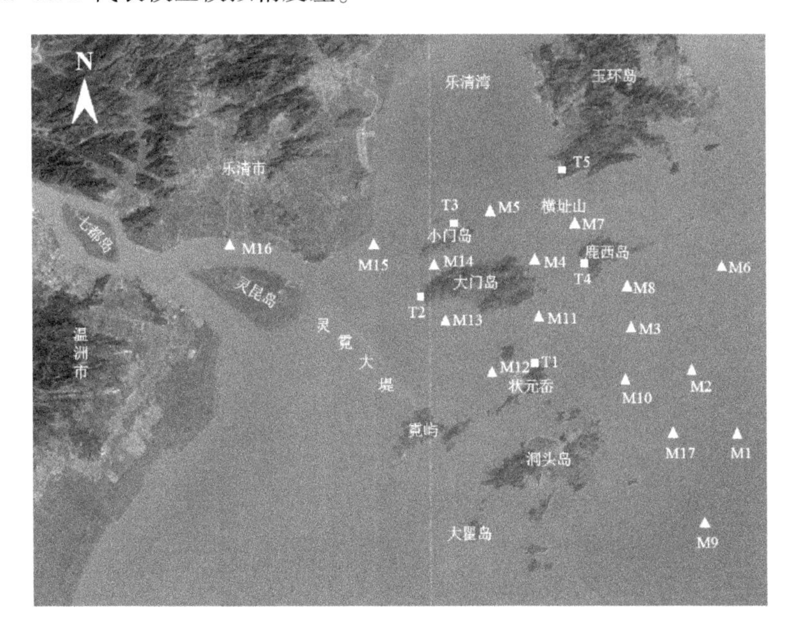

图 3-12 2015 年 3 月和 9 月水文全潮测站位置

根据上述介绍的误差统计方法,对耦合遥感定量技术的数学模型和传统数学模型计算结果精度进行了统计,其中表 3-8 展示了 2015 年 3 ~ 4 月春季含沙量误差统计结果,表 3-9 展示了 2015 年 8 ~ 9 月秋季含沙量误差统计结果。

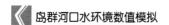

2015 年 3 ~ 4 月春季含沙量计算结果精度统计 表 3-8

站位	观测平均值	耦合遥感定量技术的数学模型					传统数学模型				
		模拟平均值	*RMSE*	*RRE*	*Bias*	*Skill*	模拟平均值	*RMSE*	*RRE*	*Bias*	*Skill*
		春季大潮潮型									
M01	0.155	0.207	0.19	23.3%	-0.07	0.49	0.201	0.11	36.3%	-0.11	0.44
M02	0.296	0.317	0.29	41.9%	-0.11	0.47	0.223	0.08	31.3%	-0.03	0.49
M03	0.292	0.300	1.31	15.0%	1.00	0.59	0.745	0.26	40.7%	-0.11	0.47
M04	0.283	0.221	0.32	27.9%	-0.04	0.63	0.581	0.19	37.6%	-0.10	0.38
M05	0.274	0.327	1.57	21.5%	-0.98	0.63	0.110	0.07	32.3%	0.05	0.26
M06	0.496	0.550	0.20	38.4%	-0.10	0.38	0.676	0.11	21.9%	-0.10	0.41
M07	0.417	0.427	0.70	22.9%	0.49	0.56	0.650	0.11	27.2%	-0.06	0.42
M08	0.403	0.383	1.96	25.8%	0.63	0.63	0.625	0.13	28.7%	-0.06	0.50
M09	0.097	0.134	0.11	22.6%	-0.11	0.44	0.120	1.34	15.5%	1.02	0.58
M10	0.221	0.208	0.08	30.7%	-0.03	0.52	0.272	1.30	15.2%	0.99	0.58
M11	0.316	0.378	0.85	24.4%	-0.52	0.56	0.442	0.04	30.0%	-0.08	0.33
M12	0.581	0.573	0.89	21.3%	0.45	0.62	0.399	8.26	24.8%	1.99	0.14
M13	0.502	0.586	0.19	32.7%	-0.06	0.69	0.803	0.16	40.6%	-0.28	0.11
M14	0.373	0.384	0.75	23.9%	0.47	0.64	0.149	0.07	34.0%	0.05	0.26
M15	0.742	0.878	0.47	23.0%	-0.28	0.54	0.551	1.91	27.5%	-1.19	0.20
M16	1.251	1.558	0.19	22.1%	-0.06	0.59	1.621	0.11	34.5%	-0.11	0.44
M17	0.156	0.226	0.13	27.2%	-0.06	0.49	0.115	0.95	24.0%	0.38	0.64
		春季中潮潮型									
M01	0.205	0.273	0.19	22.8%	-0.07	0.49	0.266	0.10	37.4%	-0.11	0.44
M02	0.215	0.358	0.29	42.3%	-0.11	0.46	0.162	0.08	29.2%	-0.03	0.54
M03	0.206	0.211	1.28	14.3%	0.98	0.57	0.524	0.28	39.4%	-0.11	0.47
M04	0.216	0.169	0.31	26.8%	-0.04	0.65	0.443	0.20	39.6%	-0.10	0.36
M05	0.247	0.295	1.62	22.1%	-1.01	0.64	0.099	0.07	32.3%	0.05	0.26
M06	0.326	0.558	0.20	39.2%	-0.10	0.36	0.443	0.11	20.4%	-0.11	0.42
M07	0.296	0.304	0.66	22.6%	0.50	0.57	0.533	0.12	27.7%	-0.06	0.41
M08	0.200	0.140	1.88	26.4%	0.64	0.62	0.359	0.13	28.1%	-0.06	0.47
M09	0.146	0.158	0.11	21.9%	-0.10	0.43	0.180	1.27	14.3%	1.01	0.61

续上表

站位	观测平均值	耦合遥感定量技术的数学模型					传统数学模型				
		模拟平均值	*RMSE*	*RRE*	*Bias*	*Skill*	模拟平均值	*RMSE*	*RRE*	*Bias*	*Skill*
		春季中潮潮型									
M10	0.220	0.207	0.08	31.6%	−0.03	0.51	0.271	1.35	15.2%	0.95	0.60
M11	0.250	0.299	0.81	24.6%	−0.54	0.54	0.349	0.04	32.5%	−0.08	0.33
M12	0.352	0.347	0.89	22.4%	0.46	0.64	0.242	8.09	23.6%	2.11	0.14
M13	0.369	0.430	0.19	33.4%	−0.05	0.70	0.590	0.16	37.4%	−0.28	0.11
M14	0.373	0.385	0.74	23.6%	0.45	0.61	0.149	0.07	34.0%	0.05	0.27
M15	0.520	0.615	0.47	23.0%	−0.28	0.55	0.386	1.97	27.0%	−1.11	0.19
M16	0.725	0.802	0.18	22.1%	−0.06	0.56	0.939	0.11	33.5%	−0.11	0.45
M17	0.193	0.290	0.13	28.0%	−0.06	0.47	0.142	0.89	24.0%	0.38	0.62
		春季小潮潮型									
M01	0.032	0.042	0.20	23.1%	−0.07	0.46	0.041	0.11	35.2%	−0.11	0.42
M02	0.029	0.037	0.29	44.9%	−0.12	0.49	0.022	0.08	30.4%	−0.03	0.53
M03	0.041	0.042	1.16	14.5%	1.02	0.58	0.105	0.27	40.2%	−0.11	0.46
M04	0.056	0.043	0.32	24.2%	−0.04	0.69	0.114	0.21	37.2%	−0.10	0.37
M05	0.061	0.073	1.58	20.4%	−0.97	0.65	0.024	0.07	34.3%	0.05	0.26
M06	0.043	0.073	0.19	41.6%	−0.10	0.33	0.058	0.11	21.5%	−0.11	0.40
M07	0.060	0.062	0.63	21.3%	0.53	0.52	0.108	0.12	25.6%	−0.06	0.45
M08	0.040	0.038	1.84	25.9%	0.61	0.64	0.071	0.13	27.7%	−0.06	0.49
M09	0.043	0.046	0.11	23.3%	−0.10	0.39	0.053	1.28	14.9%	0.96	0.56
M10	0.049	0.046	0.07	29.8%	−0.03	0.47	0.060	1.32	14.7%	1.03	0.60
M11	0.042	0.050	0.76	22.2%	−0.55	0.58	0.059	0.04	30.7%	−0.08	0.32
M12	0.040	0.039	0.95	22.9%	0.41	0.66	0.028	8.35	24.0%	1.97	0.13
M13	0.053	0.062	0.20	34.7%	−0.05	0.63	0.085	0.15	39.0%	−0.28	0.11
M14	0.058	0.059	0.66	22.7%	0.44	0.56	0.023	0.07	32.6%	0.05	0.27
M15	0.100	0.118	0.49	22.5%	−0.27	0.58	0.074	2.07	27.5%	−1.10	0.20
M16	0.103	0.128	0.16	23.3%	−0.06	0.51	0.133	0.11	31.5%	−0.11	0.43
M17	0.032	0.047	0.12	26.9%	−0.06	0.43	0.024	0.87	25.0%	0.41	0.63

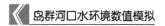

2015 年 8～9 月秋季含沙量计算结果精度统计 表 3-9

站位	观测平均值	耦合遥感定量技术的数学模型					传统数学模型				
		模拟平均值	*RMSE*	*RRE*	*Bias*	*Skill*	模拟平均值	*RMSE*	*RRE*	*Bias*	*Skill*
		秋季大潮潮型									
M01	0.090	0.102	0.18	23.5%	-0.07	0.50	0.117	0.11	35.9%	-0.12	0.45
M02	0.145	0.174	0.28	41.1%	-0.11	0.47	0.109	0.08	29.7%	-0.03	0.51
M03	0.102	0.103	1.35	14.6%	0.95	0.58	0.223	0.26	39.0%	-0.11	0.48
M04	0.174	0.157	0.31	28.7%	-0.04	0.62	0.357	0.19	38.8%	-0.10	0.36
M05	0.139	0.147	1.49	21.7%	-1.01	0.61	0.055	0.07	31.3%	0.05	0.25
M08	0.230	0.173	1.98	24.8%	0.64	0.65	0.413	0.13	27.3%	-0.06	0.51
M09	0.050	0.053	0.11	23.1%	-0.10	0.44	0.061	1.31	15.9%	0.99	0.55
M10	0.086	0.075	0.08	30.4%	-0.03	0.49	0.106	1.27	14.7%	1.02	0.56
M11	0.157	0.203	0.86	23.9%	-0.54	0.57	0.219	0.04	28.5%	-0.08	0.34
M12	0.302	0.295	0.86	21.5%	0.43	0.59	0.207	8.51	24.1%	1.89	0.15
M13	0.473	0.540	0.19	33.7%	-0.05	0.66	0.756	0.17	41.4%	-0.28	0.11
M16	1.267	1.378	0.18	21.7%	-0.06	0.57	1.642	0.10	32.8%	-0.11	0.42
		秋季中潮潮型									
M01	0.042	0.052	0.19	23.5%	-0.07	0.47	0.054	0.11	36.7%	-0.11	0.44
M02	0.045	0.064	0.29	43.6%	-0.11	0.47	0.034	0.08	29.5%	-0.03	0.52
M03	0.049	0.052	1.22	14.4%	1.00	0.58	0.112	0.27	37.4%	-0.11	0.46
M04	0.095	0.085	0.32	25.4%	-0.04	0.67	0.195	0.19	38.0%	-0.09	0.37
M05	0.052	0.063	1.60	21.3%	-0.99	0.64	0.021	0.07	33.3%	0.05	0.26
M08	0.089	0.079	1.84	26.9%	0.62	0.59	0.159	0.13	29.0%	-0.06	0.45
M09	0.028	0.031	0.11	21.3%	-0.11	0.41	0.034	1.21	14.1%	1.04	0.62
M10	0.051	0.048	0.08	30.4%	-0.03	0.51	0.062	1.30	14.8%	0.96	0.60
M11	0.062	0.070	0.79	25.3%	-0.52	0.52	0.087	0.04	31.6%	-0.07	0.33
M12	0.129	0.130	0.88	22.9%	0.47	0.61	0.089	7.85	23.1%	2.03	0.13
M13	0.136	0.149	0.19	31.7%	-0.05	0.72	0.218	0.15	37.8%	-0.28	0.11
M16	0.692	0.721	0.19	21.0%	-0.06	0.57	0.897	0.11	33.8%	-0.12	0.46
		秋季小潮潮型									
M01	0.036	0.049	0.19	22.1%	-0.07	0.46	0.046	0.11	35.5%	-0.11	0.42

续上表

站位	观测平均值	耦合遥感定量技术的数学模型					传统数学模型				
		模拟平均值	*RMSE*	*RRE*	*Bias*	*Skill*	模拟平均值	*RMSE*	*RRE*	*Bias*	*Skill*
		秋季小潮潮型									
M02	0.067	0.074	0.30	42.7%	-0.11	0.50	0.050	0.07	31.3%	-0.03	0.50
M03	0.037	0.038	1.15	14.0%	1.00	0.59	0.093	0.26	39.0%	-0.12	0.44
M04	0.046	0.034	0.32	24.9%	-0.04	0.65	0.094	0.20	35.8%	-0.09	0.38
M05	0.038	0.046	1.63	21.0%	-1.00	0.66	0.015	0.07	35.3%	0.05	0.25
M08	0.042	0.039	1.86	26.4%	0.62	0.60	0.076	0.13	26.9%	-0.06	0.48
M09	0.033	0.036	0.10	23.0%	-0.10	0.40	0.040	1.25	14.1%	0.97	0.58
M10	0.044	0.044	0.07	29.2%	-0.03	0.46	0.054	1.36	14.8%	0.98	0.61
M11	0.029	0.034	0.78	21.5%	-0.52	0.56	0.040	0.04	31.6%	-0.07	0.32
M12	0.056	0.051	0.92	23.1%	0.40	0.65	0.038	7.93	24.8%	2.03	0.13
M13	0.043	0.050	0.19	35.0%	-0.06	0.61	0.068	0.15	37.1%	-0.28	0.12
M16	0.062	0.074	0.17	23.7%	-0.06	0.52	0.080	0.11	29.9%	-0.10	0.44

根据统计结果可知:耦合遥感定量技术的数学模型计算精度如下:2015 年 3 ~4 月春季含沙量大潮 *Skill* 值区间为0.38 ~0.69,平均值为0.56;中潮 *Skill* 值区间为0.36 ~0.70,平均值为0.55;小潮 *Skill* 值区间为0.33 ~0.69,平均值为0.54。2015 年8 ~9 月秋季含沙量大潮 *Skill* 值区间为0.44 ~0.66,平均值为0.56;中潮 *Skill* 值区间为0.41 ~0.72,平均值为0.56;小潮 *Skill* 值区间为0.40 ~0.66,平均值为0.55。

传统的数学模型计算精度如下:2015 年3 ~4 月春季含沙量大潮 *Skill* 值区间为0.11 ~0.64,平均值为0.39;中潮 *Skill* 值区间为0.11 ~0.62,平均值为0.38;小潮 *Skill* 值区间为0.11 ~0.63,平均值为0.39。2015 年8 ~9 月秋季含沙量大潮 *Skill* 值区间为0.11 ~0.56,平均值为0.37;中潮 *Skill* 值区间为0.11 ~0.62,平均值为0.40;小潮 *Skill* 值区间为0.12 ~0.61,平均值为0.39。

从计算精度统计结果来看,采用耦合遥感定量技术的数学模型其计算结果精度平均值0.54 ~0.56,代表模型模拟精度好;采用传统数学模型其计算结果精度平均值0.37 ~0.40,代表模型模拟精度一般;并且传统数学模型在浅滩水域及岛间水域其 *Skill* 值甚至在0.2 以下,属于模型模拟精度差的范畴。对岛群河口而言,近岸浅水区是岛群河口开发利用的热点,是岛群河口数学模型应该重点关注的区域,而传统数学模型验证精度往往在0.2 以下,计算精度差,岛间水域是岛群河口数学模型的验证难点,传统数学模型在这些水域的计算精度也不理想。这是因为传统数学模型仅仅采用较短时间段的几个散点含沙量进行泥沙数学模型率定,率定出来的泥沙参数有明显的局限性和片面性,通用性较差,采用此方法率定出来的泥沙模型去计算别的年份和时间段的含沙量场,就很难再验证上。而耦合遥感定量反演技术的泥沙数学模型,采用不同时间段的"面"数据源对泥沙数学模型进行多次试算率定,泥沙参数选取统筹全局,照顾了大范围海域的泥沙特性,通用性较强,具有较好的可移植性。

3.6 遥感技术定量反演其他水环境参数

除含沙量外,遥感技术还可定量反演其他一些重要水环境参数,比如:盐度、藻类(叶绿素)、COD(化学需氧量)、BOD(生化需氧量)、总氮等。本文选取1999年10月2日和2008年10月10日两幅遥感影像针对其他一些水环境参数进行反演。遥感模型选用参考前人研究成果[127-131]并根本瓯江口海域自身特点对参数化方案进行相应调整。具体如下:

(1)盐度

利用与卫星同步的测点数据和经过辐射校正、大气校正同期遥感反射率数据进行统计分析,得到瓯江口海域盐度遥感模型:

$$S = -38.87\left(0.825\frac{R_{Red}}{R_{Blue}} - 0.792\right) + 35.66 \tag{3-9}$$

其中 S 为海水表层盐度,R 为不同 TM/ETM/OLI 遥感数据对应波段的反射率。此算法可适用于设置有红-绿波段的遥感数据。

使用1999年10月2日和2008年10月10日的 Landsat ETM + 和 Landsat 8 OLI 数据进行海表面盐度反演,反演结果如图3-13所示。

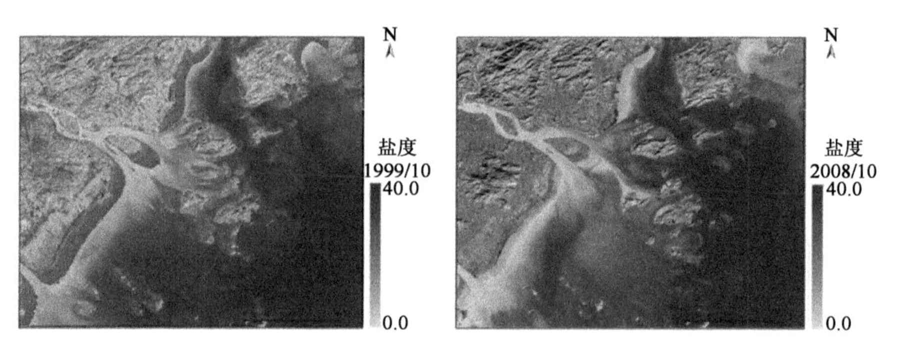

图3-13　瓯江口海域遥感影像反演——盐度

(2)藻类:叶绿素浓度

以 Landsat 遥感数据和准同步的叶绿素浓度实测数据为信息源,使用数据 9 种波段组合方法的比较分析,选择出相关性最高的波段组合,建立非线性回归模型,进行叶绿素浓度反演,平均误差为 18.5%,公式简明,精度相对较高。该模型可用于瓯江口海域叶绿素浓度反演。

$$\ln\rho = 3.948 + 11.621 \cdot DNVI + 20.993 \cdot NDVI^2 \tag{3-10}$$

$$NDVI = \frac{R_{NIR} - R_{Red}}{R_{NIR} + R_{Red}} \tag{3-11}$$

式中,ρ 表示叶绿素浓度,$NDVI$ 表示归一化植被指数,R 表示不同通道的反射率值。

使用 1999 年 10 月 2 日和 2008 年 10 月 10 日的 Landsat ETM + 和 Landsat 8 OLI 数据进行叶绿素浓度反演,反演结果如图 3-14 所示。

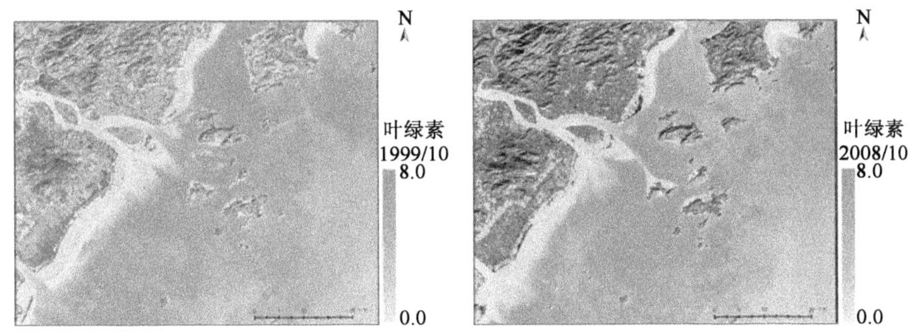

图 3-14 瓯江口海域遥感影像反演——叶绿素

(3)COD

通过对比验证 Landsat 各波段辐射亮度值以及测量结果,然后开展组合波段研究工作,基于所得结论,推导出化学需氧量(COD)参数的最佳估算方式:

$$COD = e^{0.3671 + 1.245 \cdot \ln\left(\frac{R_{Green}}{R_{Red}}\right)} \tag{3-12}$$

使用 1999 年 10 月 2 日和 2008 年 10 月 10 日的 Landsat ETM + 和 Landsat 8 OLI 数据进行 COD 浓度反演,反演结果如图 3-15 所示。

(4)*BOD*

同样,通过对比验证 Landsat 各波段辐射亮度值以及测量结果,然后开展组合波段研究工作,基于所得结论,建立了 BOD 参数的最佳估算方式:

$$BOD = e^{4.2380 + 2.2546 \cdot \ln\left(\frac{R_{Red} - R_{Green}}{R_{Red}}\right)} \tag{3-13}$$

使用 1999 年 10 月 2 日和 2008 年 10 月 10 日的 Landsat ETM + 和 Landsat 8 OLI 数据进行 BOD 浓度反演,反演结果如图 3-16 所示。

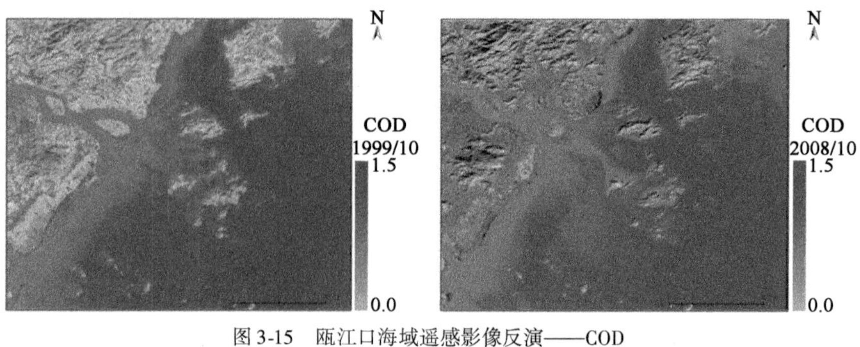

图 3-15　瓯江口海域遥感影像反演——COD

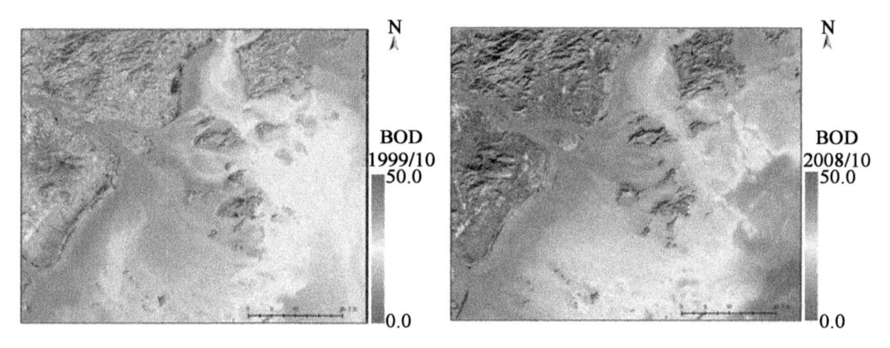

图 3-16　瓯江口海域遥感影像反演——BOD

(5)总氮

类似地,通过对比验证 Landsat 各波段辐射亮度值以及测量结果,然后开展组合波段研究工作,基于所得结论,建立了总氮(TN)参数的最佳估算方式:

$$BOD = e^{4.2380+2.2546 \cdot \ln(R_{Red}-R_{Green})} \tag{3-14}$$

使用 1999 年 10 月 2 日和 2008 年 10 月 10 日的 Landsat ETM + 和 Landsat 8 OLI 数据进行 TN 浓度反演,反演结果如图 3-17 所示。

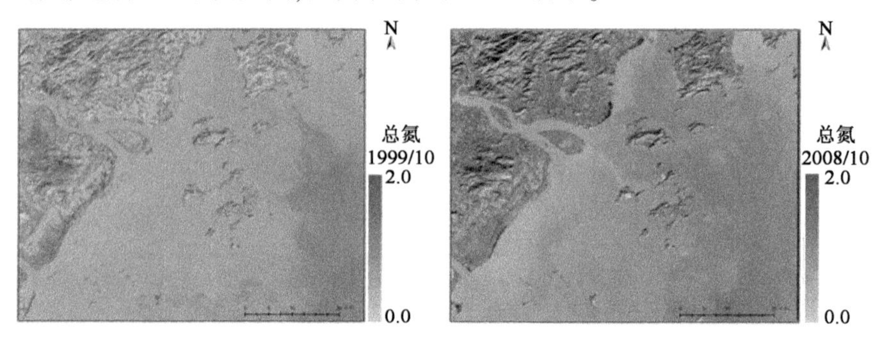

图 3-17　瓯江口海域遥感影像反演——总氮

根据遥感反演结果可知,遥感反演出的结果与海岸河口水环境参数实际分布特征相符,具体详见6.4章节。

3.7 本章小结

本文提出了一种耦合遥感定量反演与水环境数值模拟的方法,并利用遥感定量反演技术快速高效获取大面积海域观测数据的优势,进行水环境数学模型参数的率定与验证,弥补了采用传统现场观测"散点"数据验证数模的不足,大大提高了数值模拟计算结果的可靠性。以岛群河口—瓯江口为例,将遥感影像反演结果作为初始化条件进行悬浮泥沙浓度模拟,其模拟结果比用定值初始化模型得到的结果与实测值吻合更好。此外,基于遥感影像定量反演了瓯江口海域盐度、藻类(叶绿素浓度)、COD、BOD、总氮等其他水环境参数。

第4章　瓯江河口开发利用水沙环境数值模拟

瓯江口位于温州市沿海，是中国主要河口之一，位列全国第四，河口区及附近海域大大小小岛屿多达两百多个是中国最为典型的岛群河口之一，海岸线较长，拥有丰富的港口、滩涂、渔业和旅游业资源，是浙江省经济发展的主要阵地。为了扩大海洋资源的利用，近年来瓯江河口进行了一系列大规模的海洋开发利用工程建设，在带来巨大经济效益的同时，也使得瓯江河口水沙环境产生了相应变化。本章以瓯江口为例分析岛群河口开发利用引起的水沙环境效应。

4.1　瓯江河口海域概况

4.1.1　地貌特征

瓯江河口是在溺谷型海湾基础上填充而成，属与山区毗邻的陆海双相河口，河口呈喇叭型。口外岛屿众多、有大、小门岛、霓屿岛、洞头岛、大瞿岛、竹屿岛等上百个岛屿；滩槽交错，地形十分复杂，有温州浅滩、三角沙、中沙等大面积浅滩，有沙头水道、中水道、黄大岙水道、重山水道等若干条水道，该海域水下地形见图4-1。

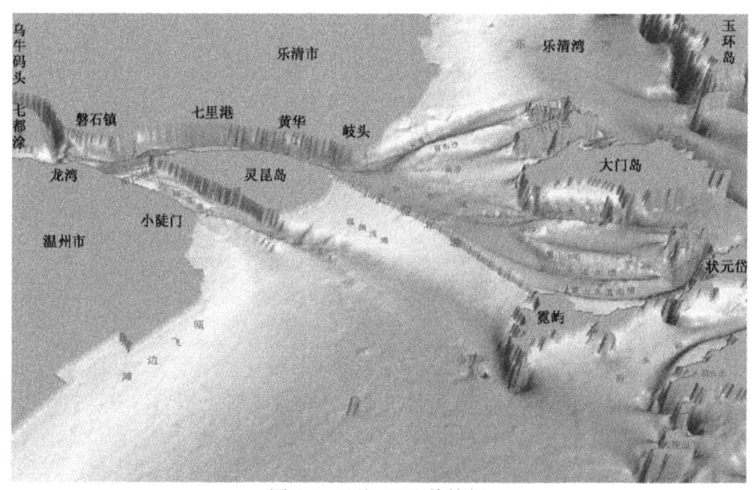

图4-1　瓯江口地貌特征

自西向东南倾斜。乐清湾西侧、温州湾西侧、瓯江北口～北水道两侧分布大量0m以上浅滩；-5m等深线深入霓屿南北两侧、洞头峡、瓯江北口；-10m等深线深入乐清湾、黄大峡～小门水道、南水道、大瞿岛附近，-10m等深线逼临大小门岛、状元岙等岛前岸线，在这些地方形成优良的深水岸线资源。

4.1.2 径流与输沙

瓯江全长388km，属山溪性河流，流域面积1.8万km^2。据瓯江圩仁站1956～2004年实测资料统计（表4-1），实测最大流量为22800m^3/s，实测最小流量为10.6m^3/s，多年平均径流量为422.9m^3/s；径流量年季分配不均匀，季节性变化较大，下泄流量主要集中在3～8月，可占全年的76.1%，最大流量多出现在6月份，最小流量一般在10月～翌年2月份枯水季。据圩仁站实测输沙量资料统计，瓯江年最大输沙量为559.4万t，年最小输沙量为42.3万t，多年平均悬移质输沙量为205.1万t，年均含沙量达到0.131kg/m^3。

瓯江圩仁站多年各月平均径流量统计　　表4-1

特征值	月平均径流量（m^3/s）											
	1月	2月	3月	4月	5月	6月	7月	8月	9月	10月	11月	12月
多年（月）平均值	182	198	551	674	549	1069	538	528	369	163	160	162
占全年的比重（%）	3.5	3.8	10.7	13.2	10.7	20.8	10.5	10.3	7.2	3.2	3.1	3.1

4.1.3 潮汐与潮流

瓯江口海域潮汐属正规半日潮类型，多年平均潮差4.03m，最大潮差6.75m，属强潮海域。

瓯江口海域潮流性质属正规浅海半日潮流类型，潮流运动趋势受控于岛屿岸线及滩槽格局，涨潮时，洞头列岛东侧海域水流向WNW方向运动，一部分经大门岛和状元岙之间的峡道进入大门岛南侧水域和瓯江，一部分经黄大峡水道沿大、小门岛北侧继续向北流动，还有部分水域汇入乐清湾。落潮时水流运动与涨潮时运动相反。涨潮流向，黄大峡～洞头岛东侧基本呈NW向，状元岙北侧、大、小门岛之间和沙头水道附近转为WSW向；落潮流向，黄大峡～洞头岛东侧海域呈SE向，状元岙南北两侧为偏E向，大、小门岛之间和沙头水道偏转为NE向。从整个潮流场强弱程度分布而言，瓯江河口深槽水道区域水流强劲，例如：黄大岙水道、中水道、重山水道、沙头水道等其他水道，涨落潮最大流速多在0.5～1.5m/s，有时接近2m/s。

4.1.4 风况与波浪

据洞头气象站1961～2000年风资料统计：常风向为NNE向，频率为18.4%，其次为NE向，频率为16.6%；强风向为SSW向，最大风速为38.0m/s，次强风向为SW向和S向，最大风速分别为34.0m/s和31.0m/s。据洞头站2001年1月～2004年12月风向、风级统计：0.0～5.4m/s(0～3级)频率为83.64%，5.5～10.7m/s(4～5级)频率为16.01%，10.8～13.8m/s(6级)频率为0.25%，13.9～17.1m/s(7级)频率为0.06%，大于或等于风速17.1m/s的8级风频率为0.05%。

据瓯江口外南麂海洋站多年波浪资料统计结果：该海域主要浪向为N～E～S向，合计频率占90.5%。其中常浪向是E～ESE向，频率达到49.8%；次常浪向是NNE～NE向，频率达到27.3%；强浪向为E向，次强浪向为ENE向，年均$H_{1/10}$波高为1.1m，最大$H_{1/10}$波高达10.1m以上(E向)，大浪的产生均有台风经过时引起。

4.1.5 泥沙环境

横向上看，含沙量有近岸浅滩大、外海深水区小的分布特点。瓯江河口上游段含沙量超过0.5kg/m^3，河口近岸浅滩区域含沙量约介于0.1～0.3kg/m^3，而外海深水区域含沙量基本小于0.03kg/m^3。纵向上看，含沙量呈现出南高北低的分布特点。其中瓯江口浅滩区域最高，在0.2～0.5kg/m^{3}之间；瓯江口南部近岸浅滩也较高，在0.1～0.3kg/m^{3}之间；乐清湾中北部深槽水域较低，在0.03～0.2kg/m^{3}之间。经过分析可知，含沙量主要受到潮汐作用，基本特征如下：大、中潮期间，含沙量较高，小潮含沙量较小的变化特点，且有涨潮含沙量大于落潮的规律。

悬沙的物质类型主要为粉砂质粘土和粘土质粉砂，悬沙中值粒径多在0.0039～0.0072mm之间变化。

瓯江口门以上河段、中水道、黄大岙水道、重山水道、中沙、乌仙头西浅滩、深槽与边滩水域底质基本为细砂、中砂等砂质沉积物，其d_{50}为0.154～0.356mm，仅局部水域为粘土质粉砂、粉砂质砂等细颗粒物质；大门岛以北、大门岛～状元岙以东、温州浅滩及其以南水域除局部水域有砂质存在外，基本为粉砂质粘土或者粘土质粉砂，其d_{50}基本为0.003～0.01mm。底质中值粒径大于0.1mm的砂质沉积物主要堆积在大门岛～状元岙西侧河口附近水域，其余水域基本上以粘土质粉砂为主，其中值粒径基本在0.005～0.02mm之间，粘土百分含量基本在

30% ~40% 之间,显示出瓯江河口海域淤泥质海岸的沉积特点。底质分布特点表明,瓯江口来沙主要堆积在大门岛 ~ 状元岙西侧河口附近水域,大门岛 ~ 状元岙东侧水域受瓯江口来沙的影响较小。

4.2 三维水沙数学模型建立与验证

4.2.1 计算工况

瓯江河口区域优势明显,近年来实施了一系列大规模海洋工程建设,本章选取几个典型工程案例进行水沙环境效应分析。

(1)瓯江南口工程

此项工程(图 4-2)主要对瓯江南口进行封堵治理,由 20 世纪 70 年代开始,因温州土地资源大量匮乏,故而采用此项工程方案实施改善,1978 ~ 1979 年间,基于相关科研结论,与部分专家商议,决定选择南口实施堵坝管理,坝长 2785m,潜坝高程 0.8m,2001 年因温州浅滩建设的需要,又将潜坝加高到 1.2m。

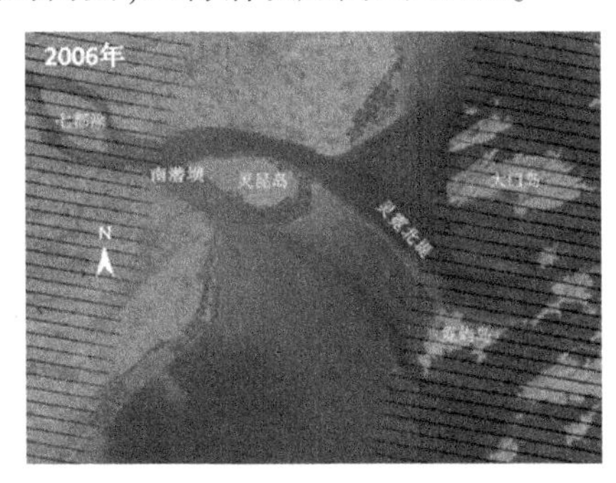

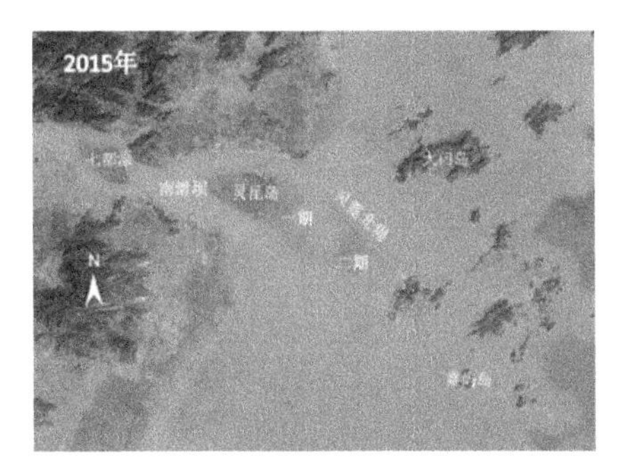

图 4-2 瓯江口海洋工程

(2)灵霓北堤工程

灵霓北堤绵延于瓯江口外的东海之上,是目前我国最长的跨海出水大堤,全长14.5km,将远离大陆的浙江洞头县的霓屿岛与灵昆岛连接在一起,该工程在2003年4月开工建设,于2006年4月建成通车,是温州市实施“半岛工程”规划的关键一步。

(3)温州浅滩围涂工程

该区域作为瓯江口至关重要的拦门沙浅滩,经过多年治理,各项工作均已走向完善,位于瓯江口外灵昆岛与霓屿岛之间。温州浅滩围涂工程就是将这片规模最大的滩涂围填成陆,其中围垦工程北侧堤坝(即:灵霓北堤,全长14.5km),围垦工程南侧堤坝全长16.5km,可利用土地面积增加88km^2,从而缓解了该地区土地资源不足的窘境。

2010年,温州浅滩一期围涂工程结束,可利用面积增加21km^2,二期工程随之启动,目前尚未完工。

4.2.2 计算域及网格划分

研究区域包括瓯江口及附近海域,模型计算域范围为120°33′E ~ 121°36′E,27°12′N ~ 28°26′N。水平方向采用正交曲线网格,在瓯江河口重点研究区域进行了网格加密,图4-3为计算域平面网格布置。网格分辨率最小为5m,最大为

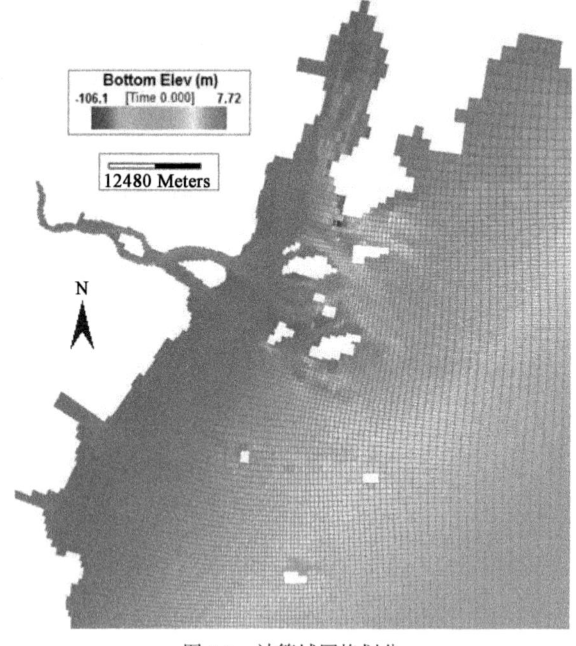

图4-3 计算域网格划分

1000m,网格总数为 864×1217。垂向方向,采用 Sigma 坐标系,共分为 10 层,具体分层为:-0.10,-0.10,-0.10,-0.10,-0.10,-0.10,-0.10,-0.10,-0.10,-0.10。

4.2.3 模型参数设置

根据 CFL 条件限制,外模时间步长取 0.01s,内模时间步长取 0.1s,模拟结果每 1 小时输出一次。海底拖曳系数取 0.025,粗糙高度取 0.002m。考虑到瓯江河口为典型淤泥质海岸性质,具体分析阶段,主要选择粘性泥沙模块运算求解,其沉降速率直接受到悬浮泥沙浓度、水体剪切应力的影响,而沉积概率则根据 Ariathurai 和 Krone[114] 提出的经验公式进行运算。对于非粘性泥沙海床糙化现象,需要提前假定海床中包含活动层,借此实施模拟分析,同时明确海床悬浮泥沙现象仅仅出现于该层,该层的演变趋势选择 van Rijin[113] 方法进行计算。垂向紊动粘滞系数和扩散系数采用 2.5 阶 Mellor-Yamada 湍封闭模式求得。

4.2.4 初始条件和边界条件

数值模拟计算时,水位及流速采用零初始条件,含沙量初始场采用遥感影像定量反演的悬沙浓度结果,根据网格点所在位置明确对应的浓度值,使模型得到初始化处理,温度及盐度初始场采用现场实测值进行差值获取。

开边界潮位采用 Chinatide[109] 预报值,上游考虑瓯江来水来沙,采用水文站实测流量和含沙量按照时间序列作为上游边界条件考虑到模拟过程中。

4.2.5 模型验证

瓯江河口海域开展过多次大规模现场测量工作,比如 1999 年 10 月、2005 年 6~7 月、2006 年 10 月、2014 年 8 月、2015 年 3 月等。本文采用的模型经过多次不同年份水文测验资料的率定与验证,限于篇幅,本文仅展示 2005 年 6~7 月的验证结果情况。

2005 年 6~7 月水文测验期间,分别在梅岙、清水埠、杨府山、状元、乌牛、七里、海思、黄华、乌仙头、小门、霓屿、南山、状元岙、大岩头、鹿西、连屿共 16 处布置临时潮位站,连续观测半个月。海流、含沙量、盐度站位相同。大潮按预设 19

个同步站全部完成;中潮因大风影响,2[#]、3[#]、4[#]、12[#]、16[#]站未测,完成15个同步站的测验;小潮减掉43[#]站,在2[#]与3[#]站、3[#]与4[#]站之间增设2[#']、3[#]站,共完成23个同步站的测验。水文测验站位置详见图4-4。

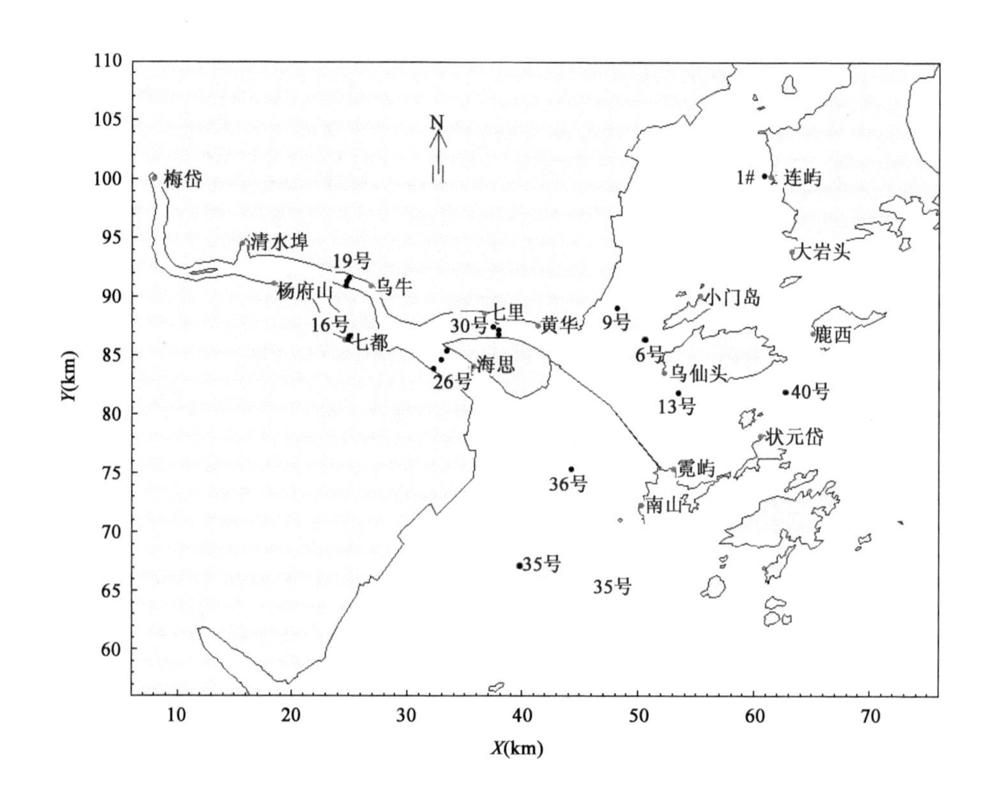

图4-4　2005年6－7月水文泥沙测验站位置

2005年6~7月的潮位验证情况如图4-5所示,大潮、中潮、小潮流速流向验证情况如图4-6~图4-8所示,含沙量验证情况如图4-9~图4-11所示,盐度验证情况如图4-12~图4-14所示,根据实测值和模拟值的对比结果可知,模拟结果与实测值位相相符,量值一致,表明了建立的数学模型模拟结果是合理可靠的。

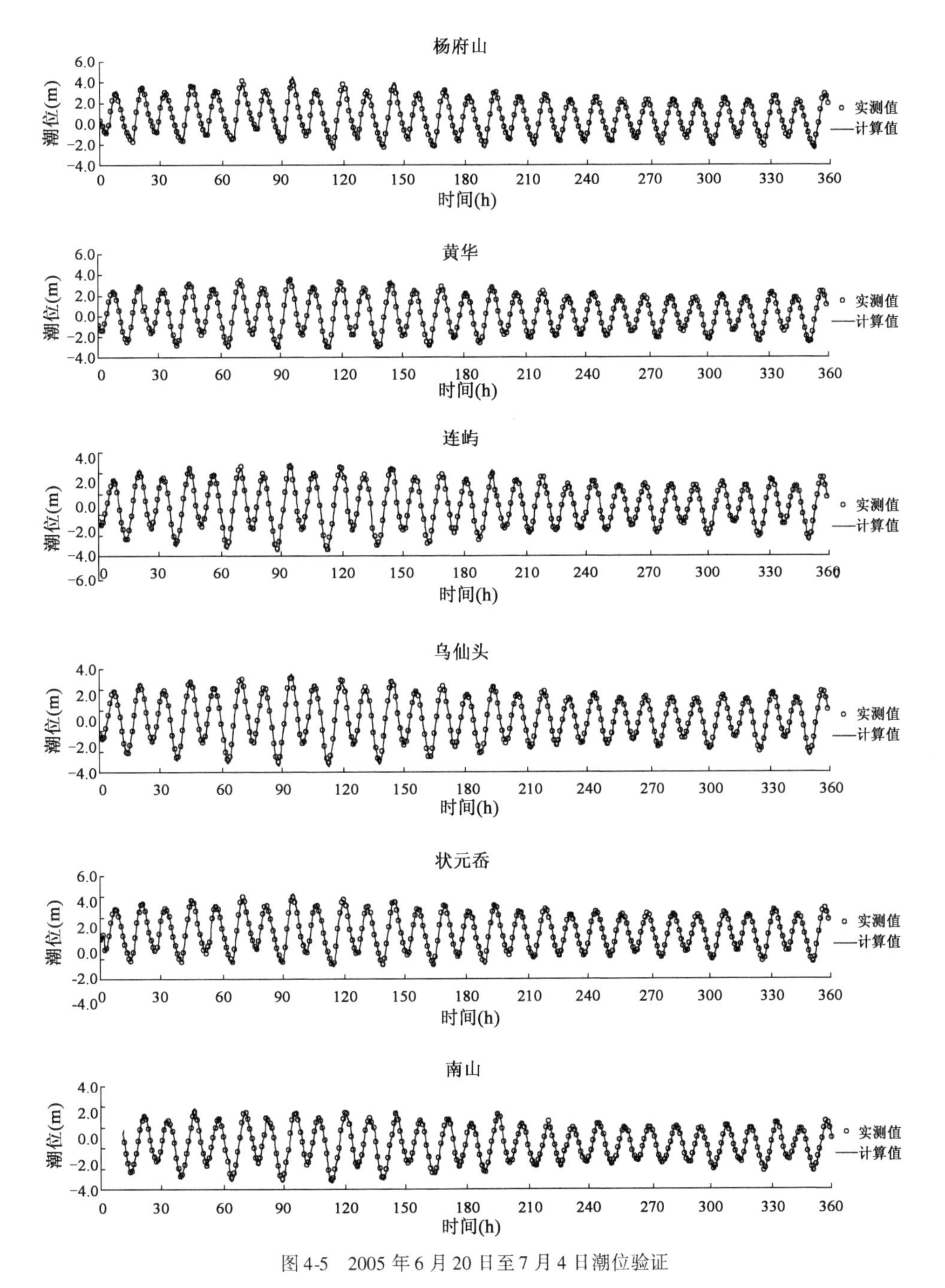

图4-5 2005年6月20日至7月4日潮位验证

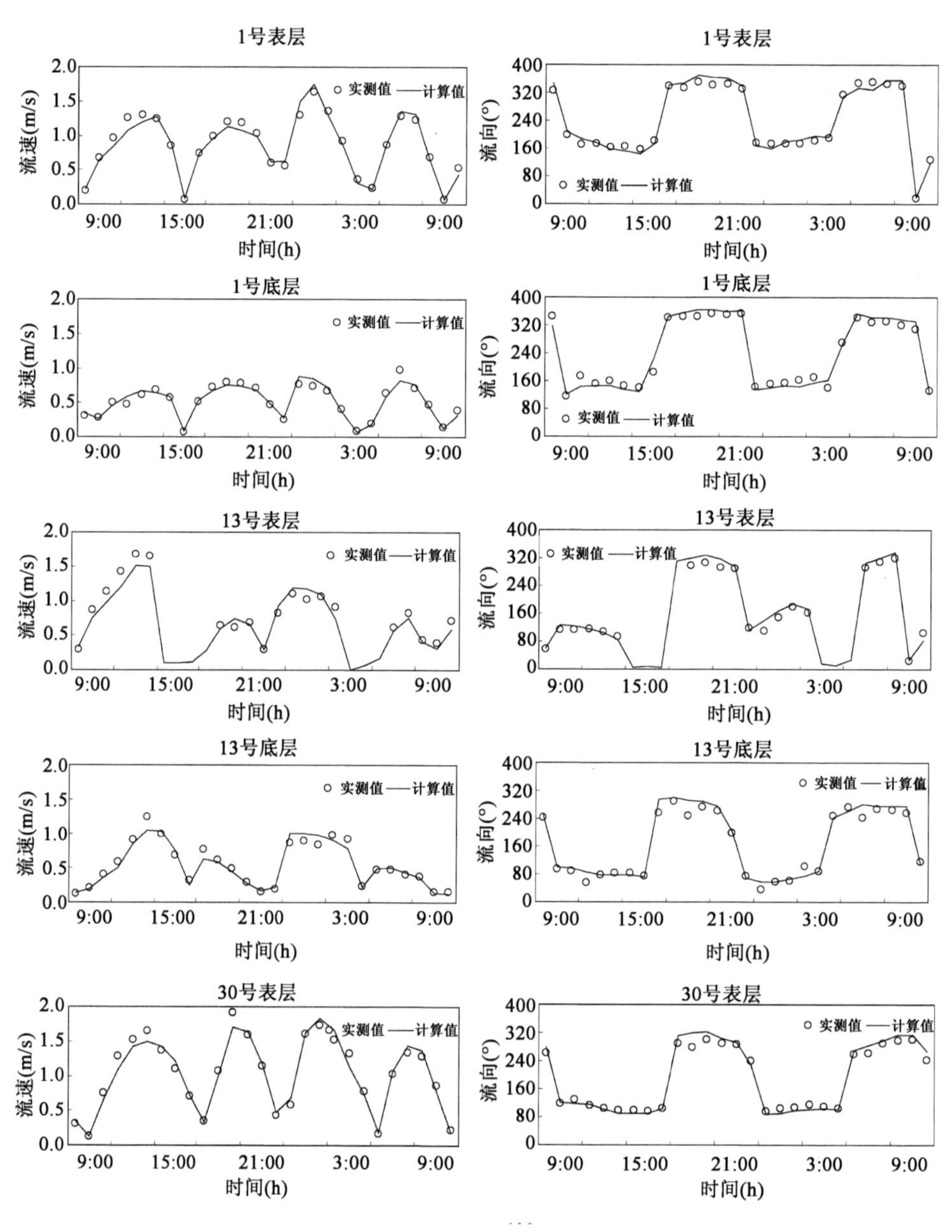

1号表层
流速(m/s)
流向(°)
时间(h)
实测值
计算值
1号底层
13号表层
13号底层
30号表层
9:00
15:00
21:00
3:00

图 4-6

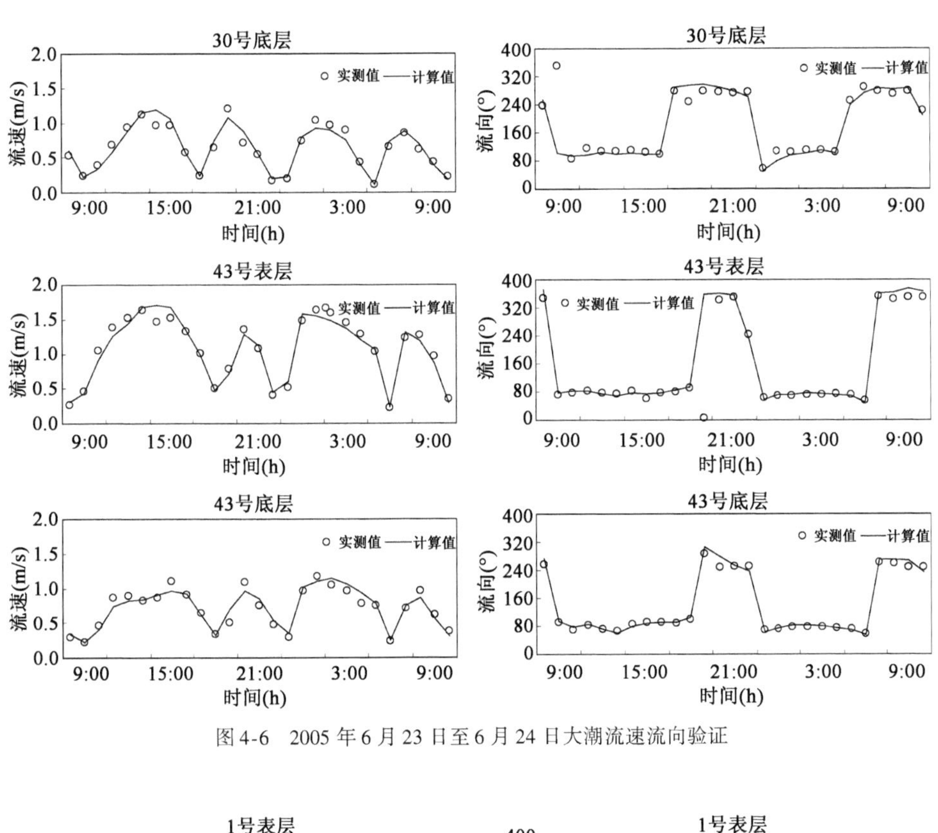

图 4-6 2005 年 6 月 23 日至 6 月 24 日大潮流速流向验证

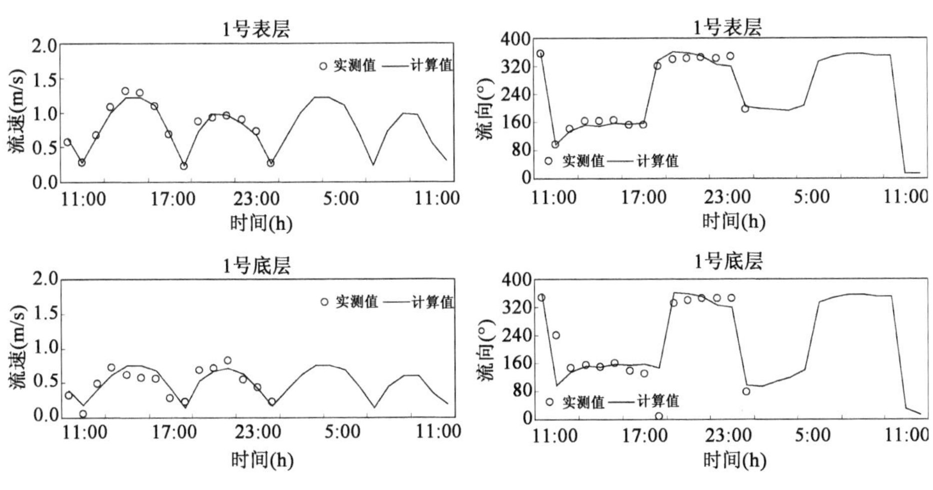

图 4-7

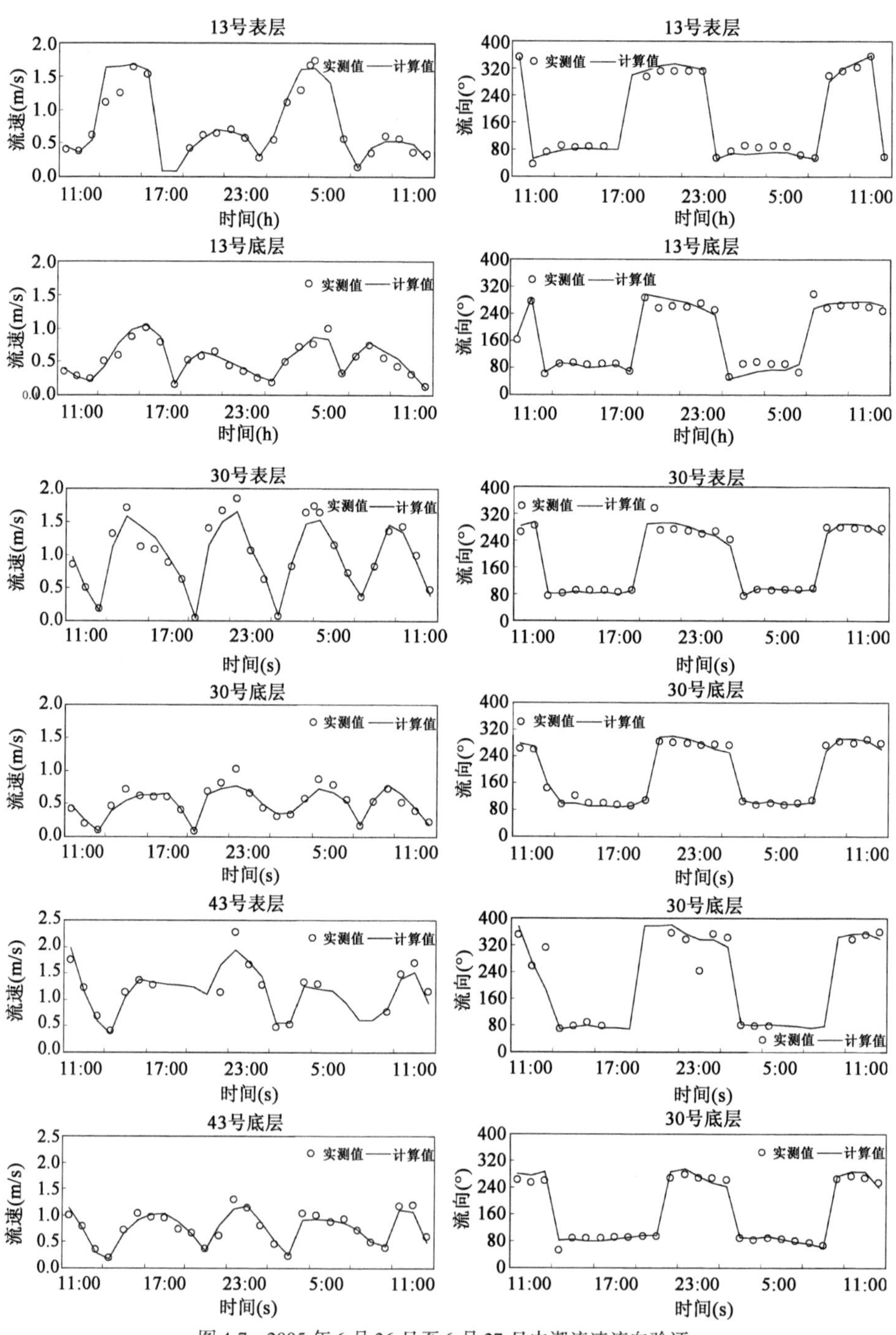

图4-7 2005年6月26日至6月27日中潮流速流向验证

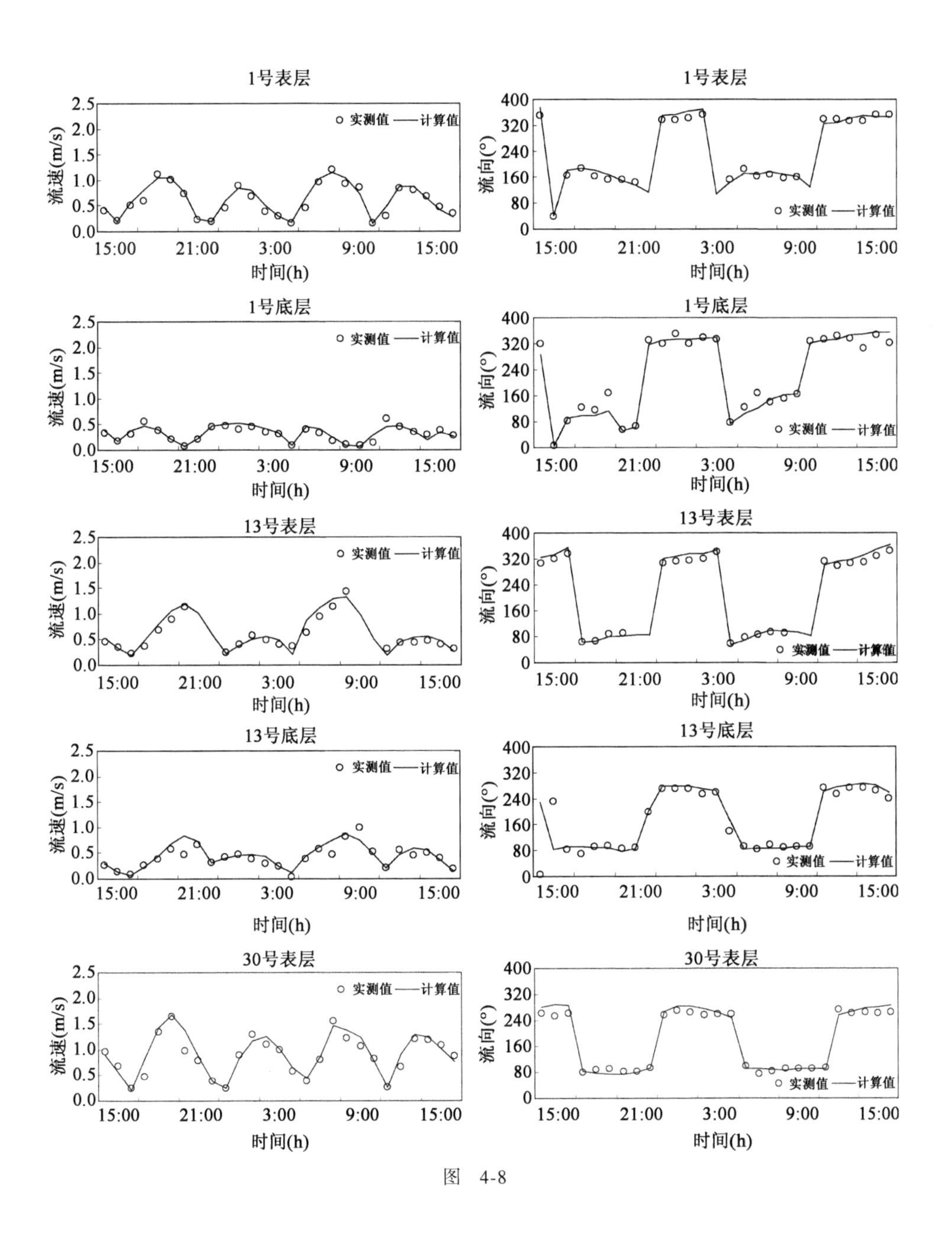
1号表层
流速(m/s)
2.5
2.0
1.5
1.0
0.5
0.0
实测值
计算值
15:00
21:00
3:00
9:00
15:00
时间(h)
流向(°)
400
320
240
160
80
0
1号底层
13号表层
13号底层
30号表层

图　4-8

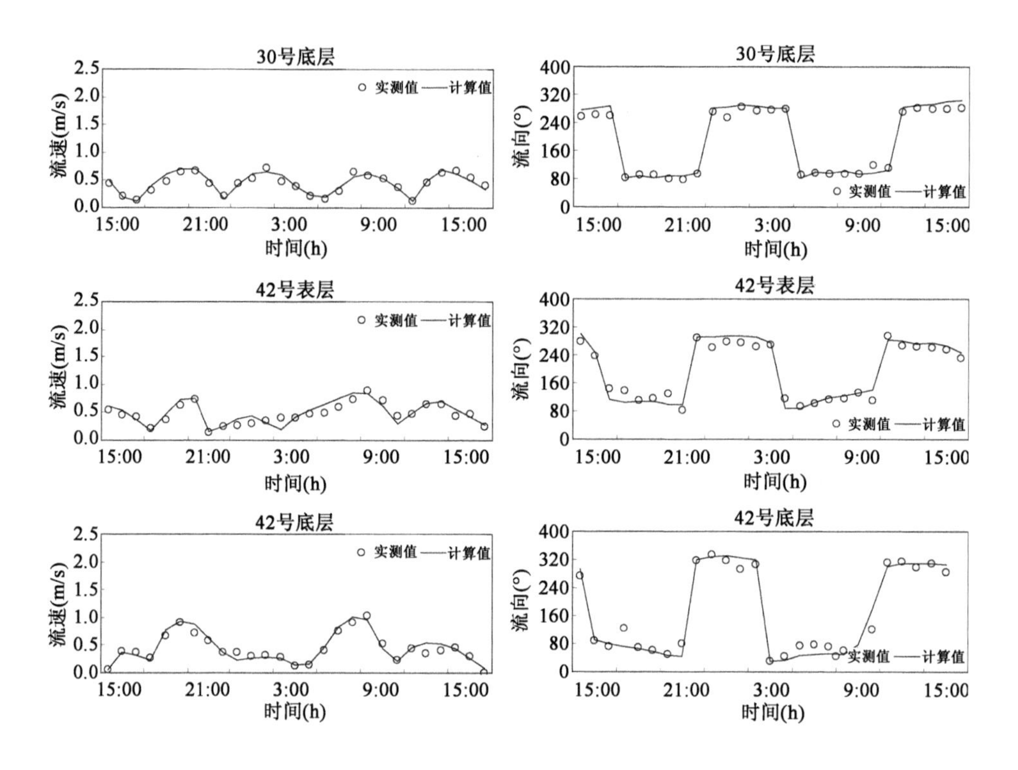

图 4-8　2005 年 6 月 30 日至 7 月 1 日小潮流速流向验证

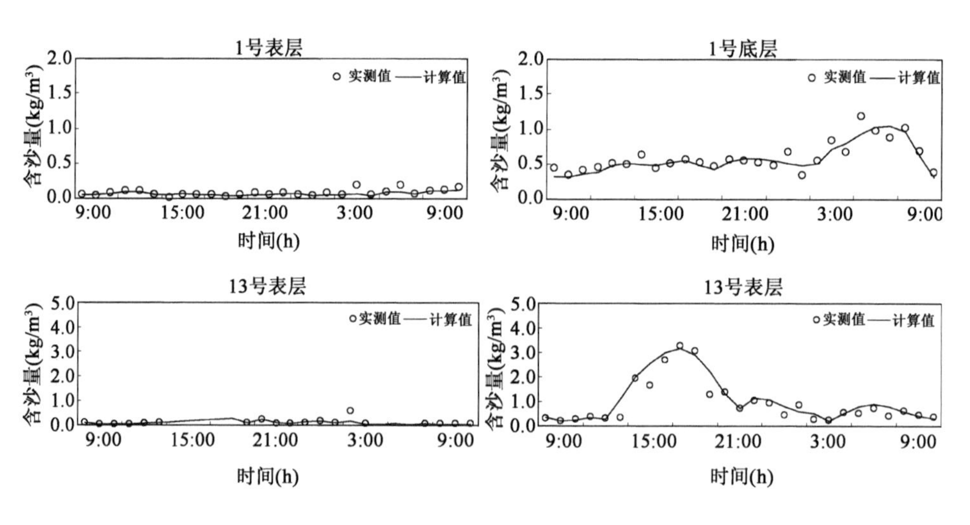

图　4-9

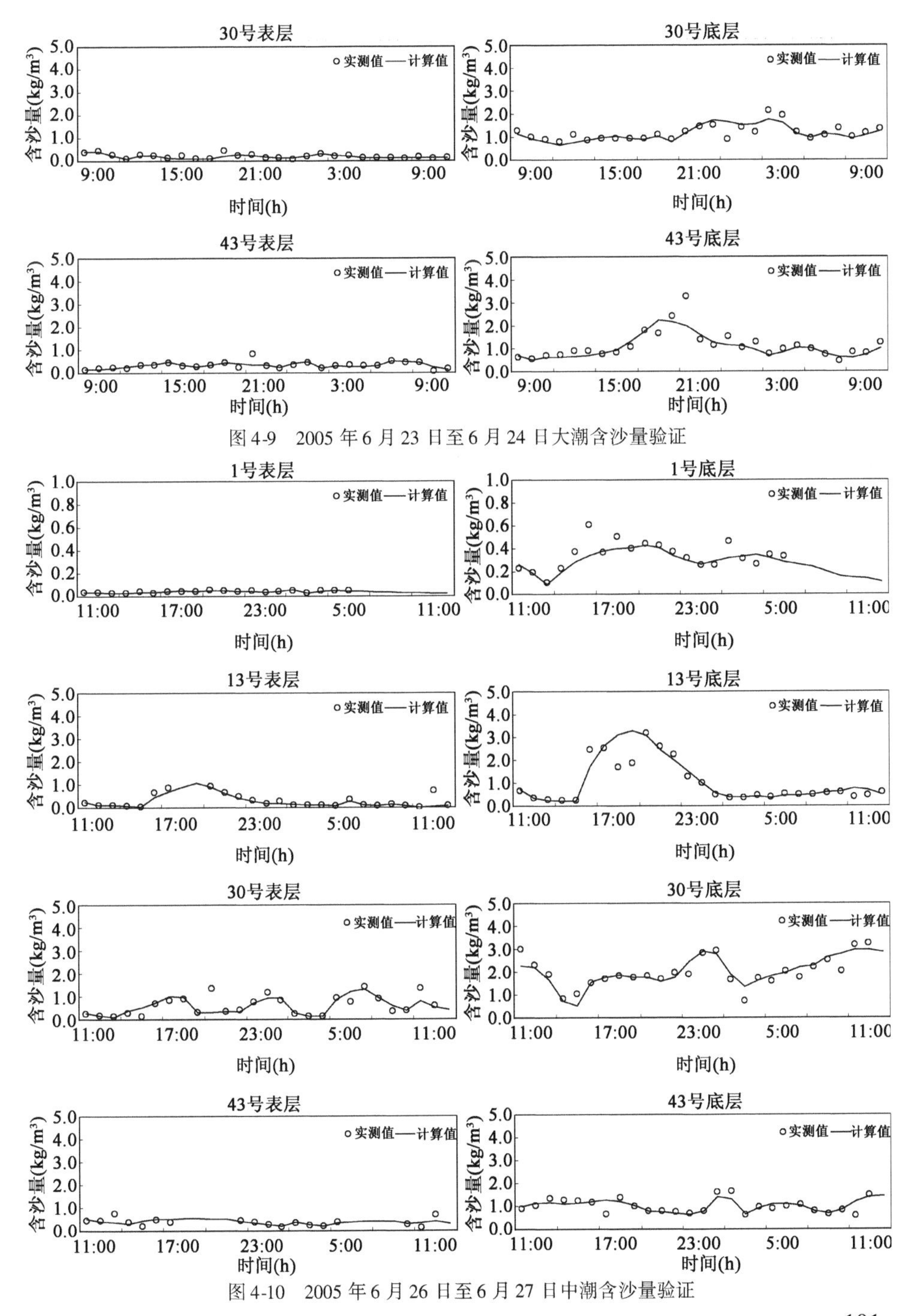

图4-9　2005年6月23日至6月24日大潮含沙量验证

图4-10　2005年6月26日至6月27日中潮含沙量验证

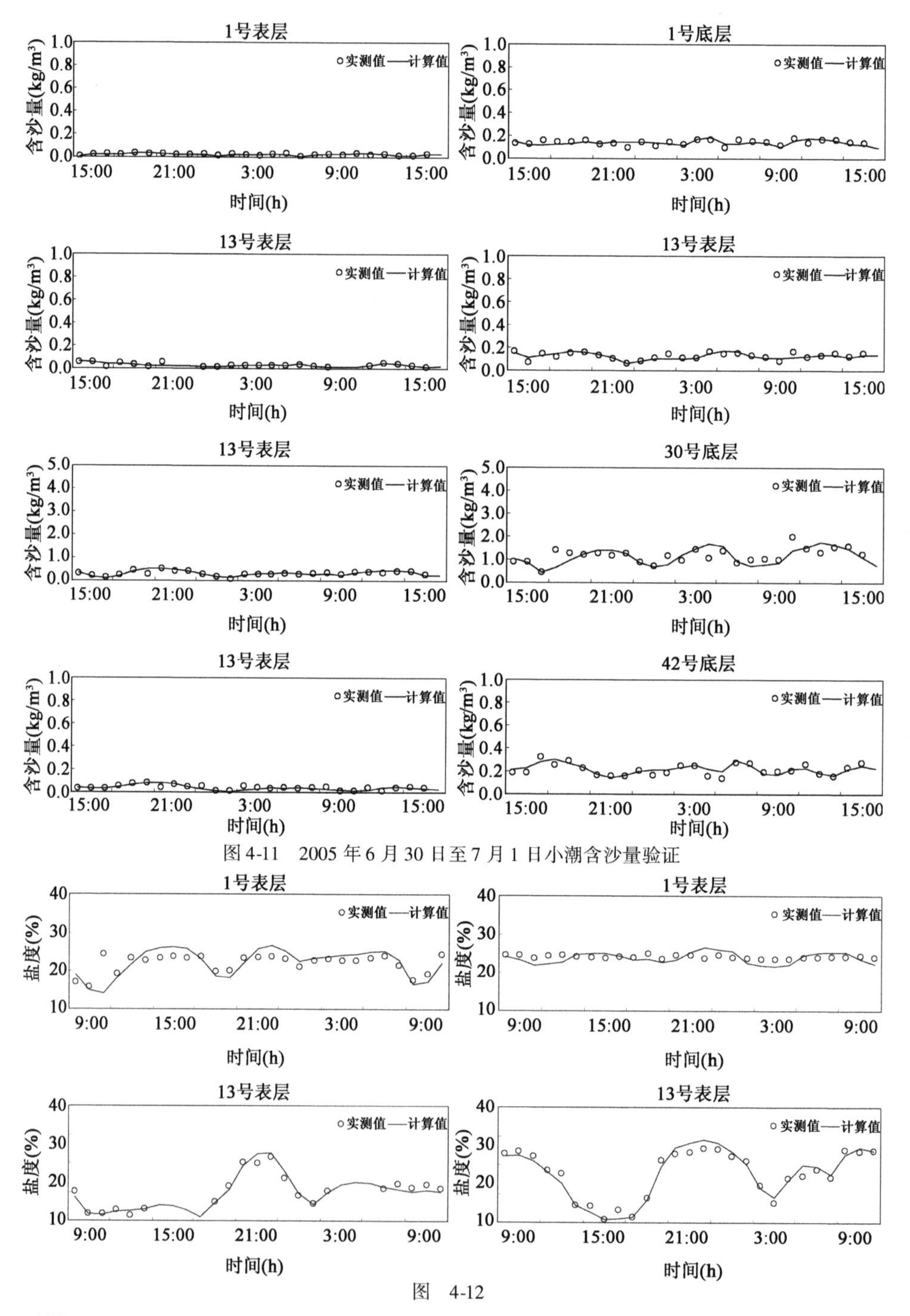

图 4-11 2005 年 6 月 30 日至 7 月 1 日小潮含沙量验证

图 4-12

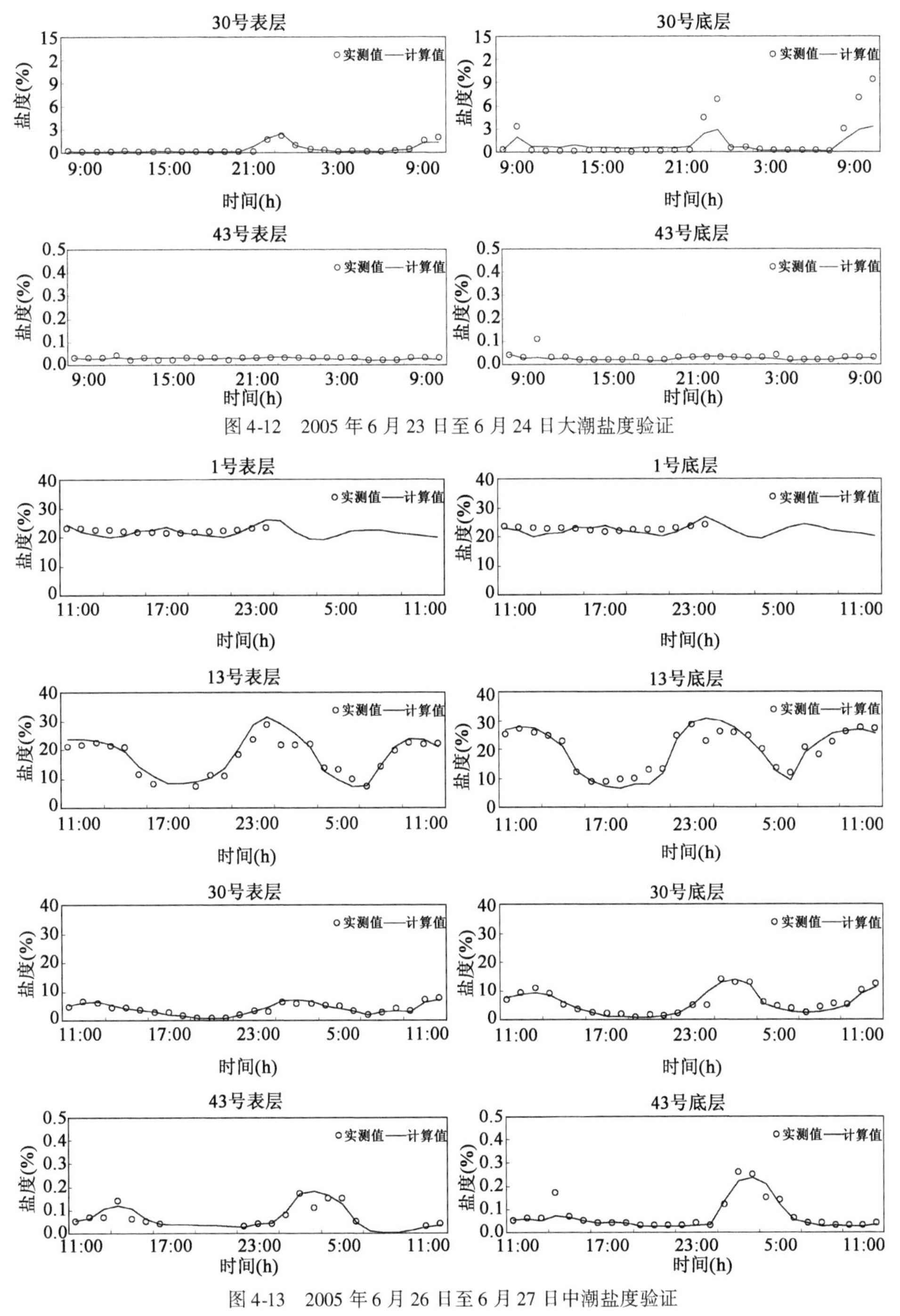

图 4-12　2005 年 6 月 23 日至 6 月 24 日大潮盐度验证

图 4-13　2005 年 6 月 26 日至 6 月 27 日中潮盐度验证

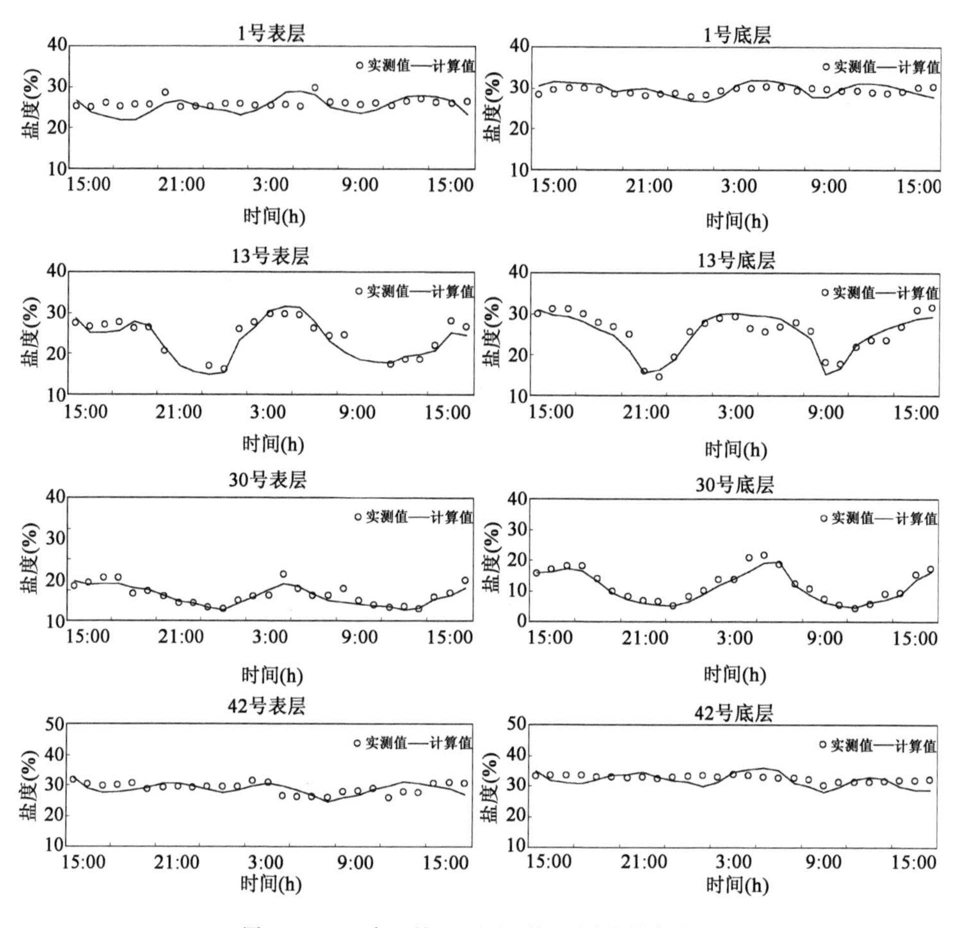

图4-14　2005年6月30日至7月1日小潮盐度验证

4.3　灵霓北堤建设对水流条件影响

灵霓北堤工程实施后势必会引起工程海域水流条件发生一定程度改变，本章节对此影响进行定性及定量分析研究。模型采用Sigma坐标系垂向分为10层，为表述方便，从海底到海表计，第1层称为“底层”，第5层称为“中层”，第10层称为“表层”。

4.3.1　平面分布变化

灵霓北堤实施前后涨落急时刻流场对比情况见表4-2，由图可知，无论工程

表4-2

灵霓北堤实施前后涨落急时刻平面流场情况比较

分类	涨急时刻		落急时刻	
	实施前	实施后	实施前	实施后
表层	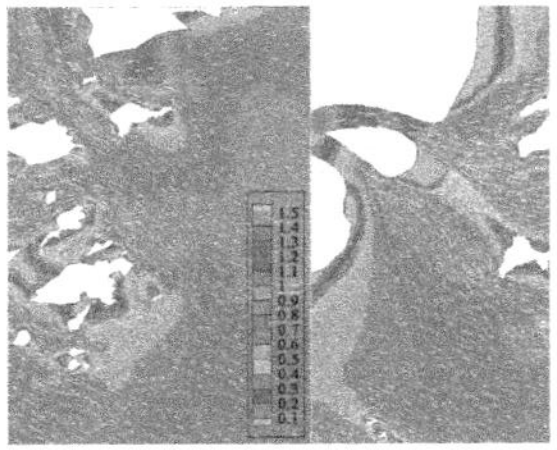	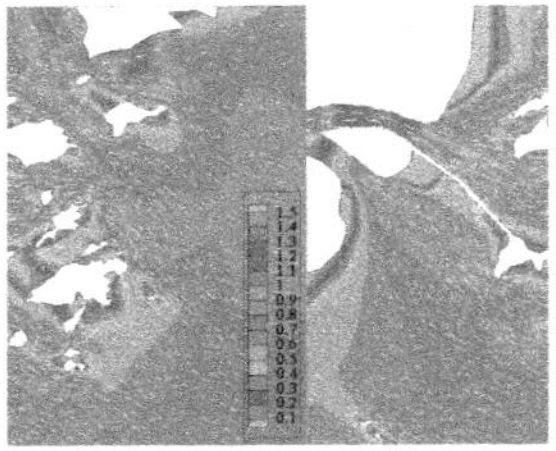	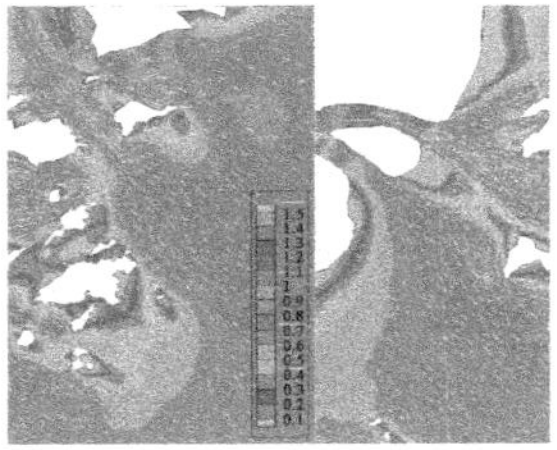	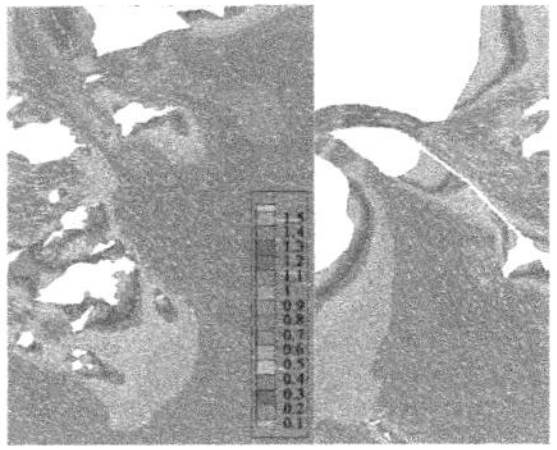
中层	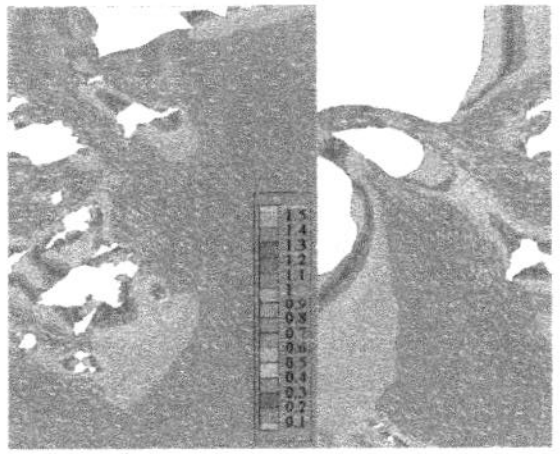	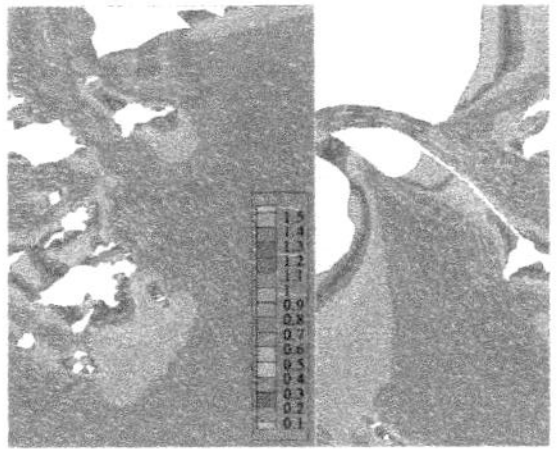	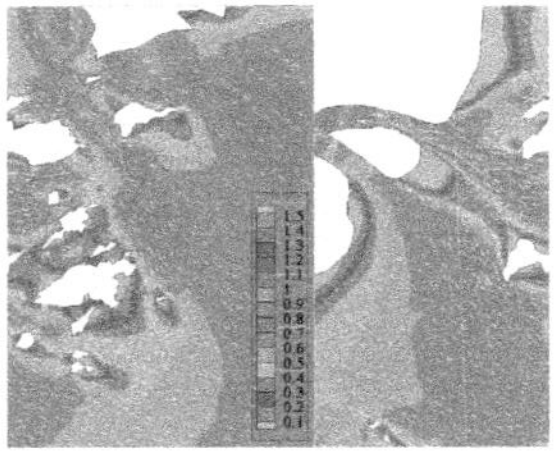	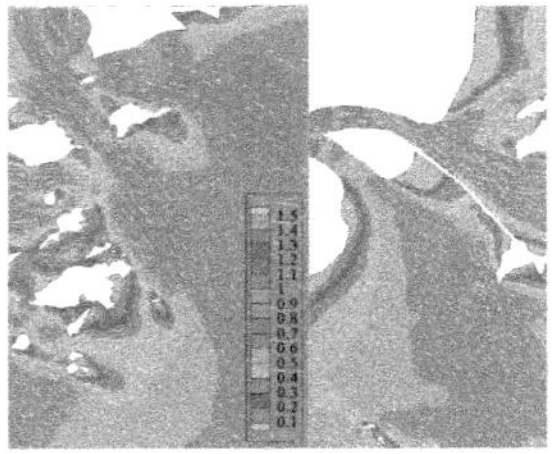
底层	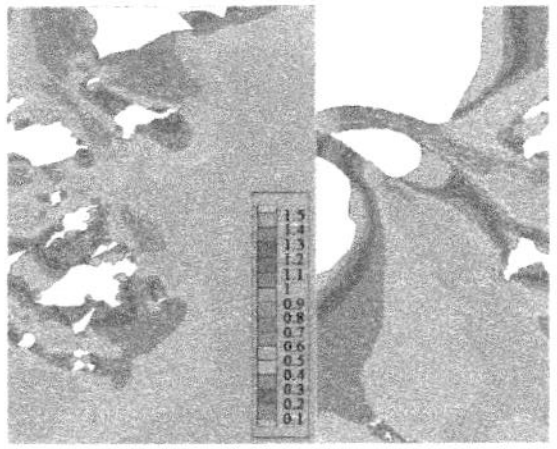	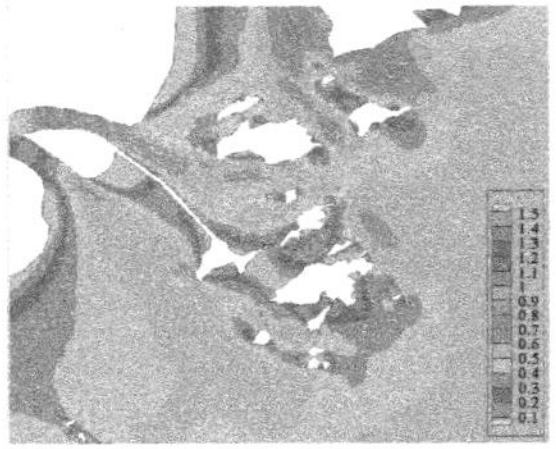	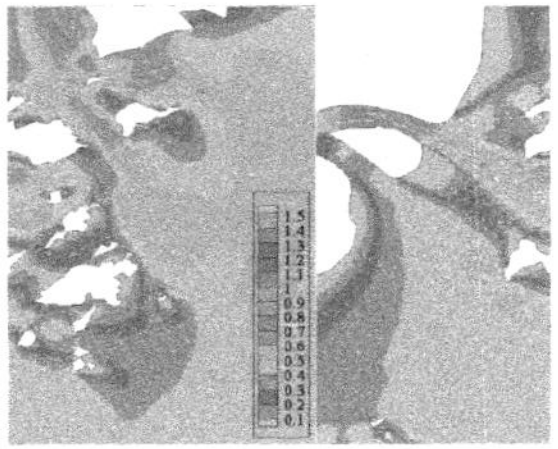	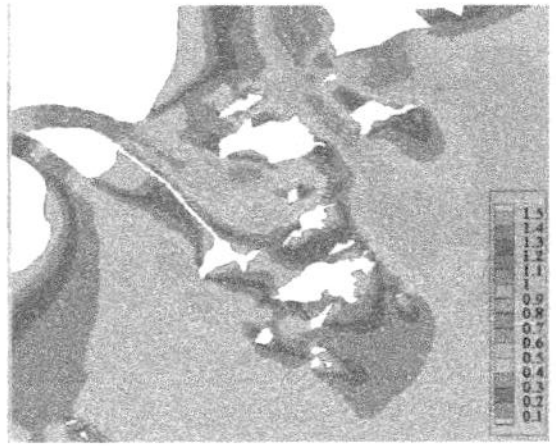

注：图中背景颜色代表流速大小，图例中流速单位 m/s

实施前还是实施后，工程海域流态分布均呈涨潮向岸，落潮离岸的往复流运动，表层流速最大，中层流速次之，底层流速最小。灵霓北堤实施后，黄大岙水道、状元岙深水港区、沙头水道、乐清湾海域的流态较实施前相比，基本未发生改变。流态发生改变的区域主要集中在灵霓北堤两侧附近海域。其中，中水道水流流向更加顺应中水道深槽轴线，涨急时，由霓屿岛西南侧向西北方向的入流可以上溯到更远处，直至灵霓北堤南侧。而重山水道西部的水流趋向于沿着灵霓北堤流动。落急时，温州浅滩上的纳潮水体向东南方向流出，汇合瓯江南口流出的水流一起流向外海。

灵霓北堤实施后，截断了南北水道之间的水流交换，转变成以灵霓北堤为界的分叉流动，使得两个水道的水流流向更加顺应深槽轴线方向，水流动力增强，水流沿南北水道涨潮上溯和落潮向外海扩散的距离均更远。

4.3.2 垂向分布变化

灵霓北堤实施后主要对灵霓北堤两侧水域即：南水道和北水道海域水流条件产生影响。为更好研究南北水道水流垂向分布变化情况，在南水道和北水道各布置了一条纵断面，纵断面位置如图 4-15 所示，南北纵断面长度均为 20km，起始方向从瓯江南北口向外海方向。

从灵霓北堤实施前后涨落急时刻南北纵断面的流场（见表 4-3）来看，北纵断面水流强度明显大于南纵断面水流强度，这说明，北水道是瓯江口海域的主水道，水流强劲。对于北水道而言，其中越靠近瓯江北口侧，流速越强，往外海方向，流速减弱。对于南水道而言，灵昆与霓屿岛段流速较大，往上游和往外海侧流速减小。南北水道流速分布均呈现由表层到底层减弱的趋势。灵霓北堤实施后，南北纵断面流场分布整体规律未发生明显改变，细节变化主要体现在，部分段流速的增强，这也印证了前面章节“涨潮上溯和落潮向外海扩散距离均更远”的结论。

表 4-4 比较了灵霓北堤实施前后南北纵断面特征点的流速流向垂向分布变化特征，从该表对比结果显示，无论北纵断面还是南纵断面，灵霓北堤实施后，特征点流速流向虽有变化，但变化幅度较小，这是因为工程海域天然情况下，涨落潮流向均呈涨潮向岸，落潮离岸的往复流态，灵霓北堤布置走向恰顺应了这一走向趋势，对流态影响较小。北纵断面特征点 N3、N4、N5 变化较明显些，涨急时，流向上扬顺时针偏转 1°～7°，落急时下俯顺时针偏转 1°～7°。南纵断面特征点变化略小于北纵断面，流向顺时针偏转角度 1°～4°。

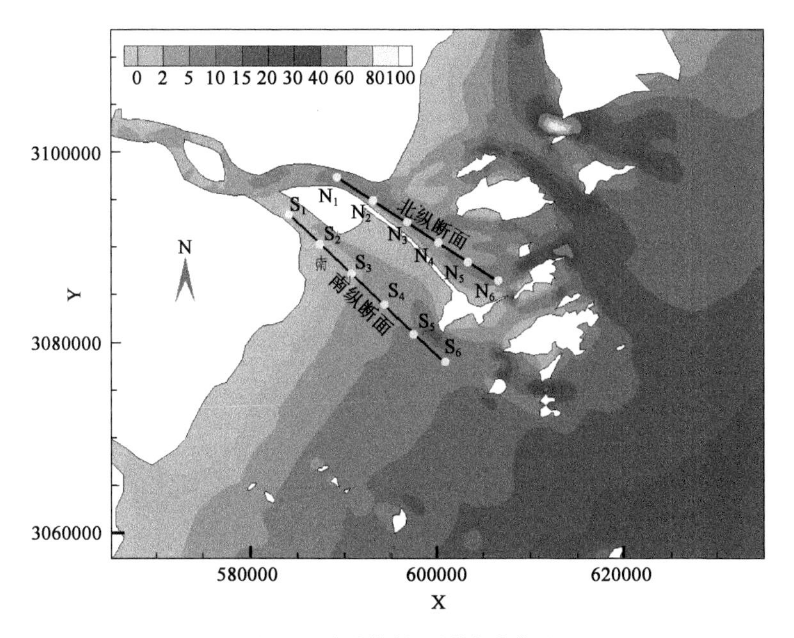

图 4-15　南北纵断面及特征点位置

灵霓北堤实施前后涨落急时刻纵断面流场情况比较　　　　表 4-3

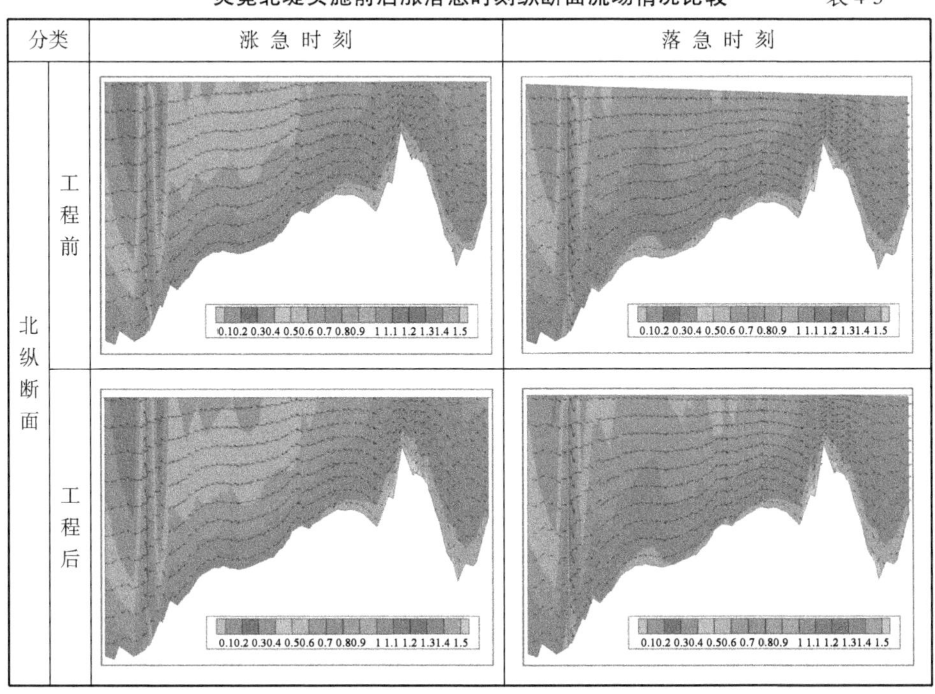

分类		涨急时刻	落急时刻
北纵断面	工程前		
	工程后		

续上表

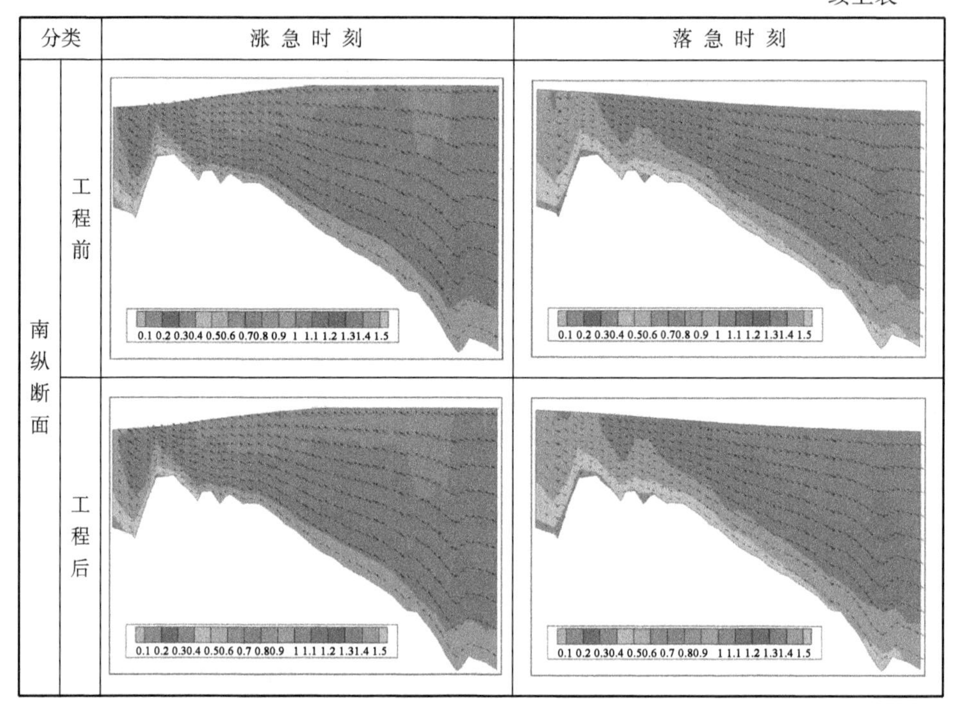

分类		涨急时刻	落急时刻
南纵断面	工程前		
	工程后		

4.3.3 影响程度分析

为了分析灵霓北堤工程对周围海域水动力的整体影响情况，对工程实施前后的平均流速等值线进行了差值，如图4-16所示。由图可知，灵霓北堤实施后，工程海域水动力变化如下：灵昆岛北侧流速表层减弱0.01m/s，到中层和底层附近该区域流速未发生改变；灵昆岛南侧流速表层增加0.015m/s，中层增加0.012m/s，底层增加0.008m/s；灵霓北堤南侧温州浅滩处流速表层、中层、底层流速减弱幅度分别在0.14m/s、0.07m/s、0.05m/s以内，但范围呈表层最大，中层略小于表层，底层明显小于中层的态势，这是由于天然情况下，南北水道通过灵霓北堤这一过水断面是存在少量水体交换的，工程实施后，彻底切断了这种微弱交换，导致温州浅滩流速减弱；大门岛与霓屿状元岙之间的水域，流速也呈减弱态势，表层流速最大减幅0.09m/s，中层流速最大减幅0.07m/s，底层流速最大减幅0.04m/s，减弱范围表层最大，中层其次，底层最小。霓屿岛南侧海域流速呈增加态势，表层、中层和底层最大增加幅度均在0.03m/s以内。整体来看，灵霓北堤实施后其流速影响范围越靠近表层影响范围越大，越往底层越小。

表 4-4

灵霓北堤实施前后涨落急时刻南北通道特征点流速垂向分布比较

分类		N1	N2	N3	N4	N5	N6
北纵断面	涨急						
	落急						
分类		S1	S2	S3	S4	S5	S6
南纵断面	涨急						
	落急						

注:表中黑色箭头代表灵霓北堤实施前,红色箭头代表灵霓北堤实施后。

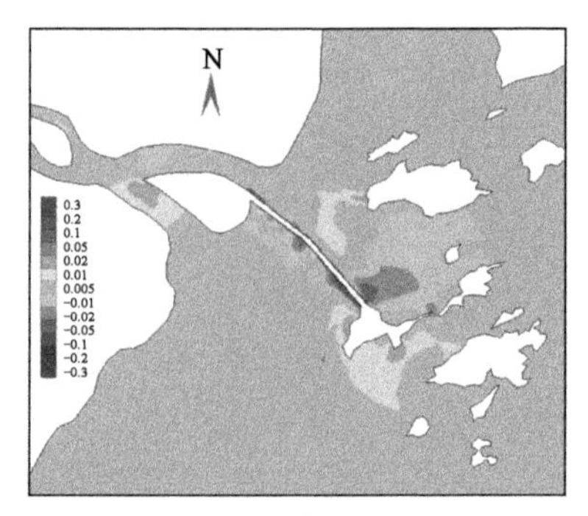

a)表层

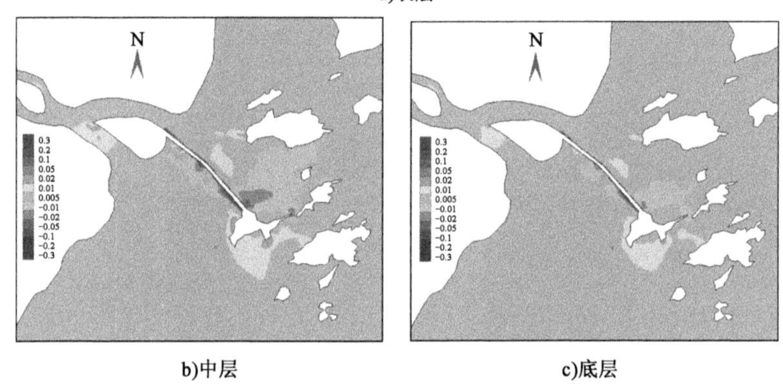

b)中层　　c)底层

图4-16　灵霓北堤实施后对周围海域水动力影响(工程后-工程前)

4.4　温州浅滩围涂工程建设对水流条件影响

温州浅滩围涂工程实施后首先会引起工程海域水流条件发生一定程度改变,本章节对此影响进行定性及定量分析研究。

温州浅滩围涂工程实施前后涨落急时刻流场对比情况见表4-5,由图可知,工程实施前,瓯江口海域受岛群影响,涨潮时近岸潮波传播被分成几股涨潮流,其中玉环岛和大门岛之间有两股涨潮流通过潮汐通道大部分汇入乐清湾,另有一部分沿着岸线向南成为进入瓯江涨潮流的一部分,在瓯江口外,由大、小门岛、洞头岛、状元岛之间的潮汐通道由北口进入瓯江,部分涨潮流向南绕过洞头岛之后由南口进入瓯江。落潮时,北口流出的水流被岛群分成四股落潮流通过沙头水道、大门水道、黄大岙水道及重山水道流出外海,而南口的落潮流基本沿着涨潮流相反的方向流出外海。

温州浅滩围涂工程实施前后涨落急时刻平面流场情况比较

表 4-5

分类	涨急时刻		落急时刻	
	实施前	实施后	实施前	实施后
表层	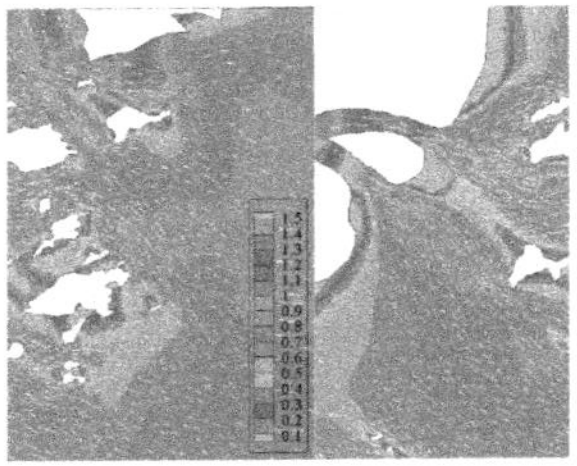 1.5 1.4 1.3 1.2 1.1 1 0.9 0.8 0.7 0.6 0.5 0.4 0.3 0.2 0.1	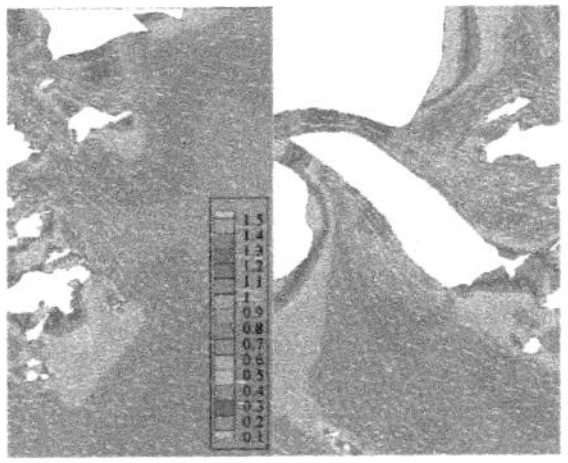 1.5 1.4 1.3 1.2 1.1 1 0.9 0.8 0.7 0.6 0.5 0.4 0.3 0.2 0.1	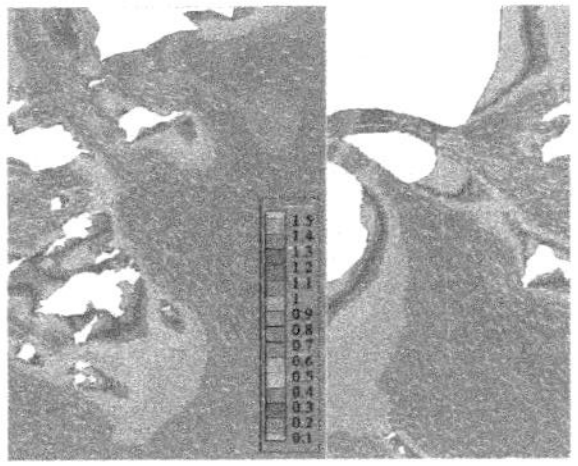 1.5 1.4 1.3 1.2 1.1 1 0.9 0.8 0.7 0.6 0.5 0.4 0.3 0.2 0.1	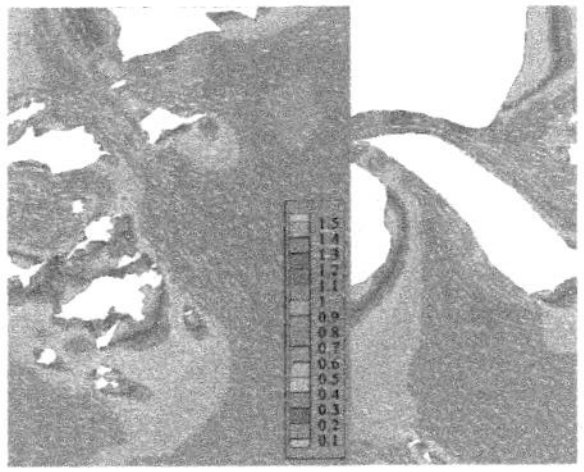 1.5 1.4 1.3 1.2 1.1 1 0.9 0.8 0.7 0.6 0.5 0.4 0.3 0.2 0.1
中层	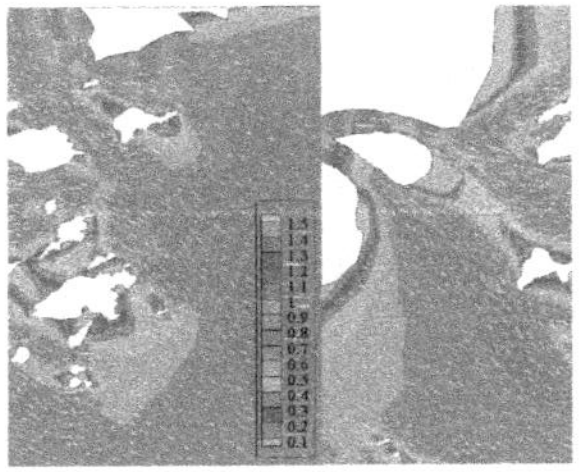 1.5 1.4 1.3 1.2 1.1 1 0.9 0.8 0.7 0.6 0.5 0.4 0.3 0.2 0.1	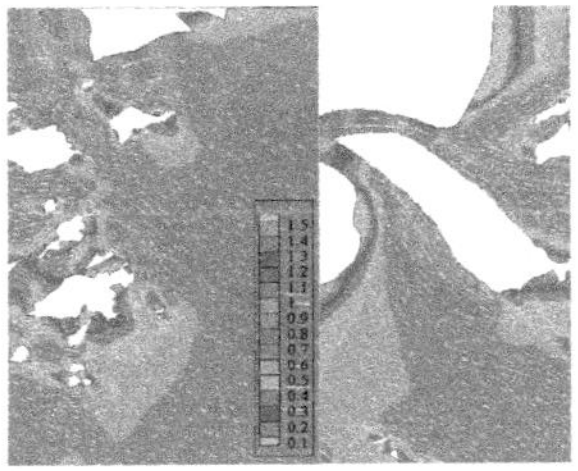 1.5 1.4 1.3 1.2 1.1 1 0.9 0.8 0.7 0.6 0.5 0.4 0.3 0.2 0.1	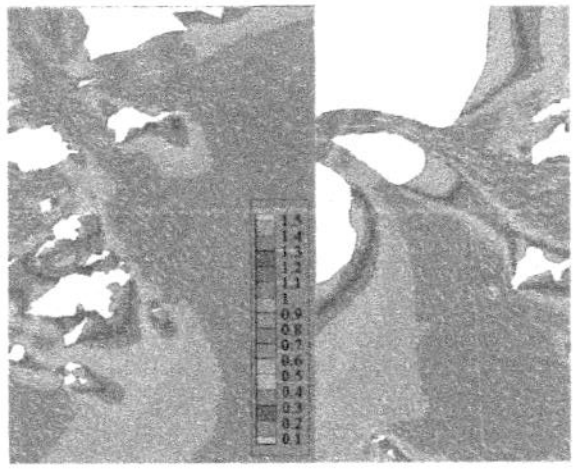 1.5 1.4 1.3 1.2 1.1 1 0.9 0.8 0.7 0.6 0.5 0.4 0.3 0.2 0.1	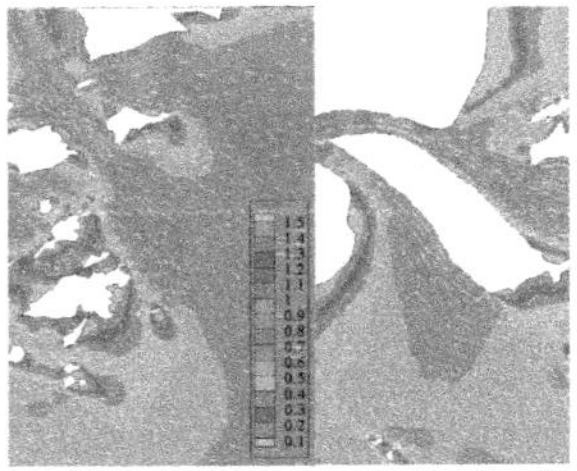 1.5 1.4 1.3 1.2 1.1 1 0.9 0.8 0.7 0.6 0.5 0.4 0.3 0.2 0.1
底层	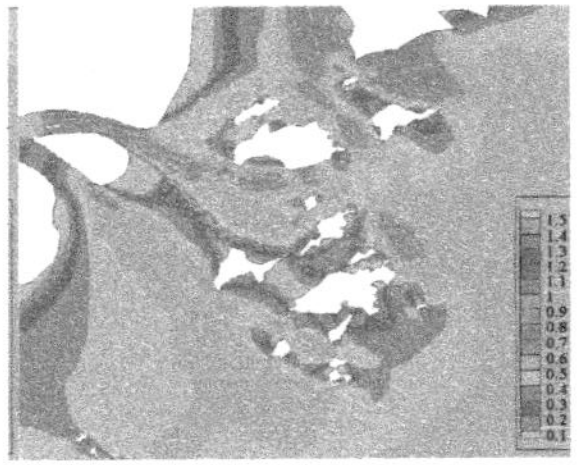 1.5 1.4 1.3 1.2 1.1 1 0.9 0.8 0.7 0.6 0.5 0.4 0.3 0.2 0.1	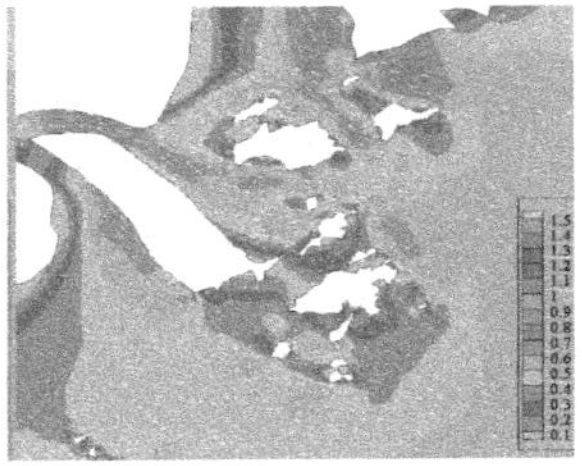 1.5 1.4 1.3 1.2 1.1 1 0.9 0.8 0.7 0.6 0.5 0.4 0.3 0.2 0.1	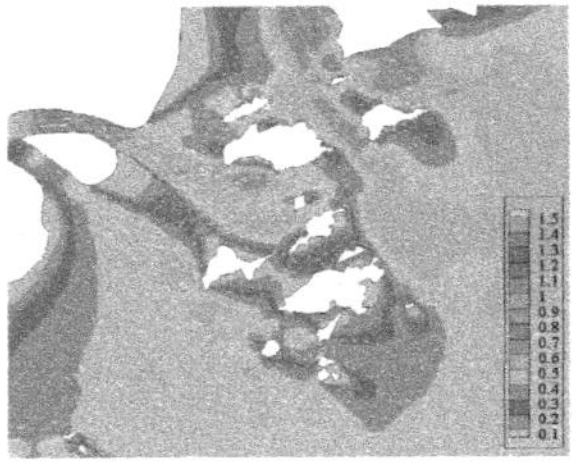 1.5 1.4 1.3 1.2 1.1 1 0.9 0.8 0.7 0.6 0.5 0.4 0.3 0.2 0.1	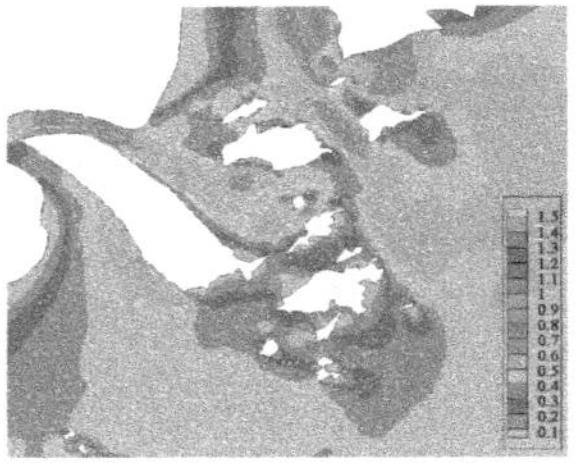 1.5 1.4 1.3 1.2 1.1 1 0.9 0.8 0.7 0.6 0.5 0.4 0.3 0.2 0.1

注:图中背景颜色代表流速大小,图例中流速单位 m/s。

对比工程前后的流场图可以看出，工程实施后并没有改变工程海域的主流态即：涨、落潮的几股主通道流路并未改变，但流速强度分布有明显变化。从工程前后南北水道流速强度大小比较，温州浅滩围涂工程实施后，北水道流速强度无明显改变，而南水道流速有一定程度增加，且涨、落潮情况下流速均有增加，表层流速增加最明显，中层其次，底层最小，但流速增加多在 0.1m/s 以内。大小霓屿岛南侧海域流速有一定程度减弱，流速减弱幅度多在 0.3m/s 以内。

为分析温州浅滩围涂工程对周围海域水动力的总体影响情况，对工程实施前后的平均流速等值线进行了差值，如图 4-17 所示。由图可知，温州浅滩围涂工程实施后，工程海域水动力变化如下：温州七都涂附近水域流速有微弱降低，减小幅度在 0.03m/s 以内；灵昆岛南口水域流速有微弱减小，减小幅度在 0.05m/s 以内；温州浅滩围涂工程西侧南水道区域流速呈增加趋势，流速最大增幅 0.14m/s；大小霓屿岛南侧海域流速呈大面积减弱趋势，流速最大减幅 0.34m/s；大门岛与霓屿 - 状元岙之间水域流速有 0.05m/s 以内的微弱减幅。整体来看，温州浅滩围涂工程实施后其流速影响范围越靠近表层影响范围越大，

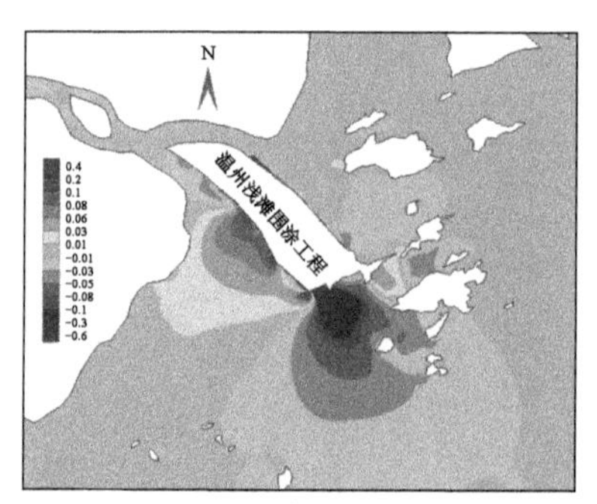

a)表层

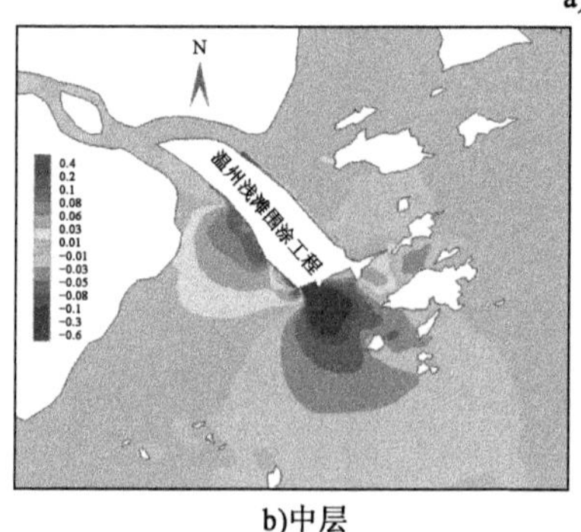

b)中层

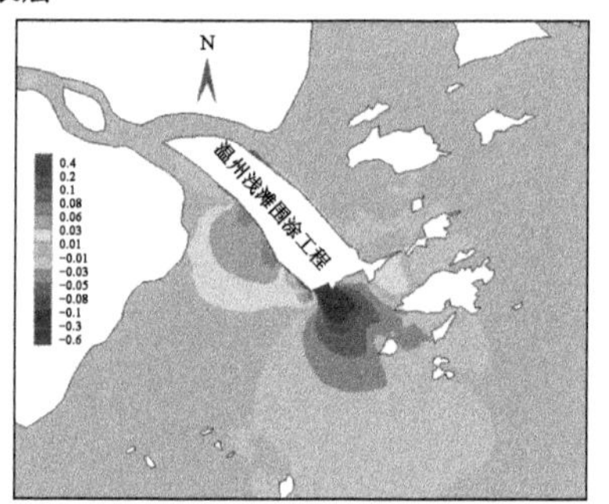

c)底层

图 4-17　温州浅滩围涂工程实施后对周围海域水动力影响(工程后 - 工程前)

越靠近底层越小。表4-6给出了温州浅滩围涂工程实施后其流速影响面积统计结果,该结果表明,围涂工程实施后,流速呈减弱趋势的面积明显大于流速增加区域,流速增减变化幅度多在0.1m/s以内,流速改变幅度超过0.3m/s的面积相对较小。

温州浅滩围涂工程实施后流速影响面积统计 表4-6

面积(km^2)	流速增大面积				流速减小面积			
流速(m/s)	≥0.3	≥0.1	≥0.05	≥0.02	≤-0.3	≤-0.1	≤-0.05	≤-0.02
表层	0.3	4.1	39.1	92.1	51.7	90.4	137.7	399.3
中层	0.1	2.8	37.0	84.6	44.0	88.7	135.2	375.5
底层	0.0	1.0	19.0	63.7	26.5	73.7	107.0	257.0

4.5 灵霓北堤建设对盐度分布影响

河口区域盐度分布特征的变化是河流和海洋两大动力因素在时间尺度和空间尺度上相互制约的重要反映。灵霓北堤的建设对瓯江河口水流条件产生一定程度影响,势必会改变盐度分布格局,研究瓯江河口盐度时空变化规律不仅能够反映河口处陆海相互作用的特征,反映盐度输运通量变化特征,对进而产生的海洋生态环境变化研究也具有重要意义[135-137]。在本章节,采用数值模拟手段定量分析研究灵霓北堤建设后对瓯江河口盐度分布的影响情况。

4.5.1 计算条件

由于河口区域盐度分布特征受上游下泄径流量及外海潮波等外界因素影响较大,因此,为了避免这一干扰,更客观地评价灵霓北堤工程本身对河口区盐度分布带来的变化,模拟时水动力背景计算采用同样的边界条件设置,即:上游下泄径流量均采用573m^3/s,对应的盐度值为0ppt,外海潮波采用2005年6月的潮波过程,见图4-18。温度根据实测资料设置为24~27℃。风速过程设置如图4-19所示。由于河口区初始盐度场的设置十分影响计算的效率[138],因此,数值模拟时采用瓯江河口海域平均盐度值提前预热计算一个月,待计算到第10天时,盐度基本达到稳定状态,采用这一稳定状态盐度场作为真正模拟计算时的初始盐度场(见图4-20),预热期间盐度变化过程见图4-21。

4.5.2 平面分布变化

瓯江河口的盐度分布受潮汐涨落和瓯江河流淡水径流的影响而不停地运动

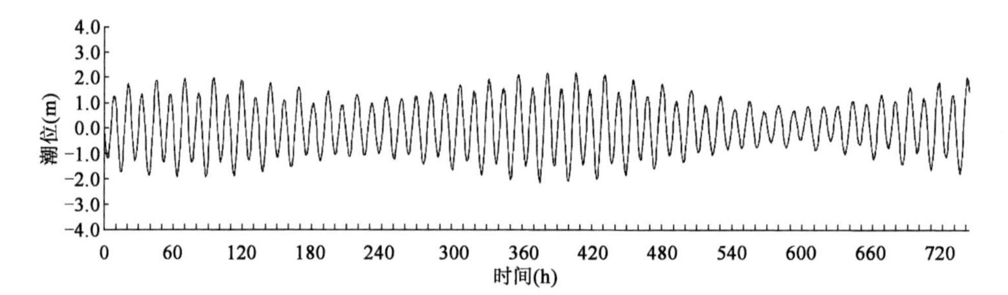

图 4-18　外海潮波过程线

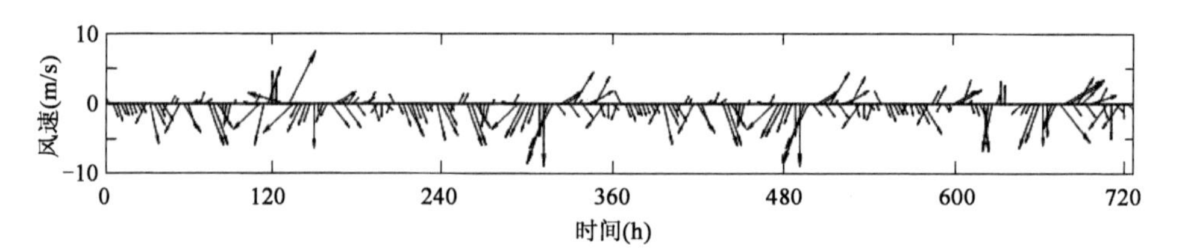

图 4-19　风条件过程

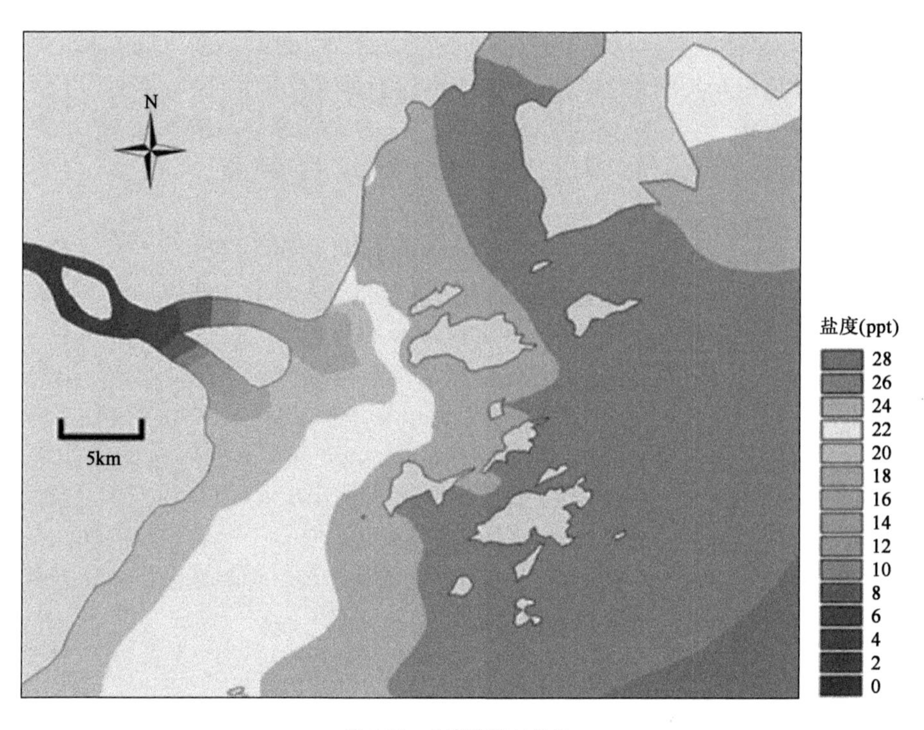

图 4-20　盐度稳定初始场

变化,整体来看,七都涂上游河段平均盐度值较小,介于1~8ppt之间,涨憩时1ppt的盐度等值线上溯至江心屿西边缘,落憩时1ppt盐度等值线到达七都涂东侧。瓯江口外海区,盐度扩散形态呈舌状等值线随涨落潮摆动,与潮流分布相吻合,落潮时,主要有四条盐度舌分别由瓯江口通过南口向霓屿方向,通过北口向黄大忝方向,通过沙头水道向乐清湾方向,从乐清湾内向南向横趾山方向扩展,涨潮时,四个主要舌状盐度等值线由东向西向反向瓯江口推进,平均盐度值在20~26ppt的等值线最远伸至大门岛中部。

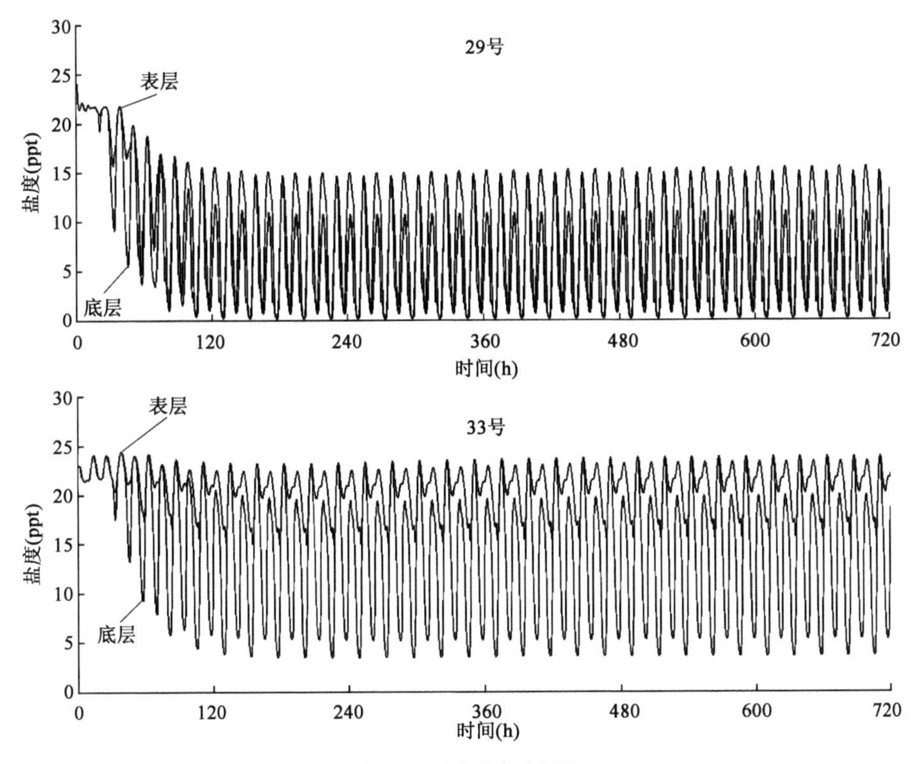

图4-21 盐度稳定过程线

由涨落潮盐度场分布图4-22可以看出,灵霓北堤建成后,相同时段内,瓯江口外大部分区域以及乐清湾大部分海区盐度变化不大。但当灵霓北堤建成后,灵霓北堤两侧海域盐度分布有所改变,当灵霓北堤存在时,等盐度线有顺从大堤分布的趋势,且淡水盐水舌沿大堤向外海方向扩散距离更远些。另外黄大忝、重山等水道的盐度场分布情况同样出现了一定程度的改变,与此同时,前者的盐度值明显下降,大约在0.2ppt左右。而在涨憩过程中,乐清湾南部、小门岛北部海域两处的盐度分布情况出现了一定程度的改变,呈现出明显的上升态势。

当上游径流流量出现差异,瓯江口处于大、中、小潮三个阶段,同一位置的盐度会发生明显改变,如果只是选择部分时期、时段对盐度进行测量,难以提供科学、合理的变化量值,也不能实施综合对比分析,但是利用数学模型能够对这种情况进行处理,将各个时期的情况放在同等边界环境中,基于同等环境做出对比,排除其他因素干扰对计算结果的判断。根据数学模型所得结果进行研究与探讨,表明在灵霓北堤出现后,瓯江口与乐清湾范围内的盐度场格局大体上保持不变,且盐度分布以及盐度值十分稳定。然而,灵霓北堤周边区域,特别是两侧盐度值将出现一定程度的波动,当小门岛北部海域涨潮后,黄大岙水道与乐清湾南部也会随之出现一定程度的波动。

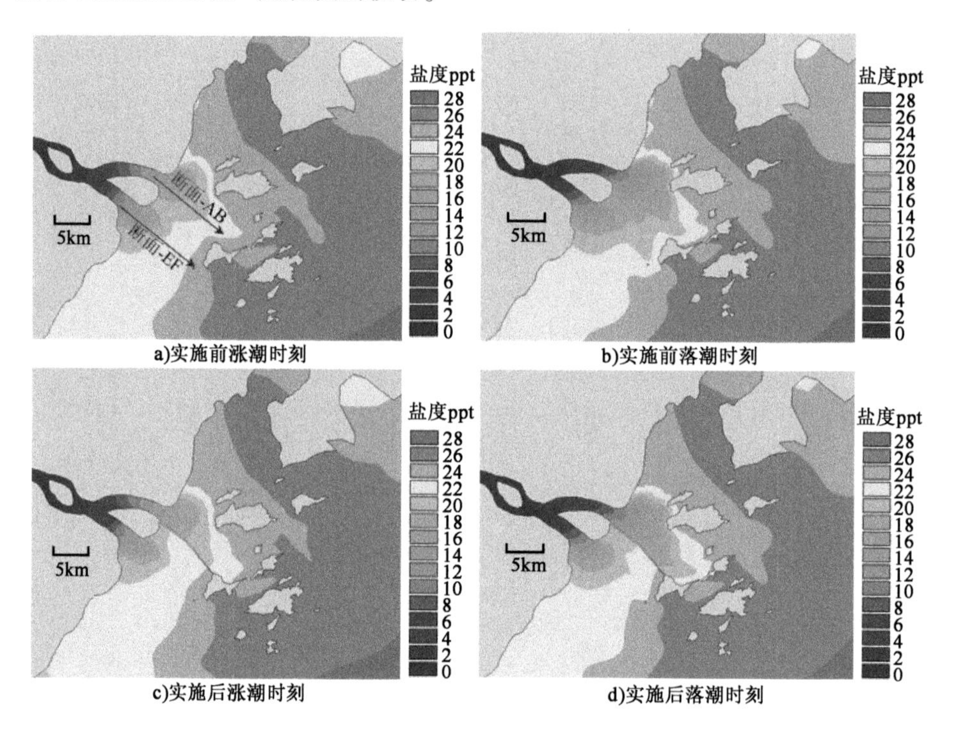

a)实施前涨潮时刻　b)实施前落潮时刻

c)实施后涨潮时刻　d)实施后落潮时刻

图4-22　灵霓北堤实施前后表层盐度场涨落急时刻分布变化

4.5.3　垂向分布变化

为了便于比较灵霓北堤建设前后其附近海域尤其是南北水道区域盐度垂向分布变化,在南北水道各布置了一条长约20km的纵断面(图4-22a),并绘制了灵霓北堤工程实施前后南北纵断面在涨落潮时刻的盐度分布,见图4-23。

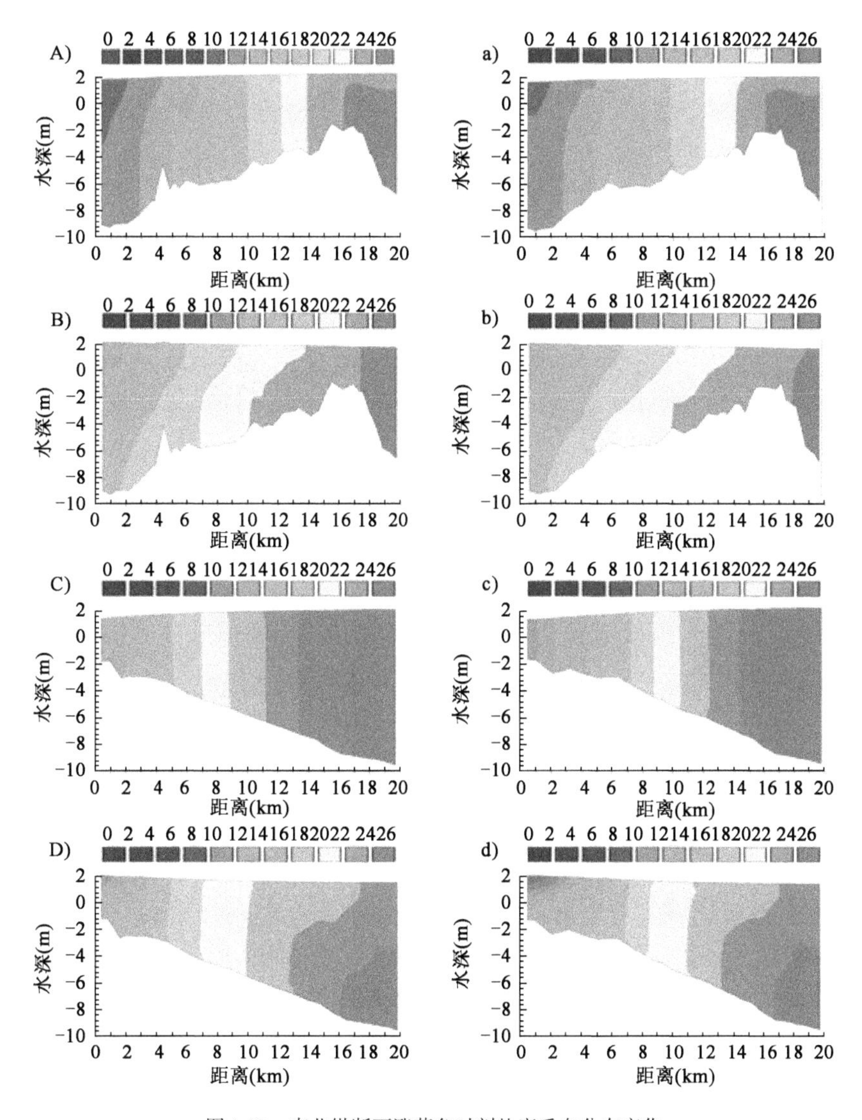

图4-23 南北纵断面涨落急时刻盐度垂向分布变化

（其中，北纵断面（A/a 和 B/b），南纵断面（C/c 和 D/d）；涨潮时刻（A/a 和 C/c）和落潮时刻（B/b 和 D/d）；灵霓北堤实施前（左列）和灵霓北堤实施后（右列））

根据模拟结果可知，无论灵霓北堤实施前还是实施后，盐度垂向分布均比较均匀，这主要是由于瓯江河口海域大部分水域水深均在 -10m 等深线以浅，尤其是灵霓北堤两侧南北水道区域水深基本在 -5m 等深线以浅，瓯江河口平均潮差超过 4m，属于强潮海区，而瓯江是山溪性河流，径流下泄量不大，因此，在瓯江河口海域盐度上下掺混强烈,垂向分布相对均匀,盐度分布垂向梯度变化不是很明显。

灵霓北堤建成后,来自瓯江上游的淡水盐水舌沿大堤向外海扩散距离更远,尤其是在越靠近表层的水体,这一现象就越明显。以18ppt盐度等值线为例,灵霓北堤实施前,北水道盐度等值线落潮期间最远扩散距离为8.4km(见图4-23A),而北堤建成后,其最远扩散距离增至9.8km(见图4-23a)。而南水道,灵霓北堤实施前,18ppt盐度等值线最远扩散距离为6.7km(见图4-23D),而北堤建成后,其最远扩散距离增至7.2km(见图4-23d)。盐度分布变化与水动力条件变化是相辅相成的,由前面4.3章节研究结果表明,灵霓北堤建成后,南北水道水流更趋顺于深槽方向,水流更强劲,与之相对应的,淡水扩散距离也会更远。

4.6 灵霓北堤建设对泥沙场及海床冲淤影响

4.6.1 含沙量影响分析

根据模拟结果可知,灵霓北堤工程结束时,七都涂上、下游范围内的含沙量并未发生明显改变,具体变化范围位处于灵霓北堤工程附近区域。

根据图4-24含沙量分布图可以看出,高含沙量区大部分分布在瓯江口两侧浅滩,三角沙等浅水部位,而外海-5m等深线以深的区域,含沙量相对较低,这是由于在自然环境条件下,浅滩地区水深较浅,风浪掀沙作用明显,同时距离河口又较近,容易受到上游河道下泄水沙的影响,使得河口区近岸浅滩区含沙量浓度普遍偏高,而水深较深的外海区域,风浪作用对底床影响较小,且基本不受上游河道下泄水沙影响,因此,外海深水区水较清些,含沙量浓度普遍较小。这说明水体中含沙量浓度大小与水下地形及水动力相适应。

通过对比灵霓北堤实施前后含沙量分布可知,瓯江口海域含沙量分布情况与此项工程并没有直接关系,工程前后含沙量场分布格局大体吻合,许多位置的含沙量浓度并没有出现大幅波动。但是,南水道海域、大门岛西侧含沙量浓度明显提高,而黄大岙,重山水道周边海域在工程完工之前有一定程度减小。

为定量分析灵霓北堤实施前后含沙量的具体变化,在瓯江河口海区布置了一系列采样点,具体点位布置详见前面5.3.2章节中的图4-15,统计结果见表4-7,由统计结果可知:

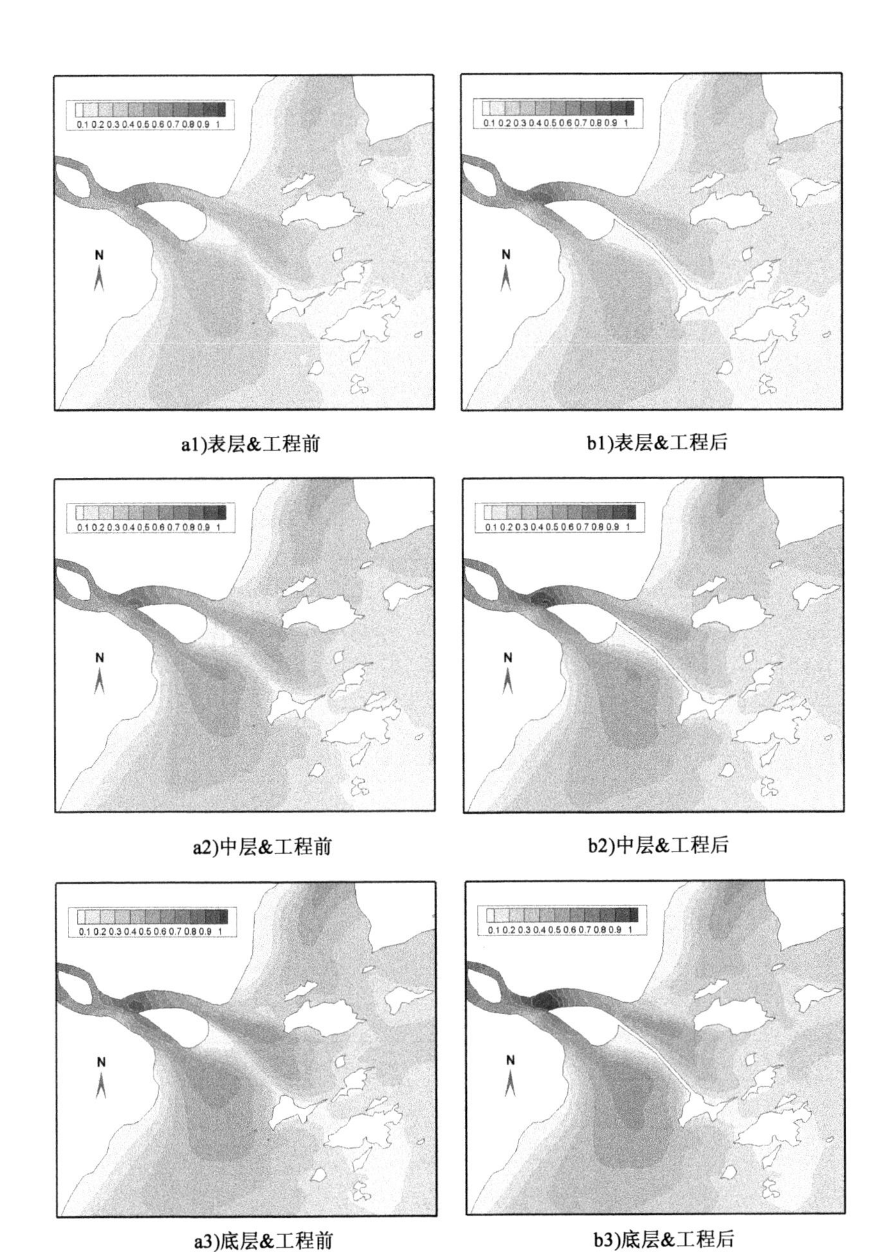

a1)表层&工程前　　b1)表层&工程后

a2)中层&工程前　　b2)中层&工程后

a3)底层&工程前　　b3)底层&工程后

图 4-24 灵霓北堤实施前后平均含沙量场变化

灵霓北堤工程实施前后含沙量变化比较 单位:kg/m³ 表4-7

分类		北水道					
	采样点	N1	N2	N3	N4	N5	N6
表层	工程前	0.416	0.410	0.354	0.323	0.299	0.195
	工程后	0.410	0.377	0.335	0.294	0.263	0.168
	差值	-0.005	-0.033	-0.019	-0.029	-0.036	-0.027
	变化率	-1.29%	-8.05%	-5.40%	-9.03%	-11.92%	-13.68%
中层	工程前	0.479	0.480	0.433	0.408	0.413	0.261
	工程后	0.477	0.444	0.411	0.368	0.349	0.219
	差值	-0.003	-0.035	-0.021	-0.040	-0.064	-0.042
	变化率	-0.54%	-7.37%	-4.94%	-9.73%	-15.53%	-15.95%
底层	工程前	0.545	0.551	0.504	0.464	0.464	0.296
	工程后	0.545	0.513	0.476	0.421	0.394	0.250
	差值	0.000	-0.037	-0.028	-0.043	-0.070	-0.046
	变化率	0.00%	-6.79%	-5.60%	-9.36%	-15.08%	-15.47%
分类		南水道					
	采样点	S1	S2	S3	S4	S5	S6
表层	工程前	0.497	0.395	0.359	0.346	0.312	0.233
	工程后	0.480	0.370	0.338	0.338	0.322	0.237
	差值	-0.017	-0.024	-0.021	-0.008	0.009	0.004
	变化率	-3.45%	-6.20%	-5.87%	-2.32%	3.01%	1.93%
中层	工程前	0.588	0.490	0.470	0.454	0.404	0.311
	工程后	0.560	0.454	0.449	0.466	0.434	0.329
	差值	-0.028	-0.037	-0.021	0.012	0.029	0.018
	变化率	-4.79%	-7.45%	-4.43%	2.61%	7.27%	5.72%
底层	工程前	0.682	0.561	0.529	0.513	0.458	0.351
	工程后	0.642	0.524	0.504	0.522	0.487	0.370
	差值	-0.040	-0.037	-0.025	0.009	0.029	0.018
	变化率	-5.84%	-6.59%	-4.78%	1.81%	6.35%	5.19%

灵霓北堤实施后,北水道N1采样点表层含沙量减少1.29%,中层减少0.54%,底层减少0.00%;N2采样点表层含沙量减少8.05%,中层减少7.37%,底层减少6.79%;N3采样点表层含沙量减少5.40%,中层减少4.94%,底层减少5.60%;N4采样点表层含沙量减少9.03%,中层减少9.73%,底层减少9.36%;N5采样点表层含沙量减少11.92%,中层减少15.53%,底层减少15.08%;N6采样点表层含沙量减少13.68%,中层减少15.95%,底层减少15.47%。

灵霓北堤实施后,南水道 S1 采样点表层含沙量减少 3.45%,中层减少 4.79%,底层减少 5.84%;S2 采样点表层含沙量减少 6.20%,中层减少 7.45%,底层减少 6.59%;S3 采样点表层含沙量减少 5.87%,中层减少 4.43%,底层增加 1.81%;S4 采样点表层含沙量减少 2.32%,中层增加 2.61%,底层增加 1.81%;S5 采样点表层含沙量增加 3.01%,中层增加 7.27%,底层增加 6.35%;S6 采样点表层含沙量增加 1.93%,中层增加 5.72%,底层增加 5.19%。

总体来看,灵霓北堤建设后,工程附近海域含沙量分布会产生一定程度变化,其中灵霓北堤北侧海域,含沙量有减小趋势,减小幅度多介于 0.54% ~ 15.95%,而灵霓北堤南侧海域近岸侧含沙量也呈减小趋势,减小幅度多介于 2.32% ~7.45%,靠外海侧含沙量呈增大趋势,增大幅度多介于 1.81% ~7.27%。

4.6.2 海床冲淤影响分析

灵霓北堤工程实施后使得水流条件和泥沙环境发生了一定程度改变,这会使得海床地形也会随之进行调整,与新的水流条件和泥沙环境相适应。海床冲淤变化速率是检验工程环境影响程度的重要指标,本章节综合考虑波浪、潮流等动力因素,对灵堤北堤实施前后的海床冲淤变化情况进行研究分析。图 4-25 给

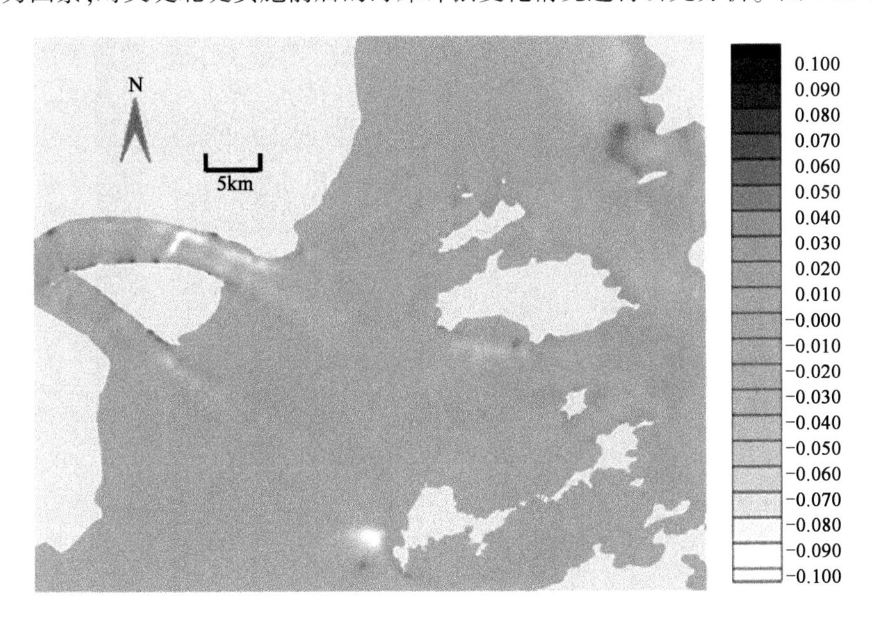

图 4-25 瓯江河口海床年冲淤变化速率(灵霓北堤实施前)
(图例中正值表示淤积,负值表示冲刷,单位 m)

出了灵霓北堤实施前瓯江河口海床年冲淤变化速率，图 4-26 给出了灵霓北堤实施后瓯江河口海床年冲淤变化速率，表 4-8 中列出了灵霓北堤实施前后瓯江河口海床不同位置处年平均冲於幅度变化情况。

灵霓北堤实施前后不同位置处年冲淤速率比较（单位：cm）　　表 4-8

	龙湾港	七里港	中水道	中沙	沙头水道	黄大岙水道	重山水道	状元岙深水区	南口	南水道	北堤南侧
工程前	-0.77	-1.43	-1.10	0.33	-0.88	-1.32	-0.22	-0.88	1.21	-0.22	2.75
工程后	-0.77	-1.43	-1.43	-0.77	-0.22	2.86	9.46	6.82	1.32	1.98	7.48

通过模型计算结果，以及表 4-8 和图 4-25 ~ 图 4-26 分析可以看出，瓯江河口海床冲淤速率的分布与水下地形具有一定的相适应关系。灵霓北堤实施前，沙头、中水道 - 黄大岙、重山、南水道等四条水道的槽汊有着明显的冲刷现象，但是瓯江南口、温州浅滩、拦门沙范围将会产生淤积。该项工程实施后，龙湾港，七里港存在着冲刷现象，中水道冲刷现象更加明显；沙头水道与之相反，逐渐减缓；而中沙则呈现出微冲态势；四条水道也开始呈现淤积态势。

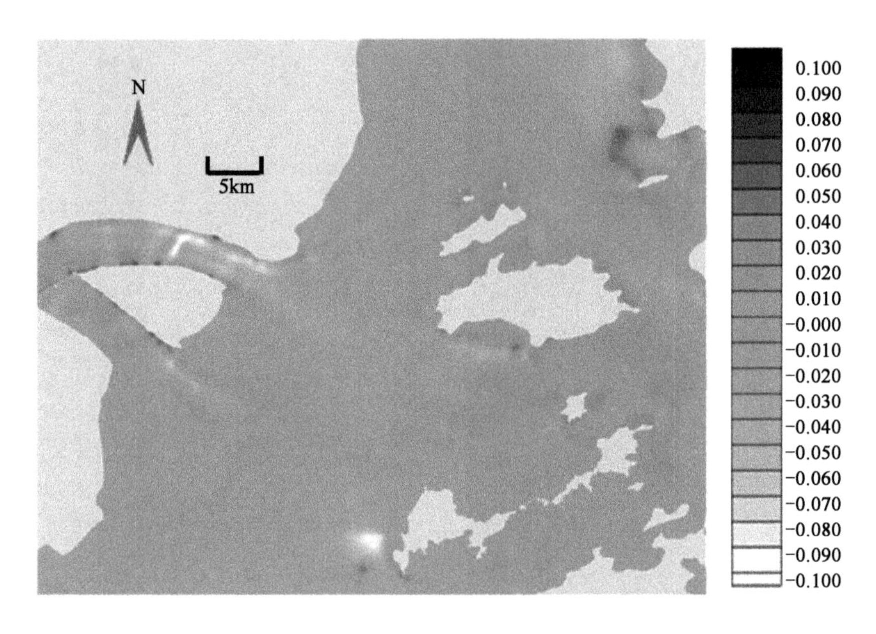

图 4-26　瓯江河口海床年冲淤变化速率（灵霓北堤实施后）
（图例中正值表示淤积，负值表示冲刷，单位 m）

图4-27给出了灵堤北堤建成后待海床达到相对动态平衡状态时,实测地形与模拟地形的比较结果,由该图可以看出,本文建立的模型其模拟结果与实测地形符合较好。

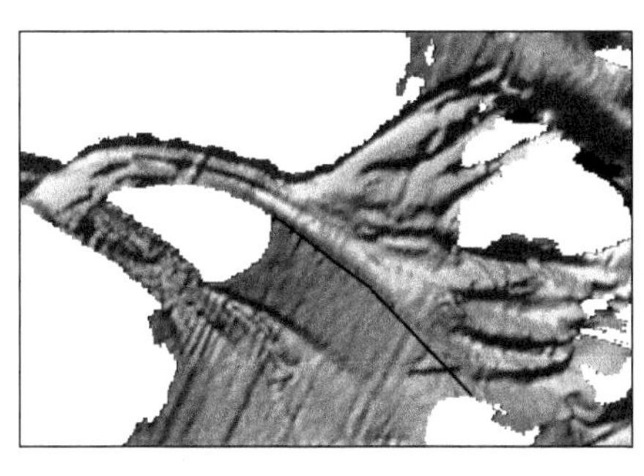

a)实测地形

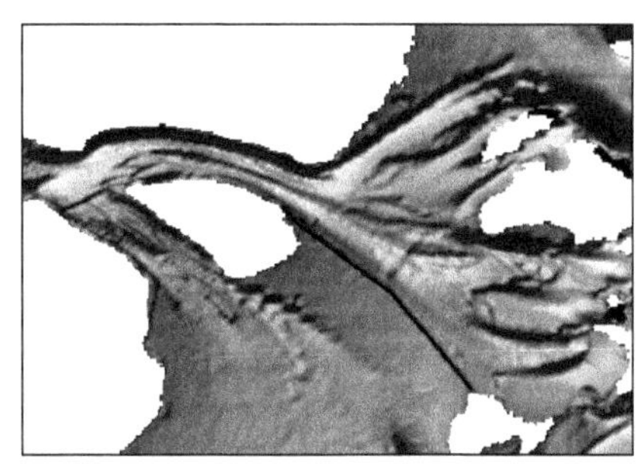

b)模拟地形

图4-27　灵霓北堤建成后实测地形与模拟地形比较

4.7　灵霓北堤及浅滩一期建设对水体交换影响

水体交换,属于一种物理现象,顾名思义:代表在对流扩散的影响下,污染物质慢慢融入水体,浓度减小,最终转移出目标区域。此项能力作为衡量河口、海湾水动力的基本指标,和目标区域的水环境容量、生态品质、自净能力现存在着直接关联,对这种能力状态进行全面分析与探讨,可以帮助我们明确海洋工程与河口、海湾状态间的关系,意义十分重大[139,140]。在该项指标中,重点包含了海水交换率、滞留时长等要求,实际分析阶段,全部存在着具体的含义与适用领域[141-144]。对于滞留时间(Retention Time,“RT”),Takeoka[141]将其理解成初始时间提供的保守性示踪剂,交换转移所必需的估算时长。

借助于数学模型试验手段研究海岸河口水体交换能力是目前较为推崇的研究方法。其中常见的数学求解模型如下:箱式、对流扩散等模型。拉格朗日质点模型是指在研究区域内布置一系列质点,然后统计研究区域的质点交换出去所需的时间,通过与质点总数之比求得海水交换率[145-149],质点模型需要基于水动力模型基础之上,通常是与水动力模型联合运算。

本章节基于分辨率较高的水动力数值模拟计算结果,采用拉格朗日质点模型计算研究灵霓北堤及温州浅滩一期围涂工程实施前后瓯江河口水体交换能力的变化情况,时间尺度采用滞留时间的概念(以下简称“RT”)。

4.7.1 计算方法

根据研究区域的物理特征,将研究水域划分为若干区域,每个区域布置不同颜色的追踪粒子,每个粒子记录对应的位置移动信息,区域 $box(i)$ 与区域 $box(j)$ 之间信息($f_{i,j}$)交换记录采用方程(4-1)进行计算,

$$f_{i,j}(t) = \frac{V_{i,j}(t)}{V_{i,i}(0)} \tag{4-1}$$

其中,$V_{i,i}(0)$ 为区域 $box(i)$ 在 $t=0$ 时刻的量,$V_{i,j}(t)$ 为在 t 时刻从区域 $box(i)$ 与区域 $box(j)$ 之间的交换量。待 $V_{i,j}(t)$ 为 0 时,可认为研究区域完成交换。

通常,水体交换的历史信息对于理解各区域之间相互交换的过程十分重要,可以采用方程(4-2)进行考虑,

$$F_{i,j}(T) = \frac{1}{T}\int_0^T \frac{V_{i,j}(t)}{V_{i,j}(0)}\mathrm{d}t \tag{4-2}$$

其中,$F_{i,j}$ 代表区域 $box(j)$ 在水交换过程中对区域 $box(i)$ 的影响,当 $i=j$ 时,该时间被定义为 RT,通过 F 这个参数,来建立不同区域 box 之间的交换信息。

根据瓯江河口的物理特征,将研究水域划分为 7 个不同区域 box,每个区域 box 用不同颜色示踪粒子进行信息追踪,如图 4-28 所示。为了客观对比工程实施前后水体交换能力的差异,工程前后采用相同的区域 box 划分方法。

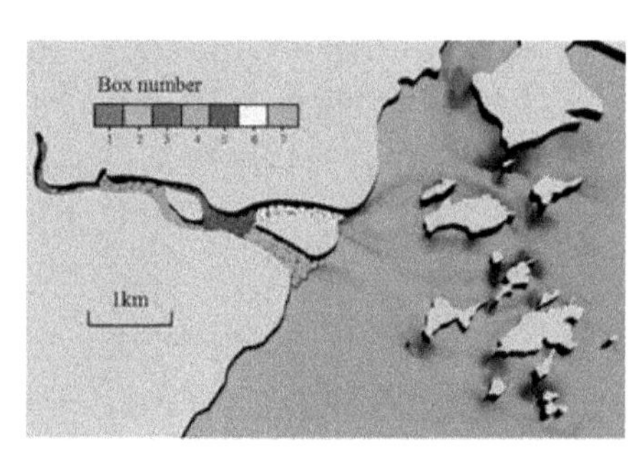

a)工程前

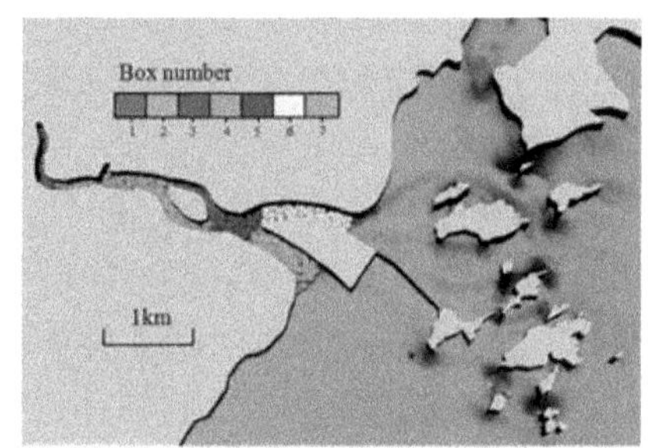

b)工程后

图 4-28 工程前后不同区域 box 划分情况

由于瓯江属于山溪性河流,上游径流量季节性差异较大,为了比较这种季节性差异对瓯江河口水体交换能力的影响,选取 2005 年冬季(1 月)和 2005 年夏季(7 月)两个典型季节,根据相关资料,冬季径流量取 124m³/s,夏季径流量取 1109m³/s,并考虑灵霓北堤和温州浅滩一期工程实施前和实施后两种计算情景,分析工程本身以及季节性变化引起的水体交换能力差异。

4.7.2 计算结果

根据图4-29冬夏季工程前后水体交换质点运移情况可知,瓯江河道内布置的质点追踪粒子在上游径流的作用下,绝大部分质点运移出河道,大部分堆在瓯江河口区域。这说明,质点在瓯江河道内时,其运移方向受上游下泄径流十分明显,流量越大,质点往河口运移的速率越快,运移出的质点数量也越多。但到了瓯江河口海域时,其水动力既受上游径流的影响又受外海潮波的影响,在这种双重影响下,质点随着涨潮落潮徘徊游荡,往外海运移速率明显减缓。

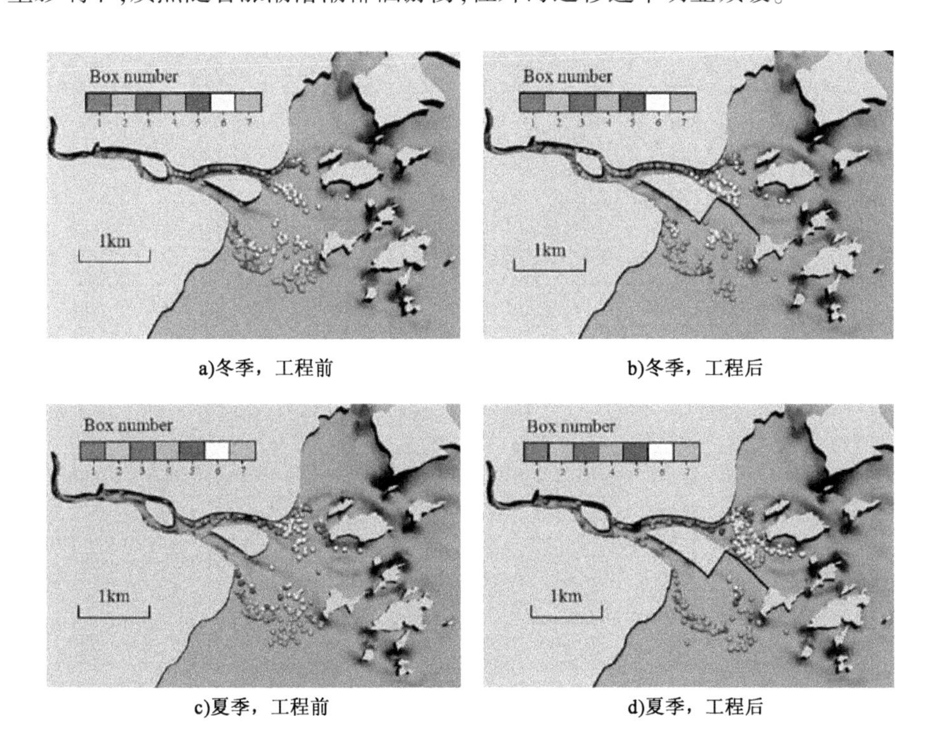

图4-29 冬夏季工程前后水体交换15天后质点运移情况

图4-30给出了不同计算情景下各区域box质点追踪粒子随时间推移质点粒子数量和初始状态相比其残存的比例,表4-9给出了定量的比例值,假定各区域box初始状态情况下比例值均为1,粒子越少,比例值越小。计算结果显示,夏季情况下,质点追踪粒子在15天后基本完成水体交换,而冬季情况下,质点追踪粒子需要60天后才能基本完成水体交换,这说明,上游下泄径流量的大小对水体交换速率有显著影响,上游下泄径流量越大,水体交换速率越快,反之,则越

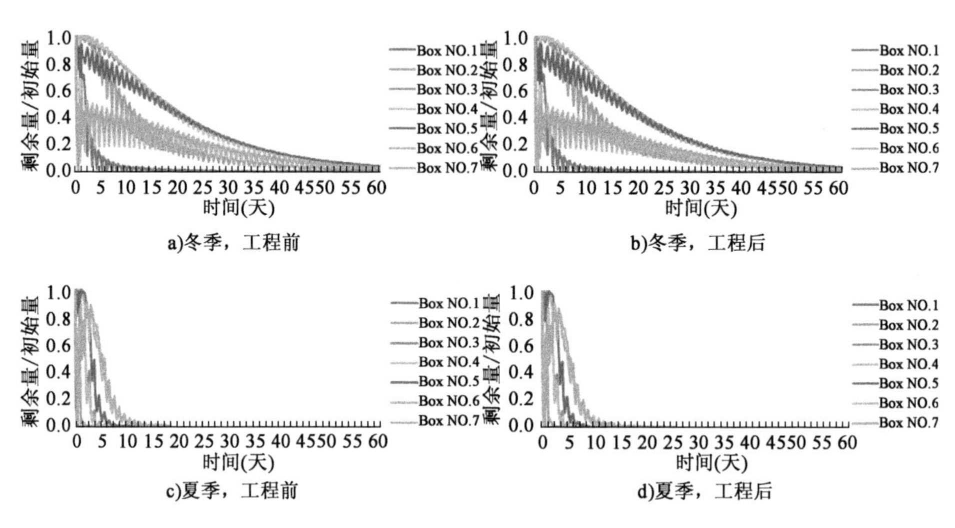

a)冬季，工程前

b)冬季，工程后

c)夏季，工程前

d)夏季，工程后

图 4-30 冬夏季工程前后水体交换速率变化过程线

冬夏季工程前后水体交换速率统计 表 4-9

分类	冬季,工程前						分类	冬季,工程后					
	10 天	20 天	30 天	40 天	50 天	60 天		10 天	20 天	30 天	40 天	50 天	60 天
Box 1	0.039	0.013	0.006	0.003	0.002	0.001	Box 1	0.036	0.012	0.006	0.003	0.002	0.001
Box 2	0.553	0.234	0.115	0.060	0.032	0.018	Box 2	0.559	0.243	0.121	0.063	0.033	0.018
Box 3	0.763	0.459	0.255	0.140	0.077	0.043	Box 3	0.767	0.454	0.248	0.134	0.072	0.039
Box 4	0.780	0.452	0.248	0.135	0.074	0.041	Box 4	0.783	0.450	0.243	0.130	0.070	0.038
Box 5	0.618	0.411	0.240	0.135	0.075	0.042	Box 5	0.601	0.391	0.222	0.122	0.066	0.036
Box 6	0.183	0.144	0.094	0.057	0.034	0.020	Box 6	0.170	0.126	0.078	0.045	0.025	0.014
Box 7	0.281	0.218	0.139	0.083	0.048	0.028	Box 7	0.277	0.205	0.126	0.072	0.040	0.022
分类	夏季,工程前						分类	夏季,工程后					
	1 天	3 天	5 天	10 天	20 天	30 天		1 天	3 天	5 天	10 天	20 天	30 天
Box 1	0.000	0.000	0.000	0.000	0.000	0.000	Box 1	0.000	0.000	0.000	0.000	0.000	0.000
Box 2	0.873	0.004	0.000	0.000	0.000	0.000	Box 2	0.877	0.004	0.000	0.000	0.000	0.000
Box 3	0.994	0.401	0.033	0.000	0.000	0.000	Box 3	0.995	0.386	0.031	0.000	0.000	0.000
Box 4	0.993	0.296	0.018	0.000	0.000	0.000	Box 4	0.997	0.298	0.019	0.000	0.000	0.000
Box 5	0.871	0.837	0.227	0.006	0.000	0.000	Box 5	0.850	0.833	0.220	0.005	0.000	0.000
Box 6	0.187	0.617	0.550	0.091	0.008	0.002	Box 6	0.251	0.638	0.549	0.088	0.007	0.002
Box 7	0.190	0.689	0.655	0.094	0.006	0.002	Box 7	0.167	0.683	0.632	0.085	0.007	0.002

慢。无论是在冬季情况下,还是在夏季情况下,由于区域 box 1 位置最靠上游,其水体交换速率主要受控于上游下泄径流。区域 box 6 和区域 box 7 位于河道出口处,其水体交换速率主要受控于外海潮波动力条件。而区域 box 2,3,4 和 5 在二者之间,其水体交换速率受上游下泄径流和外海潮波动力影响均较大,径流和外海潮波动力越势力均衡,其徘徊游荡时间越长,水体交换速率也越慢。

相比冬夏季上游下泄径流量大小对水体交换速率的影响,灵霓北堤和温州浅滩一期工程本身对水体交换速率的影响要明显小得多。在冬季和夏季两种计算情景下,区域 box 1 和区域 box 2 其水体交换速率在工程实施前后基本没变化。冬季情况下,工程建成后,区域 box 4 和区域 box 5 完成水体交换所需的天数要增加 1 ~3 天,而区域 box 6 和区域 box 7 完成水体交换所需的天数反而缩短了 1 ~2 天。夏季情况下,工程建成后,区域 box 3 和区域 box 4 其水体交换速率在工程实施前后基本没变化,而区域 box 5,6,7 完成水体交换所需的天数则缩短了 1 ~2 天。由此可见,工程本身对水体交换速率的影响远小于季节变化引起的上游径流量大小对此产生的影响。工程所在海域天然情况下其流场是顺灵霓北堤方向的涨落潮流,南水道和北水道在灵霓北堤修建之前,两水道通过温州浅滩交换的水量就很少,由前面 4.3 节也可知,工程的修建对水流条件产生的影响是较小的,因此,与之相对应,对水体交换速率影响也较小。

4.8 本章小结

本章以中国典型的岛群河口—瓯江河口为例,建立了三维水沙数学模型,依据实测资料对数学模型进行了全面验证,模拟了灵霓北堤建设和温州浅滩工程建设对水沙环境和海床冲淤变化的影响,得到以下主要结论:

(1)瓯江口外岛屿众多,滩槽交错,地形十分复杂。瓯江河口海域既受上游下泄径流影响,又受外海强潮波影响。潮流受岛屿岸线及深槽地形控制,基本上沿深槽作往复运动。含沙量有近岸浅滩大、外海深水区小的分布特点,近岸可达 0.1 ~0.3kg/m^3。悬沙物质类型主要为粘土质粉砂和粉砂质粘土。

(2)灵霓北堤实施后,工程海域水动力变化如下:灵昆岛北侧流速减弱,灵昆岛南侧流速增加,灵霓北堤南侧温州浅滩处流速减弱,霓屿岛南侧海域流速呈增加态势。整体来看,灵霓北堤实施后其流速影响范围越靠近表层影响范围越大,越往底层越小。

(3)当灵霓北堤存在时,等盐度线有顺从大堤分布的趋势,且淡水盐水舌沿大堤向外海方向扩散距离更远些。与此同时,黄大岙、重山等水道的盐度场分布情况同样出现了一定程度的改变,前者的盐度值明显下降,一般处于0.2ppt范围以内。而在涨憩过程中,乐清湾南部、小门岛北部海域两处的盐度分布情况出现了一定程度的改变,呈现出明显的上升态势。

(4)灵霓北堤工程实施后,七都涂上、下游范围内的含沙量并未发生明显改变,具体变化范围处于该项工程周边区域,其中灵霓北堤北侧海域,含沙量有减小趋势,减小幅度多介于0.54%~15.95%,而灵霓北堤南侧海域近岸侧含沙量也呈减小趋势,减小幅度多介于2.32%~7.45%,靠外海侧含沙量呈增大趋势,增大幅度多介于1.81%~7.27%。

(5)该项工程实施后,龙湾港,七里港始终存在着冲刷现象,因此,对于该项工程而言,对上述港口没有影响;中水道冲刷现象逐渐明显;沙头水道与之相反,逐渐减缓;而中沙则呈现出微冲态势;黄大岙、重山、状元岙、南水道等四条水道也开始呈现出淤积态势。

(6)温州浅滩围涂工程实施后其流速影响范围越靠近表层影响范围越大,越靠近底层越小,流速呈减弱趋势的面积明显大于流速增加区域,流速增减变化幅度多在0.1m/s以内,流速改变幅度超过0.3m/s的面积相对较小。

(7)灵霓北堤工程本身对水体交换速率的影响远小于季节变化引起的上游径流量大小对此产生的影响。上游下泄径流量越大,水体交换速率越快,反之,则越慢。靠近河道上游处其水体交换速率主要受控于上游下泄径流,河道出口处其水体交换速率主要受控于外海潮波动力条件,而二者之间位置处其水体交换速率受上游下泄径流和外海潮波动力影响均较大,径流和外海潮波动力越势力均衡,其徘徊游荡时间越长,水体交换速率也越慢。

第5章　瓯江河口开发利用水生态环境数值模拟

岛群河口实施大规模开发利用工程后,凹凸有致的自然海岸线变成人类修建的僵直岸线,滩涂、浅海水域面积大规模减少,水动力环境受到影响,进而引起水中溶解氧减少,有机物质分布发生变化,水体自净能力降低,底栖生物死亡等。本章就以岛群河口－瓯江河口的温州浅滩围涂工程为工程背景,采用水生态数学模型模拟岛群河口大规模滩涂围垦开发利用工程引起的海洋水生态环境变化。

5.1　研究背景

瓯江河口口外有大大小小上百个岛屿,水下地形滩槽交错,十分复杂,属典型的岛群型河口,其中温州浅滩是瓯江河口发育较为完整、规模最大的一片滩涂地,近百年来不断持续淤积延伸,滩面长达13.5km,宽5.5km,总面积达13.2万亩,其中在平均潮位以上的约3.2万亩。温州浅滩围涂工程就是沿浅滩南北两侧建两条连接灵昆岛和霓屿岛的出水大堤,北堤即灵霓北堤长14.5km,南堤长16.5km,将两条大堤之间的浅滩全部围填成陆,可开发土地面积约88km^2,满足温州市对土地资源的迫切需求。其中温州浅滩一期围涂工程已于2010年完工,开发土地面积达21km^2,二期围涂工程也正处于陆续开展之中,目前尚未完工,见图5-1。

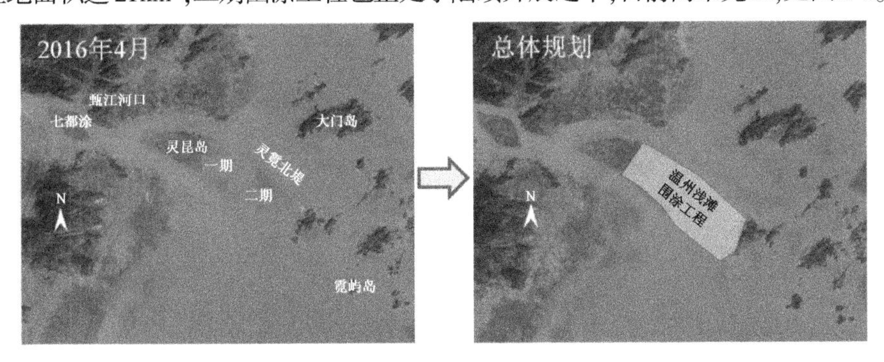

图5-1　温州浅滩围涂工程现状及总体规划

位于瓯江河口的温州浅滩围涂工程规模宏大，也是岛群河口海域开发利用的典型工程案例，本章以温州浅滩围涂工程为背景，在温、盐季节性变化模拟结果良好的基础之上，预测并研究分析在岛群河口中开发建设大型浅滩围涂工程所产生的水生态环境效应，具体包括：溶解氧 DO、叶绿素 a、海水中的氮磷元素、沉积物中的氮磷元素以及初级生产力变化情况。

5.2 水生态动力学模型建立与验证

5.2.1 模型参数配置

水质模型计算域及网格剖分详见前面 5.2.2 节，水动力模型参数设置详见前面 5.2.3 节，初始条件和边界条件设置详见前面 5.2.4 节。这里仅重点说明水质模块对应的参数设置和边界设置情况。

水质模型涉及的参数较多，采取现场实测的方法去确定每一个水质参数显然是不现实的，因此，本文首先结合研究海域和相关文献资料给定一个参数值，然后根据验证结果去反复调试水质参数，最终取得一组较优的参数值。参数最终率定结果详见表 5-1。

模型主要参数率定结果　　表 5-1

模型参数	参数含义	率定结果	参数单位
K_2	复氧系数	0.32	
KHCOD	COD 降解所需氧的半饱和常数	1.0	mg/L O_2
KCD	COD 降解速率	0.01	day^{-1}
I_0	水体表面处藻类生长的最佳光照强度	300	langley/day
KHN	藻类生长吸收氮的半饱和常数	0.30	mg/L
KHP	藻类生长吸收磷的半饱和常数	0.026	mg/L
PM	藻类生长速率	2.0	day^{-1}
BM	藻类新陈代谢速率	0.03	day^{-1}
PRR	藻类被捕食速率	0.11	day^{-1}
WS	藻类沉积速率	0.10	m/day
RNITM	最大硝化速率	0.05	$gN/m^3/day$
KPP	难溶解有机磷颗粒的最小水解速率	0.0047	day^{-1}
KLP	易溶解有机磷的最小水解速率	0.026	day^{-1}
KDP	溶解态有机磷的最小水解速率	0.12	day^{-1}
KPN	难溶解有机氮颗粒的最小水解速率	0.003	day^{-1}
KLN	易溶解有机氮的最小水解速率	0.003	day^{-1}

续上表

模型参数	参数含义	率定结果	参数单位
KDN	溶解态有机氮的最小水解速率	0.05	day^{-1}
CChl	碳对叶绿素的比率	0.045	mg C/μg Chl
ANC	氮对碳的比率	0.32	
FPRP,FPLP FPDP,FPIP	被捕食产生的 RPOP,LPOP,DOP 和无机磷的分配系数	0.10,0.20 0.40,0.30	FPRP + FPLP + FPDP + FPIP = 1
FPR,FPL FPD,FPI	新陈代谢产生的 RPOP,LPOP,DOP 和无机磷的分配系数	0.0,0.0 1.0,0.0	FPR + FPL + FPD + FPI = 1
FNRP,FNLP FNDP,FNIP	被捕食产生的 RPON,LPON,DON 和无机氮的分配系数	0.30,0.50 0.10,0.10	FNRP + FNLP + FNDP + FNIP = 1
FNR,FNL FND,FNI	新陈代谢产生的 RPON,LPON,DON 和无机氮的分配系数	0.0,0.0 1.0,0.0	FNR + FNL + FND + FNI = 1

5.2.2 模型验证结果

为了检验水质模型模拟的水质指标与研究海域实际情况是否相符,本章节将模拟的水环境指标结果与2014年水质、生态监测站的实际观测结果进行比对。2014年水质、生态监测站具体位置详见图5-2,水质指标模拟值与实测值误差统计结果见表5-2,由该表可知,本文建立的水质模型模拟的各项水质指标其模拟值与实测值的误差率基本在20%以内,率定结果较好,可以用于模型试验研究。

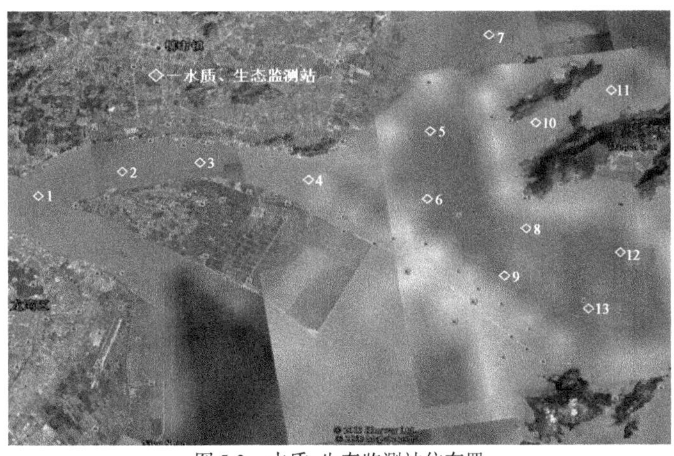

图5-2 水质、生态监测站位布置

水质指标模拟值与实测值误差分析 表 5-2

测站	分　类	DO (mg/L)	COD (mg/L)	氨氮 (mg/L)	硝酸盐 (mg/L)	叶绿素 a (μg/L)
1#	实测值	7.80	3.70	0.033	0.90	0.74
	计算值	8.74	4.11	0.04	0.96	0.65
	相对误差	12%	11%	21%	7%	-12%
2#	实测值	8.13	2.33	0.029	0.92	0.40
	计算值	9.27	2.63	0.02	0.81	0.46
	相对误差	14%	13%	-17%	-12%	13%
3#	实测值	9.04	2.85	0.006	0.92	0.52
	计算值	8.32	3.45	0.01	1.04	0.43
	相对误差	-8%	21%	-15%	13%	-16%
4#	实测值	8.92	2.37	0.011	0.92	0.49
	计算值	9.90	1.97	0.01	0.77	0.41
	相对误差	11%	-17%	-26%	-16%	-17%
5#	实测值	9.32	1.29	0.038	0.52	1.06
	计算值	10.53	1.10	0.04	0.43	1.28
	相对误差	13%	-15%	5%	-17%	21%
6#	实测值	9.08	1.12	0.031	0.56	0.84
	计算值	10.99	0.83	0.03	0.68	0.95
	相对误差	21%	-26%	7%	21%	13%
7#	实测值	9.68	1.29	0.036	0.53	0.28
	计算值	8.03	1.35	0.03	0.60	0.32
	相对误差	-17%	5%	-12%	13%	14%
8#	实测值	9.46	1.31	0.032	0.53	0.86
	计算值	8.04	1.40	0.04	0.60	0.78
	相对误差	-15%	7%	13%	14%	-9%
9#	实测值	9.76	3.74	0.029	0.70	0.57
	计算值	7.22	3.29	0.02	0.64	0.49
	相对误差	-0.26	-0.12	-0.16	-0.09	-0.15
10#	实测值	9.91	3.74	0.033	0.73	0.14
	计算值	10.41	4.00	0.03	0.62	0.13
	相对误差	5%	7%	-17%	-15%	-8%

续上表

测站	分　类	DO (mg/L)	COD (mg/L)	氨氮 (mg/L)	硝酸盐 (mg/L)	叶绿素 a (μg/L)
11#	实测值	9.96	1.31	0.036	0.54	0.14
	计算值	10.66	1.15	0.04	0.46	0.12
	相对误差	7%	-12%	21%	-14%	-16%
12#	实测值	9.54	1.89	0.035	0.65	0.42
	计算值	8.40	2.14	0.04	0.79	0.35
	相对误差	-12%	13%	13%	21%	-17%
13#	实测值	9.46	1.31	0.046	0.54	0.27
	计算值	10.69	1.10	0.05	0.63	0.23
	相对误差	13%	-16%	14%	17%	-17%

5.3 温度和盐度季节性变化规律

温度和盐度作为海水中最基本的水质参数,是构成水环境的最基础要素,并且是水生生物赖以生存的环境要素,也是非常重要的环境因子,其量值变化对海洋生态环境影响极大,尤其对于这种上游既有下泄淡水输入,外海又有强潮海流挺进的河口地区,其盐淡水掺混作用明显,伴随着这种混合过程,不仅会引起水物理环境发生变化,还会同时引发一系列生物化学变化。因此,温盐作为水环境最基础要素,直接关系水质模型预测结果,本节首先对温州浅滩围涂工程实施前后的温盐场特征展开研究分析。

5.3.1 温度季节性变化

图5-3和图5-4分别给出了温州浅滩围涂工程实施前后温度场平面分布季节性变化。由图可知,春季4月,陆地温度高于海洋温度,平均水温离陆地越近处温度越高,瓯江口内区域温度普遍高于外海,底层水温比表层普遍低2~5℃。夏季7月,由于受到太阳强辐射及陆域的影响,海水温度是一年四季中温度最高的季节,平均水温比春季高7~8℃,表层温度明显高于底层。秋季10月,由于太阳辐射的减弱,秋季海水温度整体回落,比夏季平均低5~6℃,表层温度比底层高1~3℃。冬季1月,是四季中温度最低的季节,其表底层温度变化在0~2℃,表底层温度变化较其他季节相比相对较小。

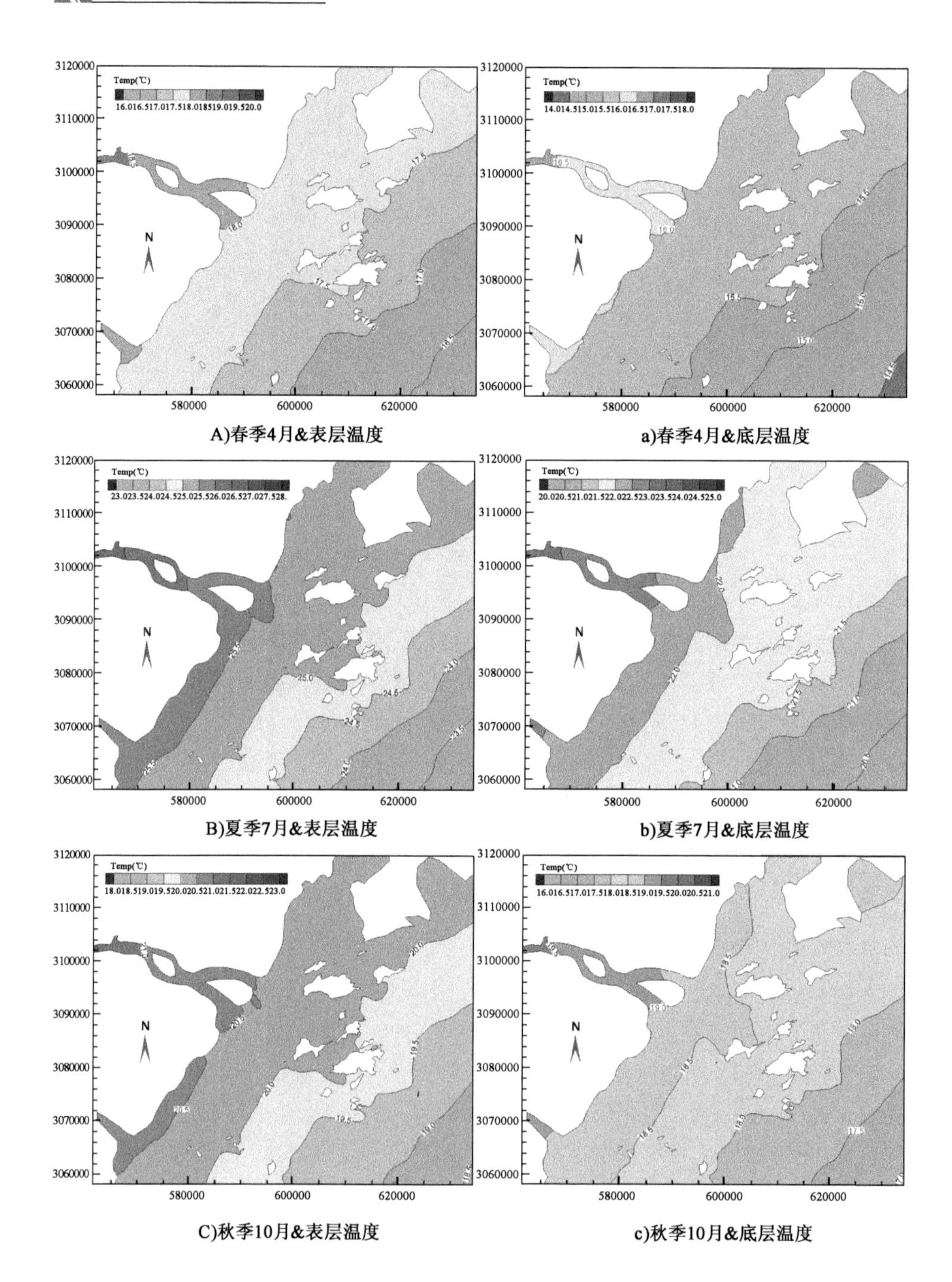

A)春季4月&表层温度

a)春季4月&底层温度

B)夏季7月&表层温度

b)夏季7月&底层温度

C)秋季10月&表层温度

c)秋季10月&底层温度

图 5-3

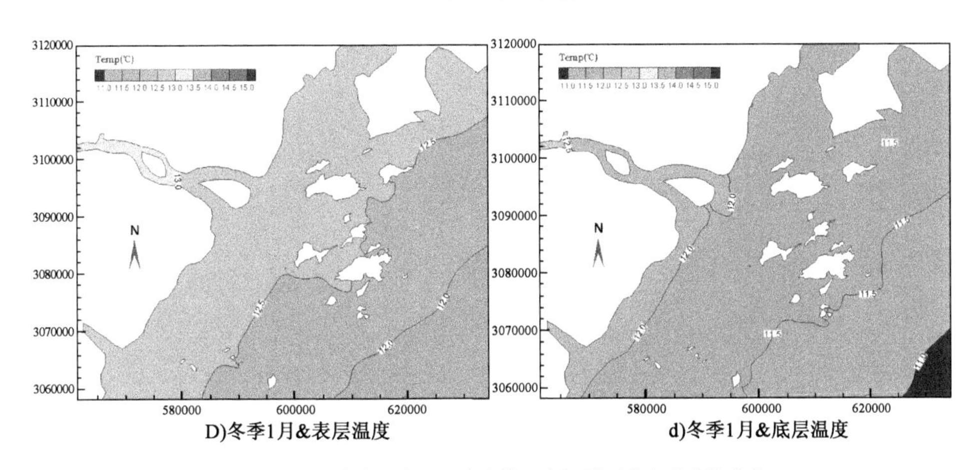

图 5-3　温州浅滩围涂工程实施前温度场平面分布季节性变化

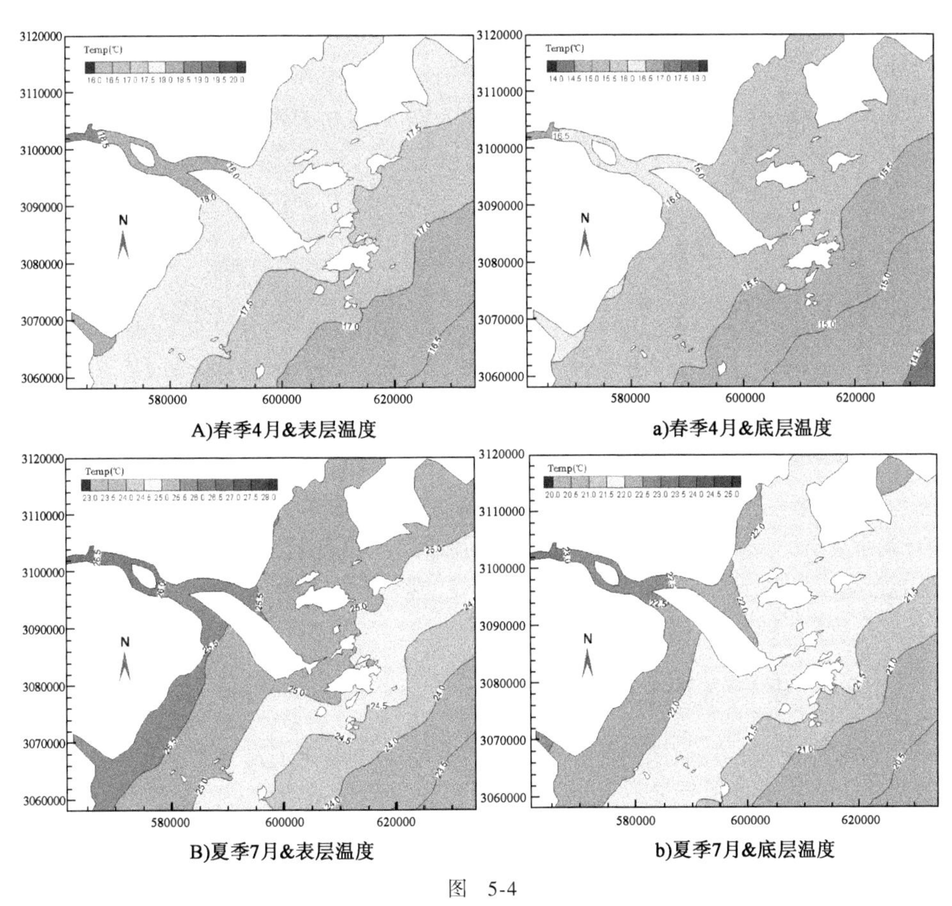

图　5-4

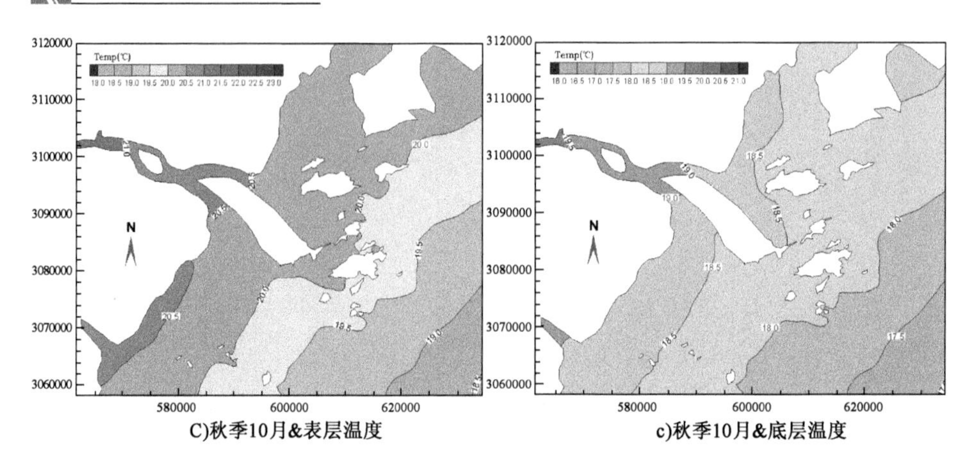

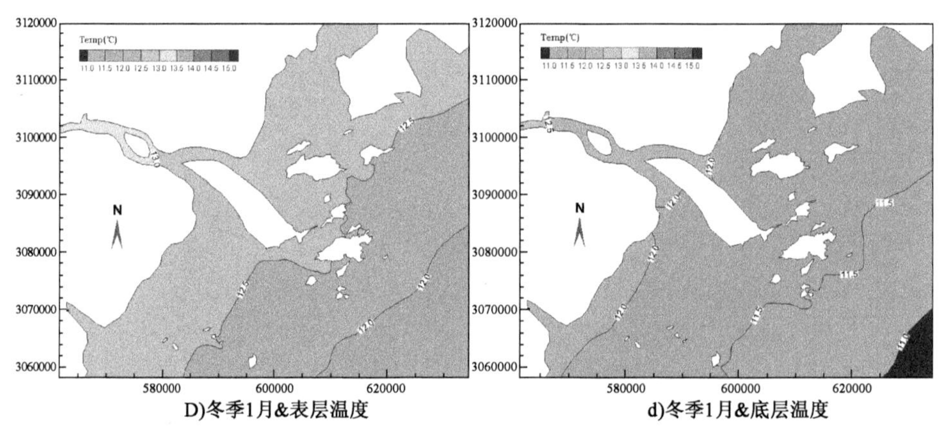

图 5-4　温州浅滩围涂工程实施后温度场平面分布季节性变化

温州浅滩围涂工程实施后,温度场季节性变化和平面分布基本规律未发生改变,但南北水道水域由于该围垦工程的修建,水体热量交换受到一定程度影响,南北水道之间形成小幅度温度差,越靠近海床底部这种现象越明显些,北水道温度略高于南水道 0 ~ 1℃。但整体来看,温州浅滩围涂工程的修建对瓯江河口海域温度场影响相对较小。

5.3.2　盐度季节性变化

图 5-5 和图 5-6 分别给出了温州浅滩围涂工程实施前后盐度场平面分布季节性变化。盐度季节性变化主要受到瓯江径流量的直接影响,夏季,径流量较高,其冲淡水势力也最强,盐度在瓯江口形成淡水舌,夏季,瓯江口盐度值是一年中最低的,表层盐度 8 ~ 22psu,底层盐度 12 ~ 24psu,底层盐度高于表层。春季 4

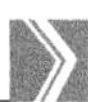

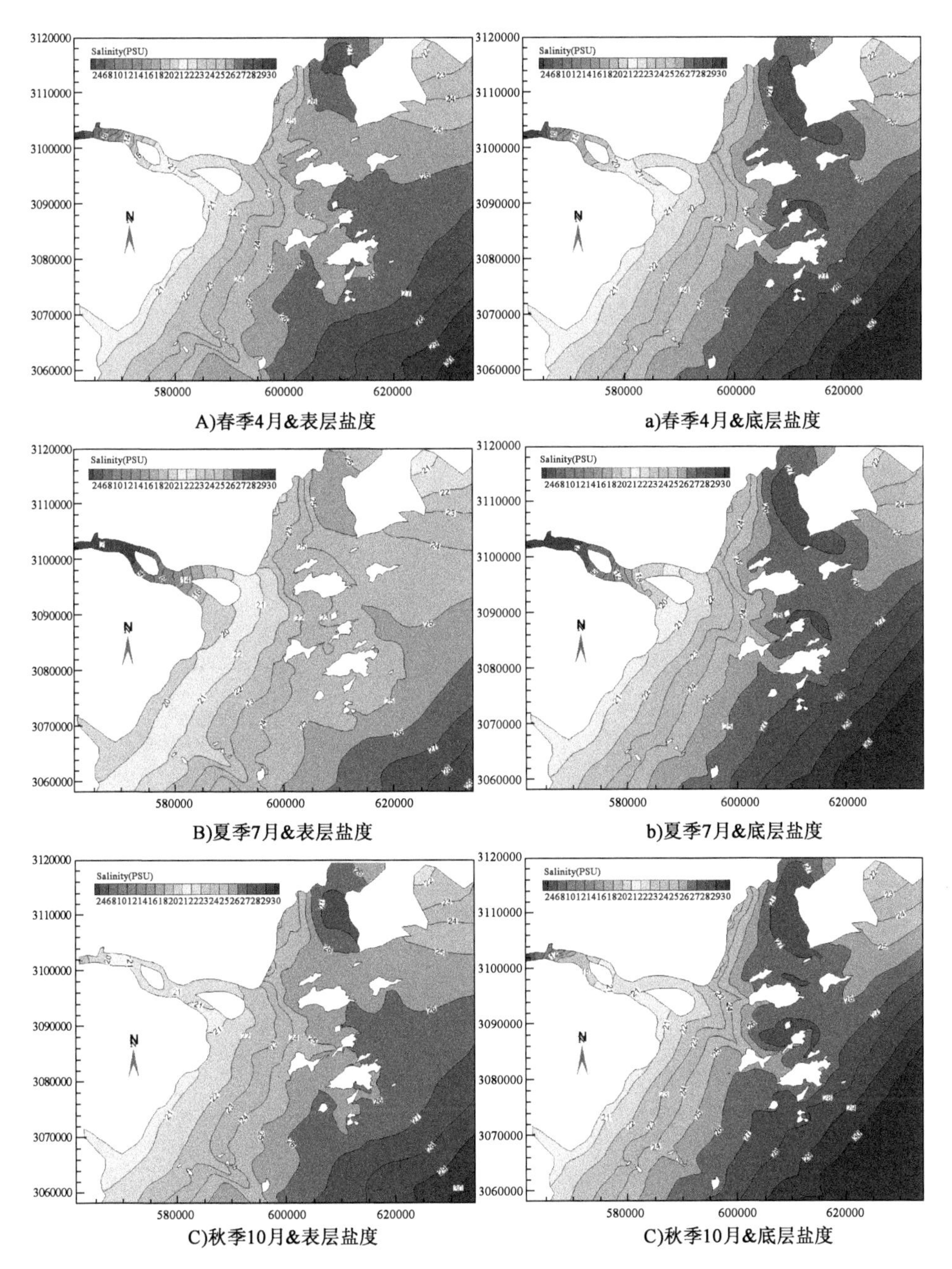
Salinity(PSU)
A)春季4月&表层盐度
a)春季4月&底层盐度
B)夏季7月&表层盐度
b)夏季7月&底层盐度
C)秋季10月&表层盐度
C)秋季10月&底层盐度

图 5-5

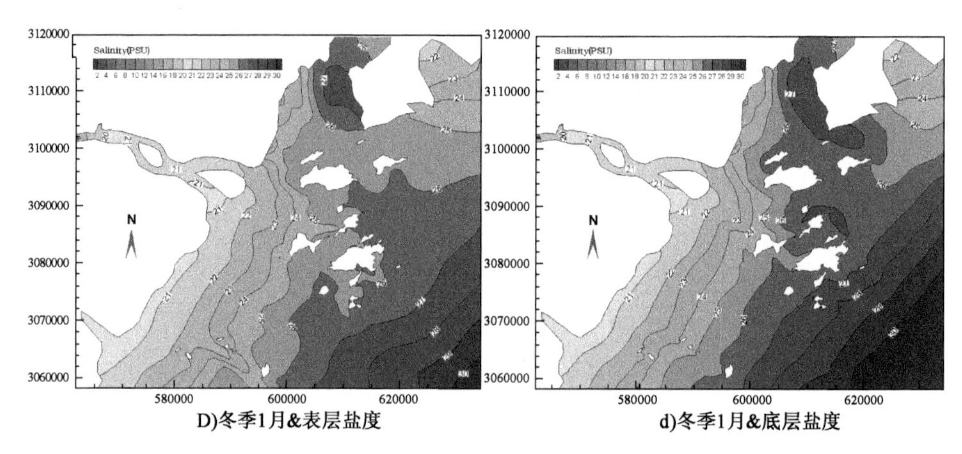

图 5-5 温州浅滩围涂工程实施前盐度场平面分布季节性变化

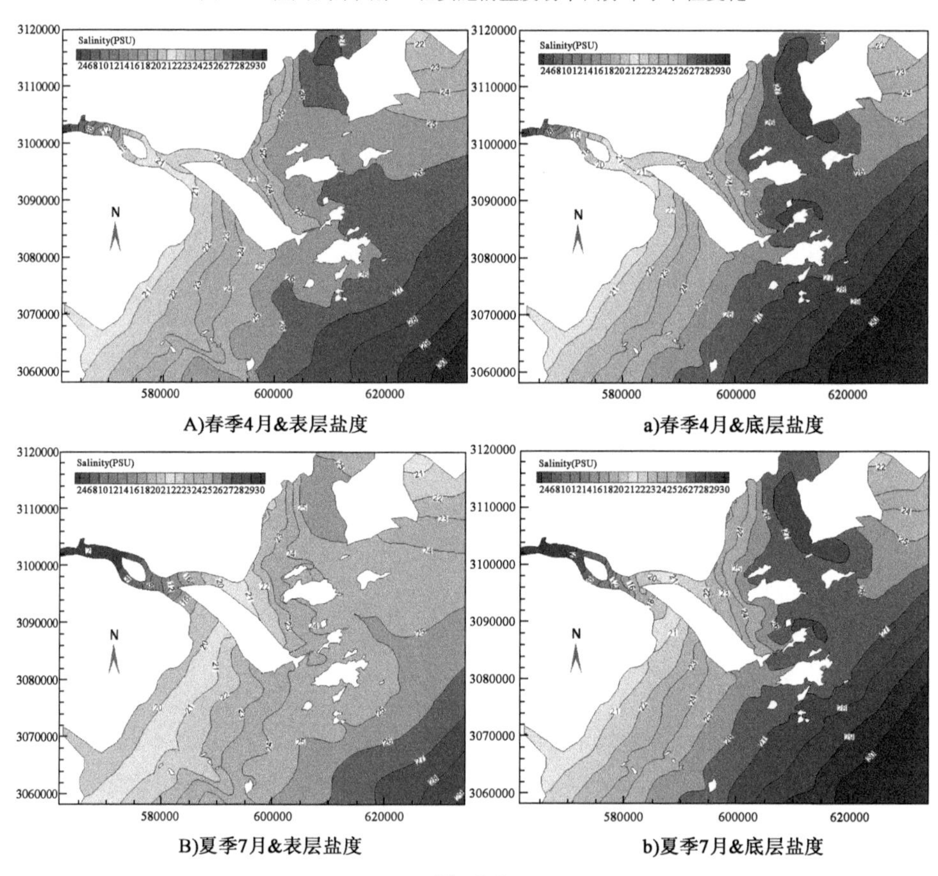

图 5-6

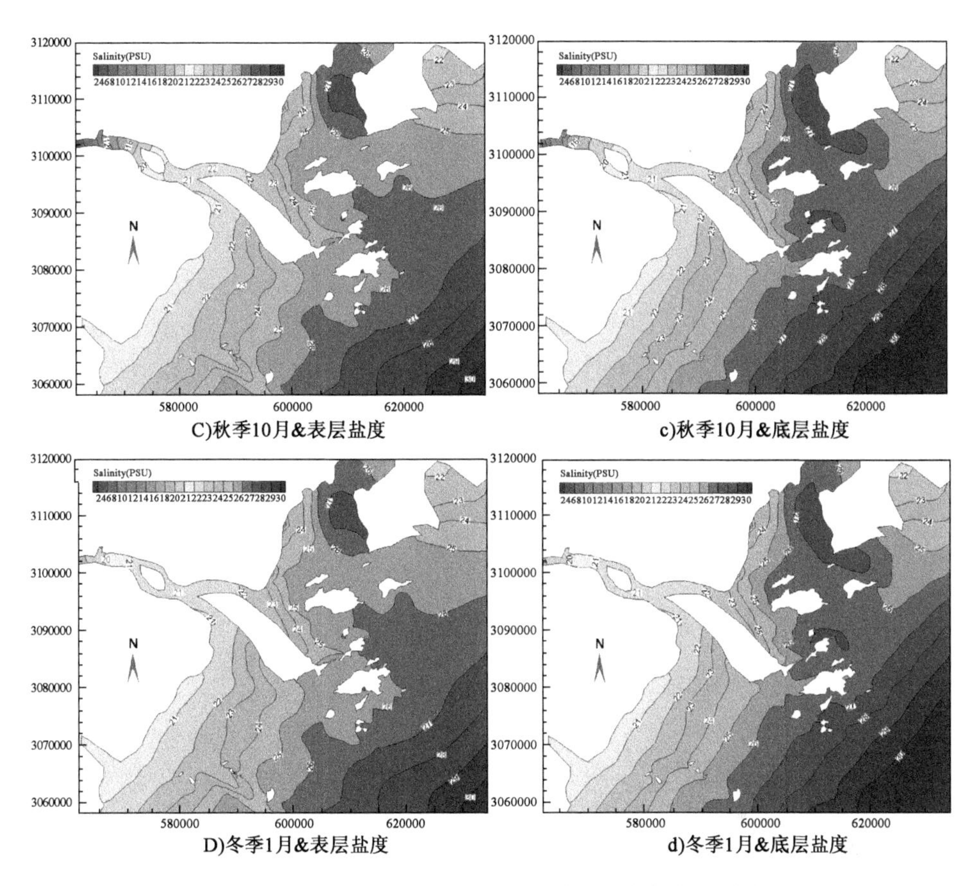

图5-6 温州浅滩围涂工程实施后盐度场平面分布季节性变化

月其径流量明显小于夏季，但大于秋冬季节，其瓯江口盐度值高于夏季，但低于秋冬季节。春季，瓯江口表层盐度18～24psu，底层盐度20～25psu，底层盐度高于表层。秋冬季节瓯江径流量较小，与春夏季相比，等盐度线内移，淡水舌收缩，冲淡水扩散影响范围不明显。

温州浅滩围涂工程实施后，盐度场季节性变化整体规律未受到影响，但在同一季节情况下，其瓯江河口盐度场平面分布发生了较明显变化，该围垦工程对盐度的平面分布影响要明显大于温度。当温州浅滩围涂工程建成后，其两侧水域盐度等值线有顺从大堤分布的趋势，且淡水盐水舌沿大堤向外海方向扩散距离更远。北水道盐度值略高于南水道1～3psu。另外在黄大岙水道，重山水道，以及中水道盐度场分布形态也有所变化，黄大岙水道盐度有所减小，大约在0.5psu左右。另外，乐清湾南部，小门岛北部海域盐度分布形态有所变化，盐度呈略有增高趋势。

瓯江河口的温度场分布状态受到许多因素的影响，比如太阳辐射、气象条件等。到夏季，受到上游冲淡水与太阳辐射的直接影响，表层水温逐渐提升，导致海水发生层化，且深度达到相应范围后，将会产生跃层。到了冬季，上游冲淡水与太阳辐射起到的作用并不明显，且受到强季风影响，海面盐量持续提升，蒸发时需要一定热量，最终造成海水对流扩散逐渐明显，也让水温垂线分布相对均匀。不同季节该海区的温度和盐度呈现出不同的变化特征。温度总体变化：夏季 > 秋季 > 春季 > 冬季。而瓯江河口盐度分布变化主要取决于瓯江径流量和外海流系的相互作用。夏季径流量最大，冲淡水势力也最强，河口处盐度值也最小，春季径流量其次，其河口处盐度值稍高于夏季，秋季，来自上游瓯江的淡水径流量较小，冲淡水势力也较弱，其河口处盐度值较大于夏季，冬季上游瓯江径流量往往是一年中最小的，其河口处盐度平均值也往往是一年中最大的。

5.4 水生态环境效应模拟

5.4.1 溶解氧 DO

海洋物理、化学等反应直接决定着海水溶解氧 DO 含量及状态，对于水体而言，溶解氧属于一项非常关键的参数，可以帮助我们了解生物状态与污染情况，近些年，受到人为活动的影响，海岸河口溶解氧发生了较大变化[150-152]。通常情况下，海水溶解氧的形成涉及两个方面，首先是氧气溶解，其次是浮游、底栖等藻类的光合效应。而生物活动、有机物降解等会使其含量不断减少。综合来讲，当其含量处在 5mg/L 以下时，生物活动将无法正常进行，当处在 2mg/L 以下时，大部分藻类将随之丧失生存基本条件[153]。Melzner[154]等人对缺氧(hypoxia)概念进行了分析，并为其赋予了有效涵意，即溶解氧含量处在 3mg/L 以下，同时对无氧(anoxia)涵意进行了研究与说明，即含量处于零状态。缺氧情况一般出现于河口地区与深水区域[155,156]。溶解氧含量可以帮助我们了解生物状态与污染情况，河口面对河流与海洋条件的双重影响，同时也是受人类活动影响最大的海域，近年来河口水体溶氧不足现象发生普遍而且有逐年加重趋势[157]，因此本章节选取溶解氧 DO 这一重要水环境指示参数研究温州浅滩围涂工程实施后对瓯江河口溶解氧含量分布的影响情况。

鉴于河口海域溶解氧 DO 的含量受诸多因素影响[158]，比如：温度、上游冲淡水、盐度、生物、气象条件、水文、浮游藻类及人类活动等，为清楚了解温州浅滩围涂工程本身对瓯江河口海域溶解氧含量分布的影响，排除其他外界干扰因素，本章节

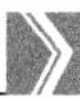

在保持外界条件相同的情况下，仅研究工程实施本身对溶解氧 DO 含量分布的影响情况，并选取春季4 月份、夏季7 月份、秋季10 月份、冬季1 月份作为代表月份。

根据计算结果可知，瓯江河口海域溶解氧季节性变化较明显，从溶解氧含量大小进行比较，溶解氧季节性整体变化规律为：夏季 < 秋季 < 春季 < 冬季。其中，春季4 月份，底层溶解氧含量约介于8.1 ~ 8.8mg/L，表层溶解氧含量约介于8.6 ~ 9.16mg/L；夏季7 月份，底层溶解氧含量约介于6.85 ~ 7.55mg/L，表层溶解氧含量约介于7.35 ~ 8.05mg/L；秋季10 月份，底层溶解氧含量约介于7.65 ~ 8.35mg/L，表层溶解氧含量约介于7.9 ~ 8.6mg/L；冬季1 月份，底层溶解氧含量约介于9.28 ~ 9.84mg/L，表层溶解氧含量约介于9.44 ~ 10.0mg/L。根据前面5.3 章节研究结果可知，温度季节性总体变化：夏季 > 秋季 > 春季 > 冬季。由此可见，水中溶解氧含量对温度变化较为敏感，并且呈负相关关系。根据文献[153]有关溶解氧灵敏度的分析报告可知，溶解氧含量与温度状态直接相关，其次是风速，最后是盐度与水深情况，当温度不断增加时，其含量将会不断减小。

从溶解氧平面分布规律来看，DO 值随着离岸距离的增加而逐渐增加，即：近岸溶解氧含量低，外海溶解氧含量高。这是由于水体中溶解氧主要是通过水下生物光合作用带来的，而生物活动、有机物降解等方式会对其进行利用，使其含量不断减少。河口近岸区一方面受盐淡水混合作用，另一方面受人类活动影响较大，微生物种类多、数量大，耗氧量也较多。从溶解氧垂向分布规律来看，溶解氧含量表层高、底层低，这主要是因为上层水体接触空气机会较多，有足够的氧气溶解，并且上层水体中藻类接受阳光可进行光合作用，释放大量氧气，而当浮游植物生命结束后，其降解过程将需要大量的溶解氧，从而增加营养盐含量，导致底层区域出现缺氧情况。对于近海海域而言，在河流径流、降雨等作用下，其含量将会发生一定程度的变化，同时也会受到海洋水动力交换的作用，在正常稳定情况下，如果不同水层趋向于平稳，上下水体溶解氧垂直交换程度越低，越容易造成下层水体缺氧现象。

根据图5-7 和图5-8 温州浅滩围涂工程实施前、后溶解氧平面分布季节性变化对比结果可知，温州浅滩围涂工程实施后，围堤附近溶解氧含量分布形态有所改变，溶解氧含量有0.05mg/L 以内的降低，瓯江河口海区溶解氧含量仅产生较小程度变化。之所以温州浅滩围涂工程的实施并未对瓯江河口溶解氧含量产生较大影响，这是由于工程实施后瓯江河口海域温盐等环境参数改变有限，加之工程实施前南北水道之间水体交换本身就很弱，主要是垂直于近岸方向的往复流运动水体交换。温州浅滩围涂工程本身对溶解氧含量的影响程度明显小于季节性变化本身带来的溶解氧含量改变。但是值得注意的是，一旦温州浅滩围涂工程真正实施后,新围垦陆域势必会增加人类活动,会有排污等人类因素的影响,这些人类活动产生的影响可能远比工程本身影响程度更加明显。因此,岛群河口开发利用过程中应关注人类活动带来的间接影响,并提前做好预防措施。

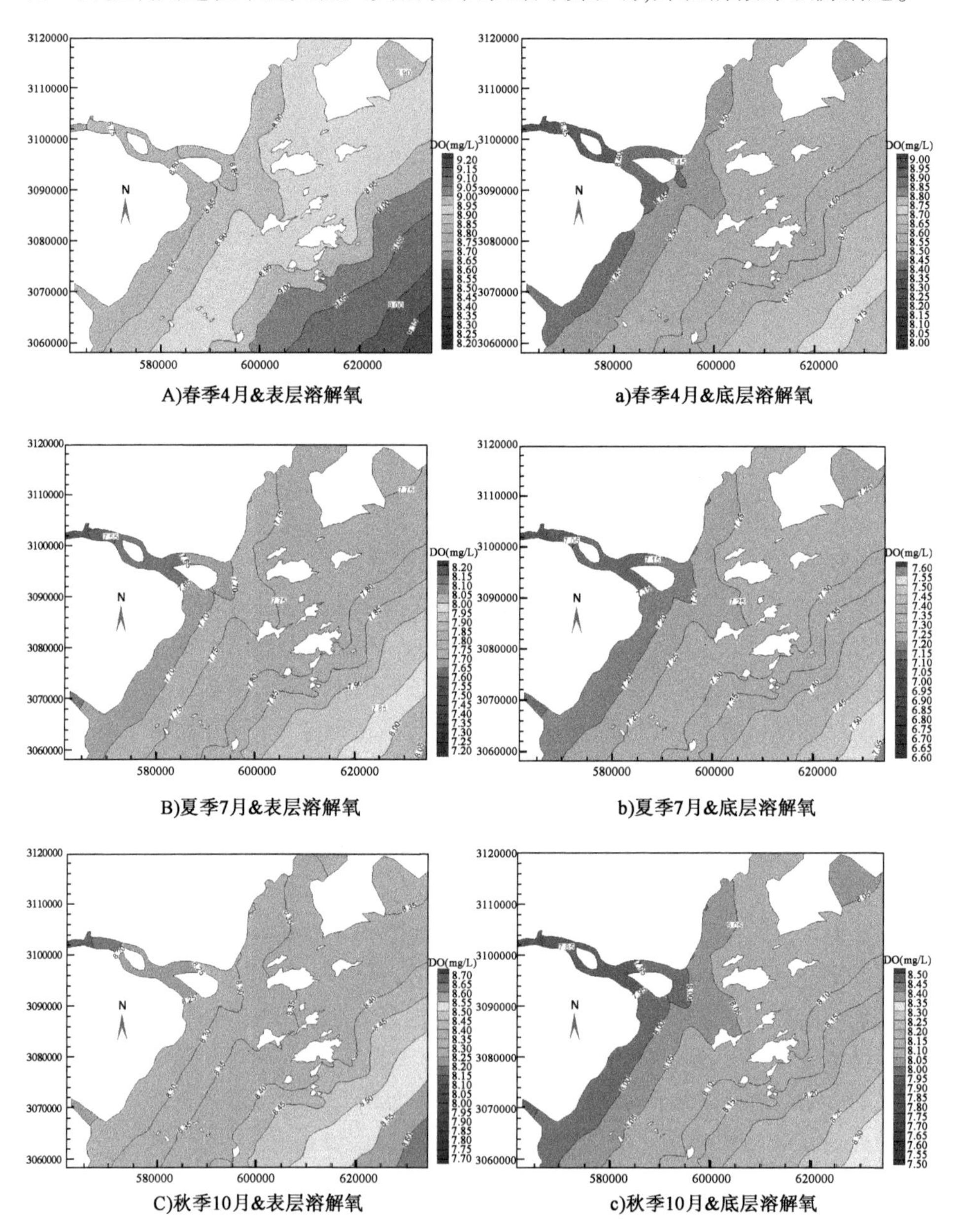

A)春季4月&表层溶解氧

a)春季4月&底层溶解氧

B)夏季7月&表层溶解氧

b)夏季7月&底层溶解氧

C)秋季10月&表层溶解氧

c)秋季10月&底层溶解氧

图 5-7

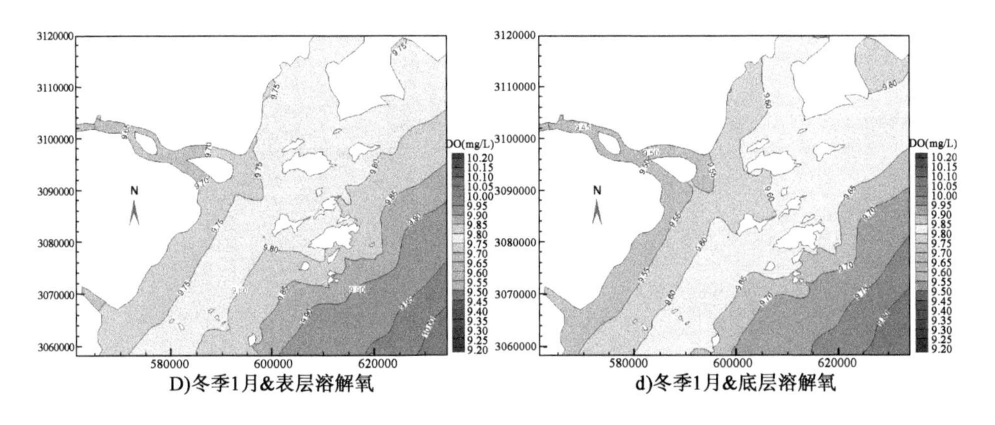

D)冬季1月&表层溶解氧　　d)冬季1月&底层溶解氧

图 5-7　温州浅滩围涂工程实施前溶解氧平面分布季节性变化

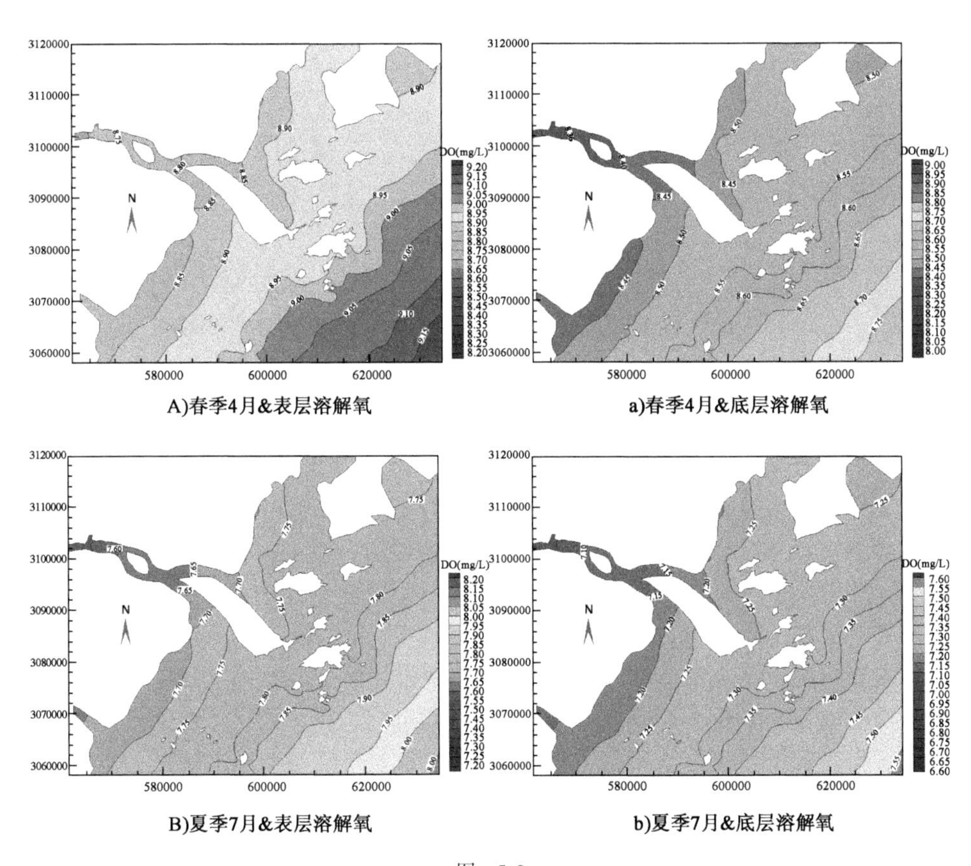

A)春季4月&表层溶解氧　　a)春季4月&底层溶解氧

B)夏季7月&表层溶解氧　　b)夏季7月&底层溶解氧

图　5-8

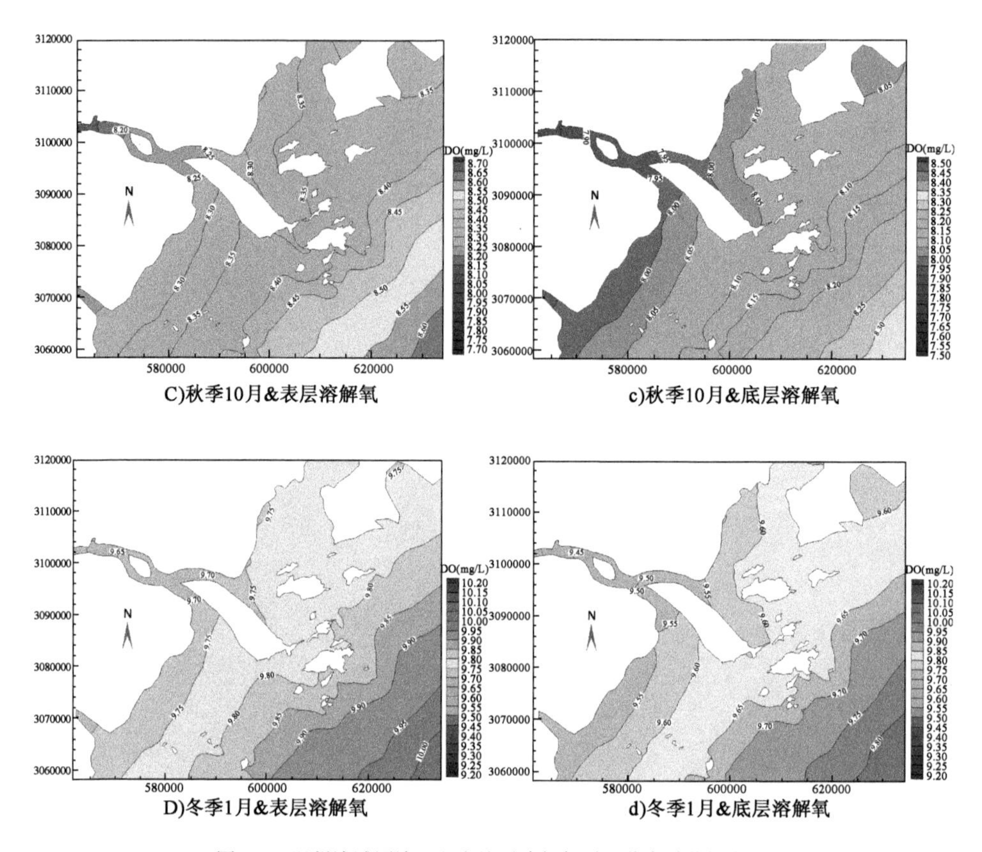

图 5-8 温州浅滩围涂工程实施后溶解氧平面分布季节性变化

5.4.2 叶绿素 a

海洋浮游藻是海洋生态系统的初级生产者,主要通过叶绿素实施光合反应,使太阳能最终形成化学能,从而满足细胞繁殖要求,而在海洋中,浮游藻叶绿素a有着非常关键的作用,借此能够对浮游藻生物量进行评估与判定[159],在海洋生物群落结构中具有举足轻重的作用。海洋浮游藻生物量一般会在温度、盐度等因素的作用下出现改变。不但如此,浮游生物生活、潮汐等外在因素也会使其分布情况发生不同程度的改变。随着人为因素的作用持续扩大化,近岸河口以及海岸带范围的生态系统遭到了严重破坏,导致其结构与功能出现了一定转变,成为当今社会亟需解决的问题,受到人们广泛关注[160-162]。本章节选取叶绿素这一重要水环境因子来研究温州浅滩围涂工程实施后对瓯江河口叶绿素分布的影响情况(图 5-9、图 5-10)。

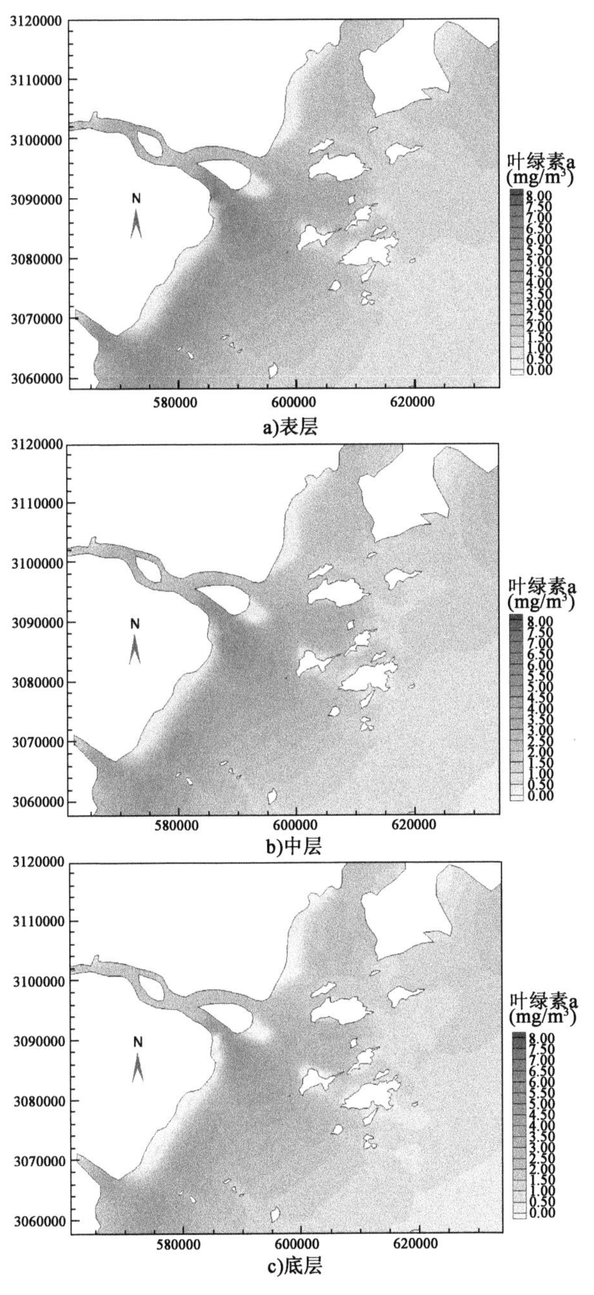

图 5-9 温州浅滩围涂工程实施前叶绿素 a 平面分布垂向变化

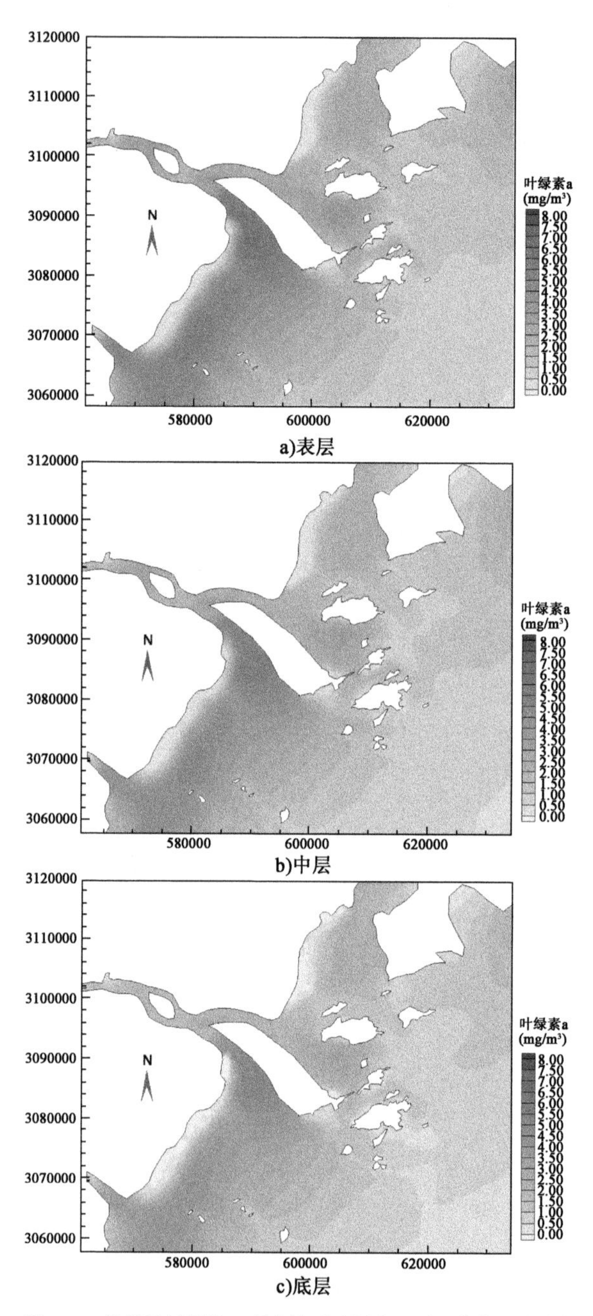

图 5-10 温州浅滩围涂工程实施后叶绿素 a 平面分布垂向变化

海水的叶绿素浓度分布具有明显的区域和季节性变化特征[163]，叶绿素 a 含量的变化受到诸多环境因子的影响，一方面存在着光照、营养盐等影响条件，同时还存在着潮流、盐度等干扰条件[164]。河口区叶绿素 a 含量所受的环境影响因子更为复杂多变。Teoh 等人[165]在研究中指出河口海域叶绿素生长有一个最适温度，超过最适温度，叶绿素生产就会受到抑制。由于河流径流、强潮流等因素的影响，相关河口水域的叶绿素 a 含量以及变化趋势十分明显，甚至超过海洋数十倍，在大多数河口海域，大量营养物质会随径流入海，高浓度的营养盐往往会造成浮游植物生物量增加[166,167]。河口生态系统浮游植物年平均值与径流输入的营养盐平均浓度呈现出较好的相关性，利用卫星遥感反演结果也显示出叶绿素 a 高值与入海径流量高值之间有良好的对应关系[168]。河口水域因为各种反应之间的作用，导致叶绿素 a 含量分布情况更加复杂，给研究工作带来了困难。

径流量大小是河口区叶绿素 a 含量分布与变化中比较关键的因子。在夏季，径流量较大，其中存在着一定比重的营养盐，浮游植物持续增多，其含量也就不断提升。瓯江属山溪性河流，径流量季节性变化很大，径流量主要发生在 3 ~ 8 月(占年含有量的 76.1%)，通常在 6 月最为明显，而 10 月 ~ 次年 2 月则普遍偏低。为更好地了解温州浅滩围涂工程本身对叶绿素 a 含量的影响情况，本章选取径流量较小的秋季 10 月份作为代表月份进行研究分析。

秋季，整个瓯江河口海域叶绿素较高，且分布于整个瓯江河口，在瓯江口外海区域叶绿素 a 含量稍低。其中瓯江河口海域叶绿素 a 含量多介于 3.0 ~ 6.7mg/m^{3}之间，而外海侧海域叶绿素 a 含量多介于 0.4 ~ 2.1mg/m^{3}之间。从瓯江河口南北通道进行比较来看，瓯江河口南水道叶绿素 a 含量多介于 3.6 ~ 6.7mg/m^{3}之间，而瓯江河口北水道叶绿素 a 含量多介于 3.0 ~ 4.2mg/m^{3}之间。可见，瓯江河口南水道叶绿素 a 含量明显高于北水道侧。从表、中、底叶绿素 a 含量垂向分布来看，表层叶绿素 a 含量略高于底层含量 5.8%，但整体来看，垂向分布差异并不明显，仅是量级上的较小差异。

温州浅滩围涂工程实施后，瓯江河口外海侧水域叶绿素 a 含量未发生改变，但是紧邻温州浅滩围涂工程的瓯江口南、北水道区域叶绿素 a 含量发生了一定程度改变。瓯江北水道北段叶绿素 a 平均含量由 3.19mg/m^{3}减至 3.08mg/m^3，减少了 3.5%，中段由 3.33mg/m^3 减至 3.14mg/m^3，减少了 5.5%，南段由 3.64mg/m^{3}增至 3.69mg/m^3，增加了 1.3%；瓯江南水道北段叶绿素 a 平均含量由 6.11mg/m^{3}增至 6.24mg/m^3，增加了 2.1%，中段由 6.08mg/m^{3}增至 6.44mg/m^3，增加了 5.8%，南段由 4.55mg/m^{3}增至 5.40mg/m^3，增加了 18.6%。本章节研究的叶绿素 a 含量的变化是温州浅滩围涂工程本身所造成的，而实际情况是，若温州浅滩围填用地今后作为工业、生活用地以后，人类活动导致的污水排放等不确定环境影响因素产生的环境影响程度可能比工程本身所产生的影响更加明显，应注意定期监测。

5.4.3 海水中氮磷元素

对于生活在海域的植物而言，若想繁殖生存，离不开各种盐类的支持，其中大部分是由氮、磷等构成的营养盐，因此，本章节选取海水中的氮、磷元素来分析温州浅滩围涂工程实施前后对海水中氮、磷元素分布及含量的影响情况。为了定量分析海水中氮、磷元素含量变化，在瓯江河口北水道和南水道布置了监测点 N1 ~ N3，S1 ~ S3，监测点站位图见图 5-11，统计结果见表 5-3。此外，表 5-4 和表 5-5 还给出了温州浅滩围涂工程实施前后海水中总氮、总磷分布的变化比较。

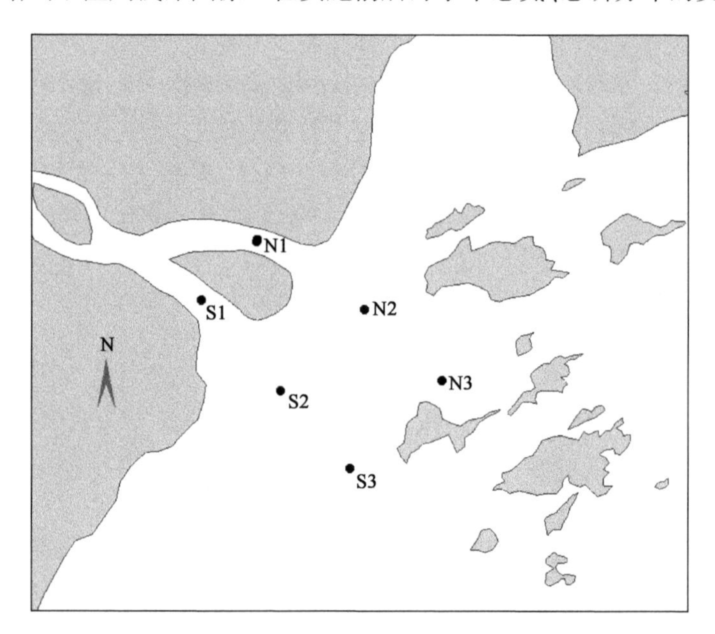

图 5-11 工程海域监测点布设位置

温州浅滩围涂工程实施前后海水中氮磷元素变化比较(单位：mg/L) 表 5-3

分类 \ 监测点		北水道								
		N1			N2			N3		
		工程前	工程后	变化率	工程前	工程后	变化率	工程前	工程后	变化率
DN g N/m^3	表层	7.790	7.908	1.52%	6.011	6.335	5.38%	3.943	4.281	8.57%
	中层	7.790	7.908	1.52%	6.011	6.335	5.38%	3.943	4.281	8.57%
	底层	7.790	7.849	0.76%	6.011	6.270	4.30%	3.943	4.281	8.57%

续上表

分类	监测点	北水道								
		N1			N2			N3		
		工程前	工程后	变化率	工程前	工程后	变化率	工程前	工程后	变化率
DP g P/m³	表层	1.150	1.161	1.04%	1.108	1.144	3.25%	0.864	0.918	6.33%
	中层	1.150	1.161	1.03%	1.108	1.144	3.24%	0.864	0.918	6.32%
	底层	1.150	1.161	1.03%	1.108	1.144	3.24%	0.864	0.918	6.31%
IN g N/m³	表层	1.710	1.759	2.86%	1.145	1.194	4.26%	0.925	0.949	2.63%
	中层	1.710	1.759	2.86%	1.145	1.194	4.26%	0.925	0.949	2.63%
	底层	1.710	1.759	2.86%	1.145	1.194	4.26%	0.925	0.949	2.63%
IP g P/m³	表层	0.061	0.060	-1.33%	0.065	0.063	-1.84%	0.065	0.064	-2.03%
	中层	0.061	0.060	-1.33%	0.065	0.063	-1.84%	0.065	0.064	-2.04%
	底层	0.061	0.060	-1.33%	0.065	0.063	-1.84%	0.065	0.064	-2.04%
Tot - N g N/m³	表层	9.500	9.585	0.89%	7.156	7.350	2.71%	4.868	5.087	4.49%
	中层	9.471	9.584	1.19%	7.156	7.350	2.71%	4.868	5.069	4.12%
	底层	9.471	9.584	1.19%	7.132	7.325	2.72%	4.868	5.069	4.12%
Tot - P g P/m³	表层	1.210	1.210	0.00%	1.173	1.160	-1.10%	0.929	0.918	-1.09%
	中层	1.210	1.196	-1.15%	1.173	1.160	-1.10%	0.929	0.918	-1.09%
	底层	1.210	1.196	-1.15%	1.173	1.160	-1.10%	0.929	0.918	-1.09%

分类	监测点	南水道								
		S1			S2			S3		
		工程前	工程后	变化率	工程前	工程后	变化率	工程前	工程后	变化率
DN (g N/m³)	表层	7.737	7.804	0.86%	4.489	4.307	-4.05%	3.432	3.260	-5.00%
	中层	7.737	7.804	0.86%	4.489	4.307	-4.05%	3.432	3.260	-5.00%
	底层	7.737	7.804	0.86%	4.489	4.307	-4.05%	3.432	3.260	-5.00%
DP (g P/m³)	表层	0.844	0.852	1.04%	1.050	1.013	-3.51%	1.134	1.091	-3.79%
	中层	0.844	0.852	1.04%	1.050	1.013	-3.51%	1.134	1.091	-3.79%
	底层	0.844	0.852	1.04%	1.050	1.013	-3.50%	1.134	1.091	-3.78%
IN (g N/m³)	表层	1.365	1.389	1.79%	0.855	0.831	-2.86%	0.805	0.781	-3.03%
	中层	1.365	1.389	1.79%	0.830	0.808	-2.86%	0.805	0.781	-3.03%
	底层	1.365	1.389	1.79%	0.830	0.808	-2.86%	0.805	0.781	-3.03%

续上表

分类	监测点	南水道								
		S1			S2			S3		
		工程前	工程后	变化率	工程前	工程后	变化率	工程前	工程后	变化率
IP ($g\ P/m^3$)	表层	0.064	0.062	-2.26%	0.067	0.066	-2.00%	0.066	0.065	-0.78%
	中层	0.064	0.062	-2.27%	0.067	0.066	-2.00%	0.066	0.065	-0.78%
	底层	0.064	0.062	-2.27%	0.067	0.066	-2.00%	0.066	0.065	-0.77%
Tot - N ($g\ N/m^3$)	表层	9.102	9.159	0.63%	5.344	5.205	-2.59%	4.237	4.136	-2.37%
	中层	9.102	9.130	0.31%	5.344	5.205	-2.59%	4.237	4.119	-2.77%
	底层	9.073	9.130	0.63%	5.324	5.185	-2.60%	4.220	4.119	-2.38%
Tot - P ($g\ P/m^3$)	表层	0.907	0.887	-2.20%	1.117	1.093	-2.08%	1.200	1.187	-1.08%
	中层	0.907	0.887	-2.20%	1.117	1.082	-3.13%	1.200	1.187	-1.08%
	底层	0.907	0.887	-2.20%	1.104	1.081	-2.11%	1.200	1.187	-1.08%

注:DN 代表有机态氮含量;DP 代表有机态磷含量;IN 代表无机态氮含量;IP 代表无机态磷含量;Tot-N 代表总氮含量;Tot-P 代表总磷含量。

计算结果显示:有机态氮含量、有机态磷含量、无机态氮含量、无机态磷含量、总氮含量、总磷含量其表层、中层、底层相差很小,垂向分布比较均匀,这主要是因为瓯江河口水深较浅,大多在 -5m 等深线以浅海域,水体上下掺混充分。

针对北水道而言,温州浅滩围涂工程实施后,对有机态氮含量、有机态磷含量、无机态氮含量、无机态磷含量、总氮含量、总磷含量的影响程度,N1 < N2 < N3,即:对河口内侧水域影响程度较小,对外侧水域影响程度较大些。

针对南水道而言,对有机态氮含量、有机态磷含量、无机态氮含量影响程度,S1 < S2 < S3,对无机态磷含量影响程度,S1 > S2 > S3,对总氮、总磷含量影响程度,S1 < S2 > S3。

温州浅滩围涂工程实施后,海水中氮磷元素改变情况具体如下:

有机态氮含量:北水道 N1 监测点增加 0.76% ~ 1.52%,N2 监测点增加 4.30% ~5.38%,N3 监测点增加 8.57%;南水道 S1 监测点增加 0.86%,S2 监测点减少 4.05%,S3 监测点减少 5.00%。

有机态磷含量:北水道 N1 监测点增加 1.03% ~ 1.04%,N2 监测点增加 3.24% ~3.25%,N3 监测点增加 6.31% ~ 6.33%;南水道 S1 监测点增加 1.04%,S2 监测点减少 3.50 ~3.51%,S3 监测点减少 3.78 ~3.79%。

无机态氮含量:北水道 N1 监测点增加 2.86%,N2 监测点增加 4.26%,N3 监测点增加 2.63%;南水道 S1 监测点增加 1.79%,S2 监测点减少 2.86%,S3 监测点减少 3.03%。

表 5-4

温州浅滩围涂工程实施前后海水中总氮分布变化比较(单位:mg/L)

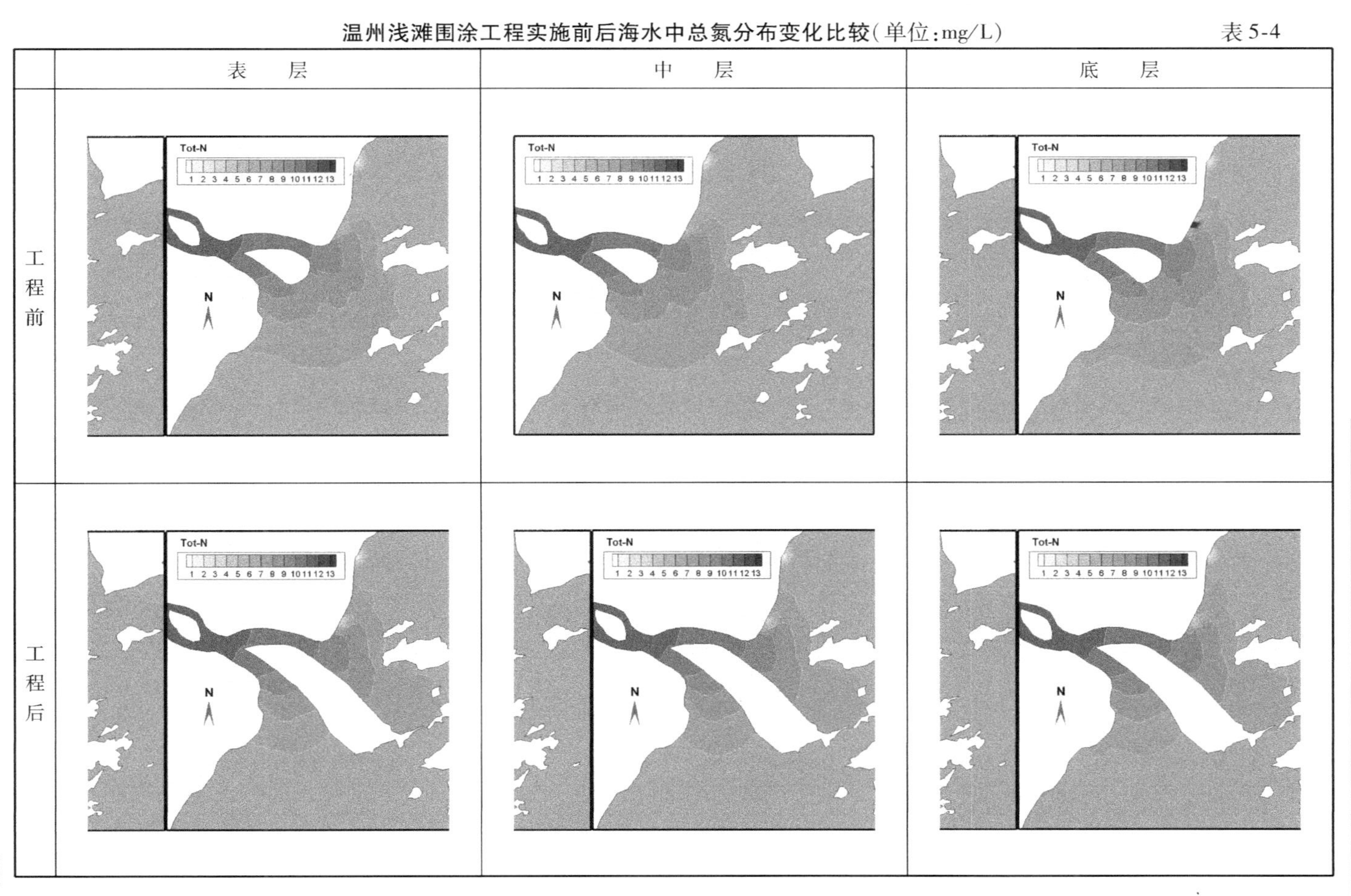

温州浅滩围涂工程实施前后海水中总磷分布变化比较(单位:mg/L)　表 5-5

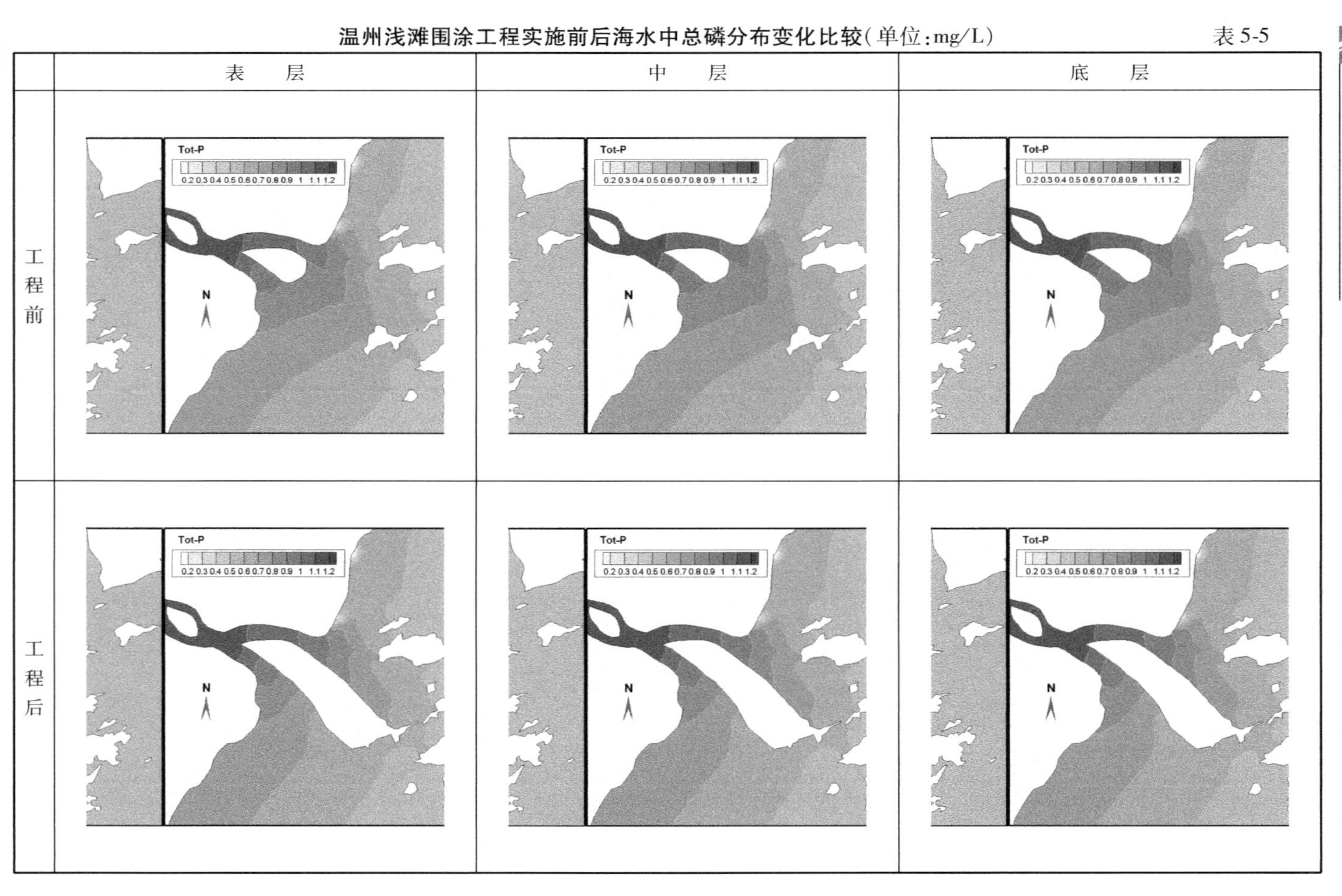

无机态磷含量：北水道 N1 监测点减少 1.33%，N2 监测点减少 1.84%，N3 监测点减少2.03%～2.04%；南水道 S1 监测点减少2.26%～2.27%，S2 监测点减少 2.00%，S3 监测点减少 0.77%～0.78%。

总氮含量：北水道 N1 监测点增加 0.89%～1.19%，N2 监测点增加 2.71%～2.72%，N3 监测点增加 4.12%～4.49%；南水道 S1 监测点减少 0.31%～0.63%，S2 监测点减少 2.59%～2.60%，S3 监测点减少 2.37%～2.77%。

总磷含量：北水道 N1 监测点减少 0.00%～1.15%，N2 监测点减少 1.10%，N3 监测点减少 1.09%；南水道 S1 监测点减少 2.20%，S2 监测点减少 2.08%～3.13%，S3 监测点减少 1.08%。

5.4.4 沉积物中氮磷元素

沉积物性质可以间接地反映河口水体状况，沉积物中氮、磷元素的含量在一定程度上反映了水体生物生产力水平的高低，沉积物中氮、磷可通过矿化、解吸附、离子交换、分子扩散和生物扰动等途径再次释放到水体[169,170]，从而加剧河口富营养化。本文通过研究瓯江河口沉积物中氮、磷含量的分布特征，了解温州浅滩围涂工程对沉积物中氮、磷含量的影响程度。

为了便于研究分析，本文选取温州浅滩围涂工程实施一年后对瓯江河口沉积物中的有机态氮含量、有机态磷含量、氨氮含量、磷酸根含量进行统计分析。表 5-6 给出了温州浅滩围涂工程实施前后沉积物中氮磷元素变化比较，图 5-12～图 5-15 分别给出了温州浅滩围涂工程实施前后沉积物中有机态氮分布、氨氮分布、有机态磷分布、磷酸根分布变化情况。

温州浅滩围涂工程实施前后沉积物中氮磷元素变化比较（单位：μg/g） 表 5-6

位置		SON			SNH			SOP			SIP		
		工程前	工程后	变化率	工程前	工程后	变化率	工程前	工程后	变化率	工程前	工程后	变化率
北水道	N1	337.45	338.03	0.17%	60.61	60.58	-0.05%	302.05	301.78	-0.09%	66.93	65.87	-1.58%
	N2	328.81	330.30	0.45%	61.23	61.07	-0.25%	328.51	331.33	0.86%	41.01	40.86	-0.36%
	N3	320.55	323.27	0.85%	62.16	61.80	-0.57%	339.03	343.67	1.37%	23.68	23.03	-2.74%
南水道	S1	329.46	331.06	0.48%	62.02	61.76	-0.43%	314.73	313.93	-0.25%	65.31	58.33	-10.69%
	S2	315.24	315.76	0.16%	63.75	63.61	-0.22%	338.13	333.74	-1.30%	47.05	38.44	-18.29%
	S3	315.40	313.63	-0.56%	63.00	63.25	0.39%	347.33	344.63	-0.78%	22.07	16.80	-23.86%

注：表中，SON 代表沉积物中有机态氮含量；SNH 代表沉积物中的氨氮含量；SOP 代表沉积物中有机态磷含量；SIP 代表沉积物中的磷酸根含量。

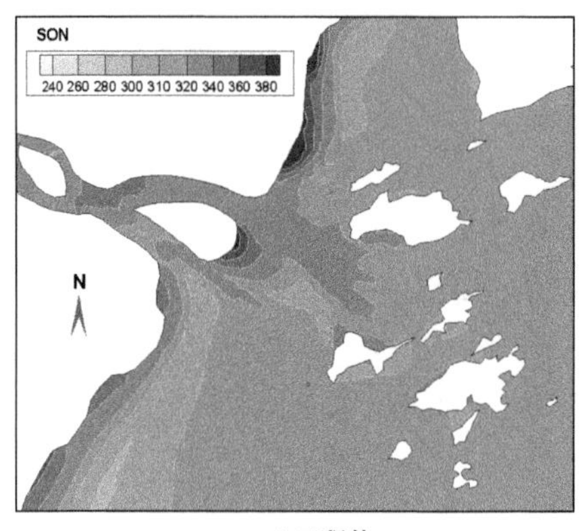

a1)工程前

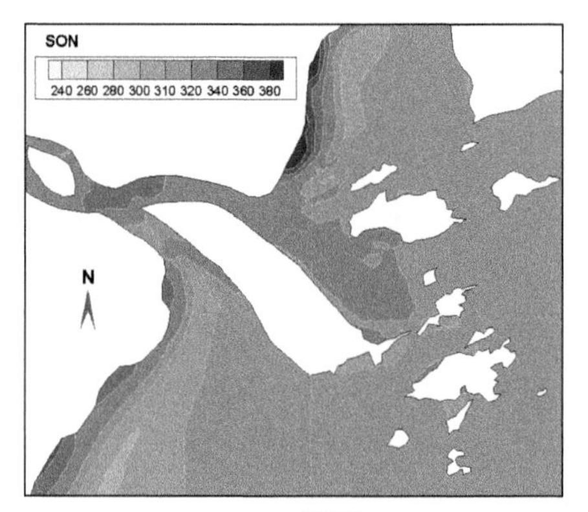

b1)工程后

图 5-12　温州浅滩围涂工程实施前后沉积物中有机态氮分布变化比较(单位:μg/g)

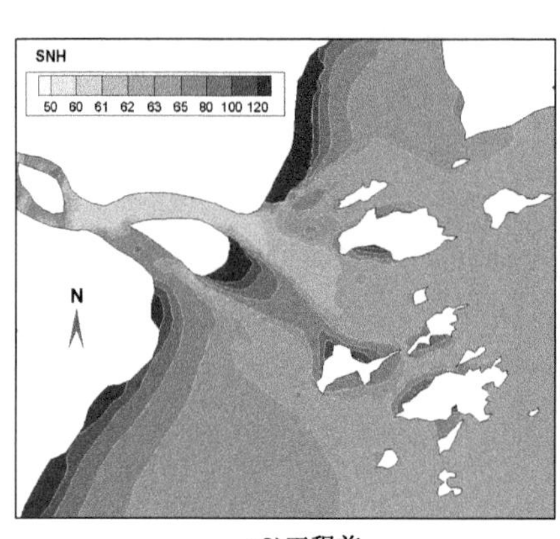

a2)工程前

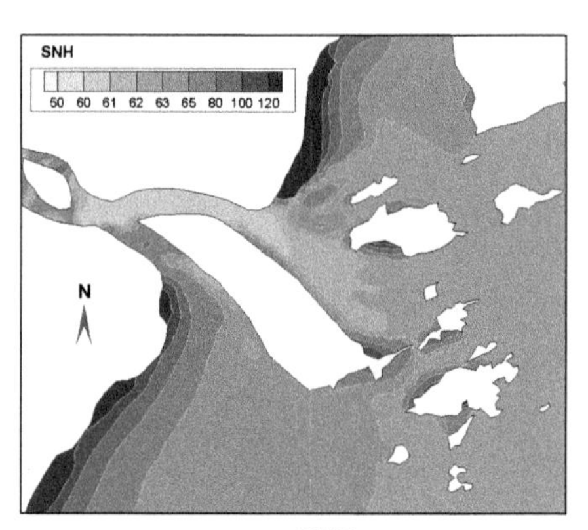

b2)工程后

图 5-13　温州浅滩围涂工程实施前后沉积物中氨氮分布变化比较(单位:μg/g)

根据计算结果可知,温州浅滩围涂工程实施后沉积物中有机态氮含量除了南水道的 S3 点减少 0.56% 以外,其余监测点均呈增加趋势。北水道 N1 ~ N3 增加比例 0.17% ~0.85% ,越往外海侧增加比例越大。南水道 S1、S2 增加比例分别为 0.48% 和 0.16% 。

温州浅滩围涂工程实施后沉积物中氨氮含量除了南水道的 S3 点增加 0.39% 以外,其余监测点均呈减少趋势。北水道 N1 ~ N3 减少比例 0.05% ~0.57% ,越往外海侧减少比例越大。南水道 S1、S2 减少比例分别为 0.43% 和 0.22% 。

温州浅滩围涂工程实施后沉积物中有机态磷含量变化如下:北水道 N1 减

少了0.09%，N2增加了0.86%，N3增加了1.37%，南水道S1、S2、S3分别减少了0.25%、1.30%、0.78%。

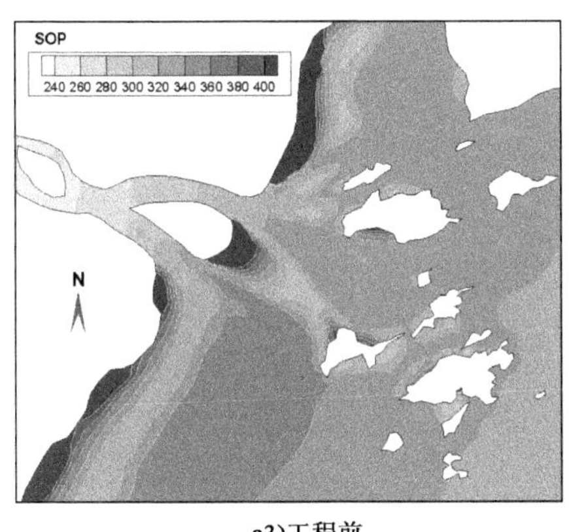

a3)工程前

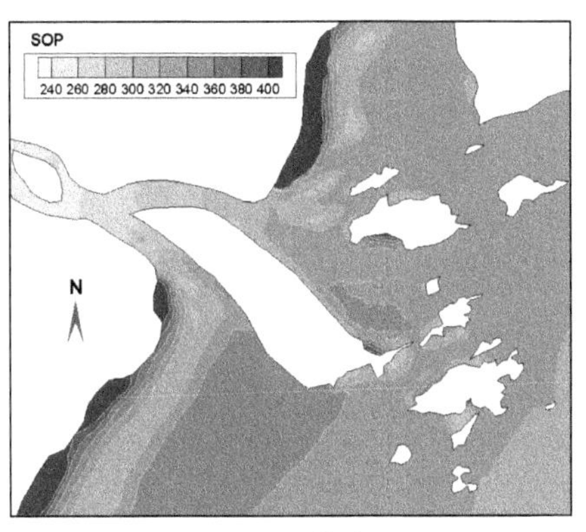

b3)工程后

图5-14 温州浅滩围涂工程实施前后沉积物中有机态磷分布变化比较(单位:μg/g)

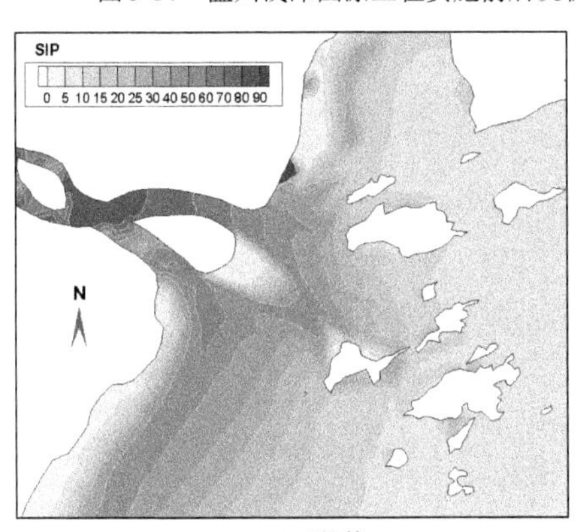

a4)工程前　　b4)工程前

图5-15 温州浅滩围涂工程实施前后沉积物中磷酸根分布变化比较(单位:μg/g)

温州浅滩围涂工程实施后，南、北水道沉积物中的磷酸根含量均呈减少趋势，其中北水道N1、N2、N3分别减少了1.58%、0.36%、2.74%；南水道S1、S2、S3分别减少了10.69%、18.29%、23.86%。

5.4.5 初级生产力

即自养生物依靠光合作用等方式生产有机物的速度，如藻类、自养细菌等，而不可或缺的当属浮游植物，数量与作用均十分明显。河口初级生产力受多种环境因素的限制，基本参数如下：温度、光强、pH等[171-177]，因此，研究河口初级生产力对掌握河口生态环境的健康程度具有重要意义。

图5-16比较了温州浅滩围涂工程实施前后南、北水道初级生产力变化，图5-17比较了温州浅滩围涂工程实施前后不同季节初级生产力分布变化。根据计算结果可得出以下主要结论：

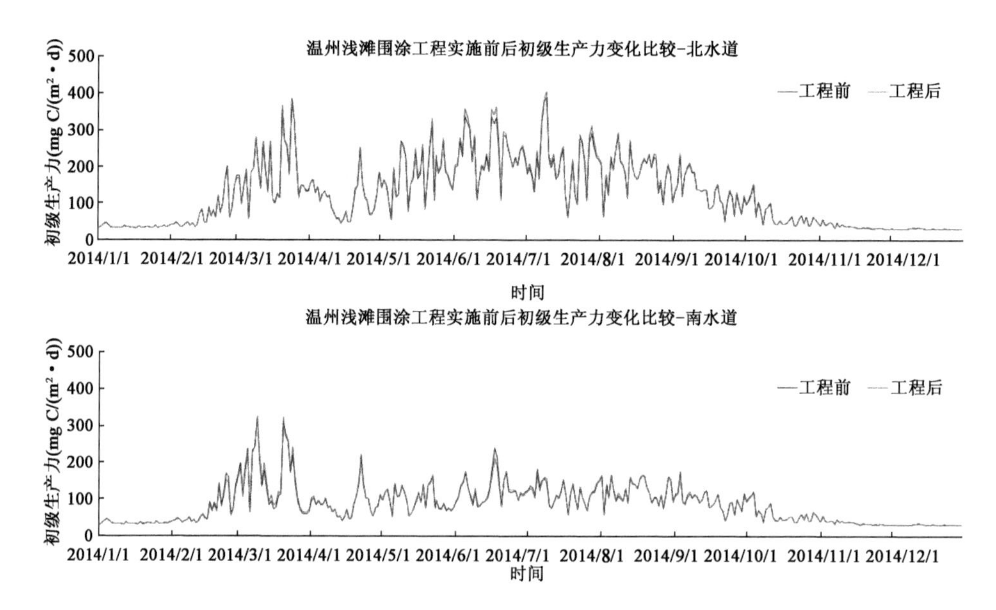

图5-16　温州浅滩围涂工程实施前后南、北水道初级生产力变化比较

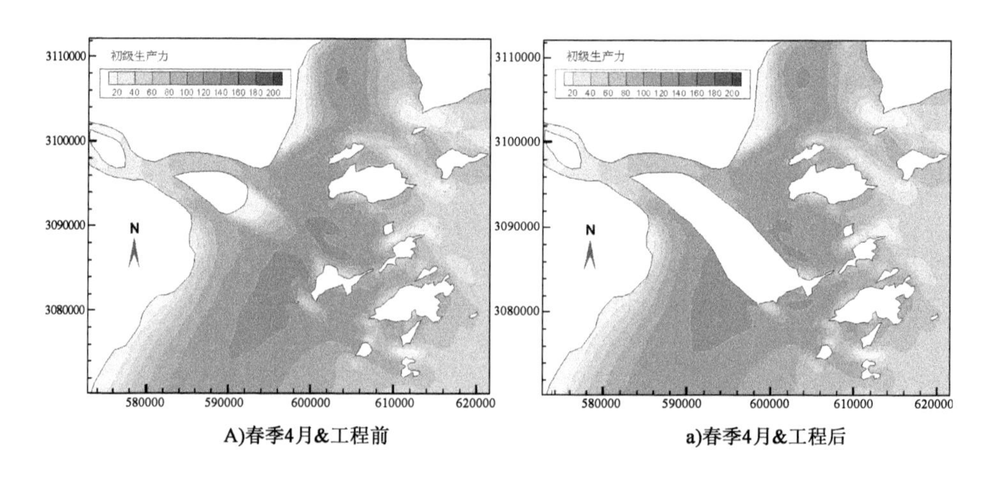

图　5-17

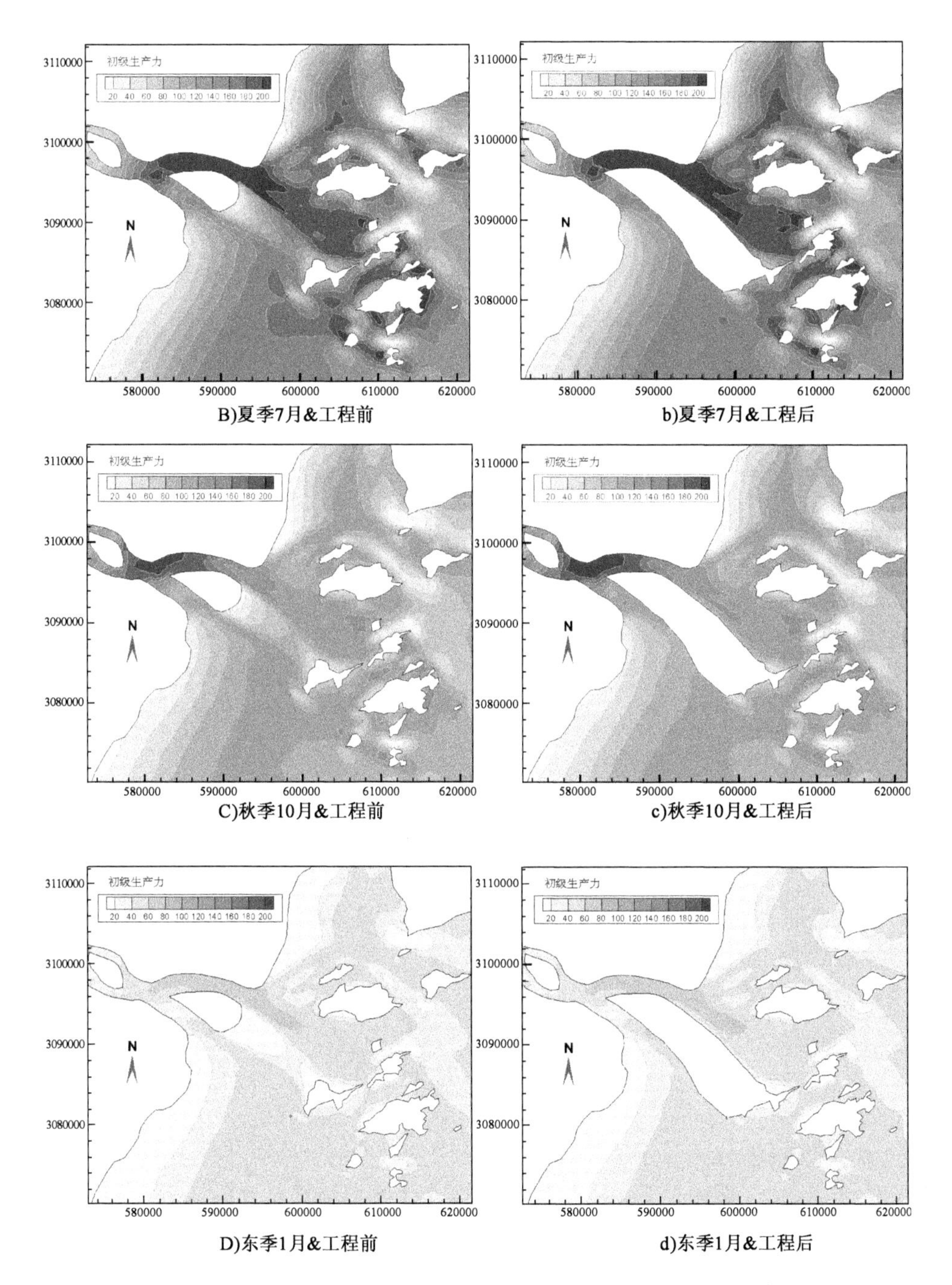

图5-17 温州浅滩围涂工程实施前后初级生产力分布比较(单位:mg C/(m^2·d))

瓯江河口初级生产力大小随不同季节变化明显，整体来看，初级生产力均值以夏季最高，季节变化呈现夏季 > 秋季 > 春季 > 冬季。从南、北水道对比来看，北水道初级生产力明显大于南水道，这是由于南水道上游修建了潜堤工程，阻碍了上游瓯江淡水下泄，使得北水道成为瓯江河口的主水道。

温州浅滩围涂工程实施前，瓯江河口海域初级生产力均值：春季为 67.03mg C/(m^2 · d)，夏季为 119.19mg C/(m^2 · d)，秋季为 80.75mg C/(m^2 · d)，冬季为 36.71mg C/(m^2 · d)。温州浅滩围涂工程实施后，瓯江河口海域初级生产力均值：春季为 67.70mg C/(m^2 · d)，夏季为 119.29mg C/(m^2 · d)，秋季为 81.09mg C/(m^2 · d)，冬季为 37.38mg C/(m^2 · d)。温州浅滩围涂工程实施后，初级生产力均呈增加趋势，其中春季增加了 0.99%，夏季增加了 0.08%，秋季增加了 0.43%，冬季增加了 1.83%。

从图 5-17 可以看出，南水道初级生产力明显小于北水道。温州浅滩围涂工程实施前北水道初级生产力为 124.23mg C/(m^2 · d)，南水道初级生产力为 86.22mg C/(m^2 · d)；温州浅滩围涂工程实施后北水道初级生产力为 126.10mg C/(m^2 · d)，南水道初级生产力为 86.15mg C/(m^2 · d)。可见，温州浅滩围涂工程实施后，北水道初级生产力增加了 1.51%，南水道初级生产力减少了 0.09%。这说明，温州浅滩围涂工程实施后会对瓯江河口南北水道的环境因素产生一定改变，进而改变初级生产力大小。但值得注意的是，数学模型在模拟温州浅滩围涂工程实施后初级生产力变化的时候并没有考虑温州浅滩围涂工程中人类活动的影响，由于温州浅滩围涂工程尚处于实施阶段，尚未完工，工程实施后新围垦陆地以后的规划也尚处于未知状态，存在较大的不确定性，数学模型中无法考虑这种人类不确定性因素。不过，单从数值模拟研究结果可知，仅温州浅滩围涂工程本身对初级生产力的影响是比较小的，若温州浅滩围涂工程实施后在实际开发应用时注意加强生态环境保护，注重环境可持续发展，可大大降低人类不确定因素对生态环境的影响。

5.5 本章小结

本章依托瓯江河口中的温州浅滩围涂工程为研究背景，建立了岛群河口三维水生态动力学数学模型，在温、盐季节性变化模拟结果良好的基础之上，预测并研究分析了在岛群河口中开发建设大型浅滩围涂工程所产生的水生态环境效应，具体包括：溶解氧 DO、叶绿素 a、海水中的氮磷元素、沉积物中的氮磷元素以及初级生产力变化情况，得到以下主要结论：

(1)瓯江河口的温度场分布主要取决于太阳辐射、气象因素和流系的时空变化,温度总体变化:夏季>秋季>春季>冬季。而瓯江河口盐度分布变化主要取决于瓯江径流量和外海流系的相互作用,夏季径流量最大,冲淡水势力最强,春季其次,秋冬季节相对较弱。温州浅滩围涂工程实施后,温度场和盐度场季节性变化规律未受到影响,但在同一季节情况下,其瓯江河口盐度场平面分布发生了较明显变化,该围垦工程对盐度的平面分布影响要明显大于温度。当温州浅滩围涂工程建成后,其两侧水域盐度等值线有顺从大堤分布的趋势,且淡水盐水舌沿大堤向外海方向扩散距离更远。北水道盐度值略高于南水道1~3psu。南北水道水域由于该围垦工程的修建,水体热量交换受到一定程度影响,南北水道之间形成小幅度温度差,越靠近海床底部这种现象越明显些,北水道温度略高于南水道0~1℃。但整体来看,温州浅滩围涂工程的修建对瓯江河口海域温度场影响相对较小,对盐度场影响较大。

(2)温州浅滩围涂工程实施后,围堤附近溶解氧含量分布形态有所改变,瓯江河口海区溶解氧含量仅产生较小程度变化,溶解氧含量有0.05mg/L以内的降低。之所以温州浅滩围涂工程的实施并未对瓯江河口溶解氧含量产生较大影响,这是由于工程实施后瓯江河口海域温度等环境影响参数改变有限,加之工程实施前南北水道之间水体交换本身就很弱,主要是垂直于近岸方向的往复流运动水体交换。温州浅滩围涂工程本身对溶解氧含量的影响程度明显小于季节性变化本身带来的溶解氧含量改变。

(3)瓯江河口南水道叶绿素a含量明显高于北水道侧。从表、中、底叶绿素a含量垂向分布来看,表层叶绿素a含量略高于底层含量5.8%,但整体来看,垂向分布差异并不明显,仅是量级上的较小差异。温州浅滩围涂工程实施后,瓯江河口外海侧水域叶绿素a含量未发生改变,但是紧邻温州浅滩围涂工程的瓯江口南、北水道区域叶绿素a含量发生了一定程度改变。瓯江北水道北段叶绿素a平均含量由3.19mg/m^3减至3.08mg/m^3,减少了3.5%,中段由3.33mg/m^3减至3.14mg/m^3,减少了5.5%,南段由3.64mg/m^3增至3.69mg/m^3,增加了1.3%;瓯江南水道北段叶绿素a平均含量由6.11mg/m^3增至6.24mg/m^3,增加了2.1%,中段由6.08mg/m^3增至6.44mg/m^3,增加了5.8%,南段由4.55mg/m^3增至5.40mg/m^3,增加了18.6%。

(4)海水中氮磷元素垂向分布比较均匀,表底层差异很小,这主要是因为瓯江河口水深较浅,大多在-5m等深线以浅海域,水体上下掺混充分。温州浅滩围涂工程实施后,针对北水道而言,对河口内侧水域氮磷元素影响程度较小,对外侧水域氮磷元素影响程度较大些,即:N1<N2<N3。针对南水道而言,对有机

态氮含量、有机态磷含量、无机态氮含量影响程度，S1 < S2 < S3，对无机态磷含量影响程度，S1 > S2 > S3，对总氮、总磷含量影响程度，S1 < S2 > S3。

（5）温州浅滩围涂工程实施后沉积物中有机态氮含量除了南水道的S3点减少0.56%以外，其余监测点均呈增加趋势，北水道N1～N3增加比例0.17%～0.85%，越往外海侧增加比例越大，南水道S1、S2增加比例分别为0.48%和0.16%；沉积物中氨氮含量除了南水道的S3点增加0.39%以外，其余监测点均呈减少趋势，北水道N1～N3减少比例0.05%～0.57%，越往外海侧减少比例越大，南水道S1、S2减少比例分别为0.43%和0.22%；沉积物中有机态磷含量变化如下，北水道N1减少了0.09%，N2增加了0.86%，N3增加了1.37%，南水道S1、S2、S3分别减少了0.25%、1.30%、0.78%；南、北水道沉积物中的磷酸根含量均呈减少趋势，其中北水道N1、N2、N3分别减少了1.58%、0.36%、2.74%，南水道S1、S2、S3分别减少了10.69%、18.29%、23.86%。

（6）瓯江河口初级生产力大小随不同季节变化明显，整体来看，初级生产力均值以夏季最高，季节变化呈现夏季 > 秋季 > 春季 > 冬季。从南、北水道对比来看，北水道初级生产力明显大于南水道，这是由于南水道上游修建了潜堤工程，阻碍了上游瓯江淡水下泄，使得北水道成为瓯江河口的主水道。温州浅滩围涂工程实施后，初级生产力呈增加趋势，按照季节变化来看，其中春季增加了0.99%，夏季增加了0.08%，秋季增加了0.43%，冬季增加了1.83%。按照南北水道来讲，北水道初级生产力增加了1.51%，南水道初级生产力减少了0.09%。这说明，温州浅滩围涂工程实施后会对瓯江河口南北水道的环境因素产生一定改变，进而改变初级生产力大小。

（7）但值得注意的是，数学模型在模拟温州浅滩围涂工程实施后水生态变化的时候并没有考虑温州浅滩围涂工程中人类活动的影响，由于温州浅滩围涂工程尚处于实施阶段，尚未完工，工程实施后新围垦陆地以后的规划也尚处于未知状态，存在较大的不确定性，数学模型中无法考虑这种人类不确定性因素。不过，单从数值模拟研究结果可知，仅温州浅滩围涂工程本身对水生态环境的影响是比较小的，若温州浅滩围涂工程实施后在实际开发应用时注意加强生态环境保护，注重环境可持续发展，可大大降低人类不确定因素对生态环境的影响程度。

第 6 章　结论与展望

6.1　主 要 结 论

本文紧紧围绕岛群河口水环境问题建立了水动力和水生态动力学模型，开展了系统性研究工作，将“岛群河口”作为一个河口类属，总结了针对岛群河口三维精细数学模型构建的关键技术。研究发现，目前水环境数学模型验证存在“以点代面”的缺陷，提出了将遥感定量反演技术用以辅助数模率定与验证方法。结合实际工程，采用三维精细数学模型，全面研究了岛群河口开发利用工程引起的水沙环境和水质环境变化。本文的创新点及主要结论归纳如下：

(1)目前繁多的河口分类标准中，尚未发现“岛群河口”这一分类归属，本文将“岛群河口”作为一河口大类开展系统研究工作。岛群河口除了具有一般河口的基本特征外，还有其特殊性，比如星罗棋布的岛屿群散落在河口区，地形滩槽交错，潮波传播受岛群影响明显，岛间水流态复杂，波浪传播受岛屿折射、反射影响大。这些复杂特性，要求建立有效模拟岛群河口水环境问题的三维精细水动力和水生态动力学模型。

(2)针对岛群河口的特点，总结了岛群河口三维精细数学模型构建的关键技术和方法，即复杂网格质量检查技术、水深地形无缝光滑处理技术、浅滩及动边界处理技术、波流双向耦合技术、模型初始条件与边界条件设置方法、模型关键参数选取方法。建立了模拟岛群河口水环境问题的三维精细水动力和水生态动力学模型。

(3)岛群河口陆域边界复杂、地形变化剧烈、水环境特征复杂，所以三维建模技术要求更高，建模时只有高标准的网格质量和水深地形插值技术才能确保运算不发散和模拟精准度。同时，“单一法”、“定常值”、“均匀场”、“不考虑”等初始场及模型参数概化方式不再适应岛群河口。波浪要素对潮流场的影响，以及潮流要素对波浪要素的影响在岛群河口不同位置处的影响差异较大，岛群效应使河口水动力环境具有其特殊性。

(4)由于星罗棋布的岛屿存在，岛群河口水沙及水质环境时空分布变得十分复杂，即使距离很近的两个位置，其流速、流向、波高、含沙量、盐度、叶绿素、溶解氧 DO 等水质参数也可能存在较大差异性，而传统的数学模型验证方法通常是采用“短时间段”内“几个单点”的验证方法，这在地形变化较小的平坦开敞海湾内还能适用，但在岛屿林立、滩槽交错的岛群河口出现了不适应性。由于受岛群影响，其水质参数空间分布差异很大，“点合理”无法说明“面合理”。此外，有些水环境要素，比如“含沙量”受天气状况和季节性变化影响很大，有时出现几十倍甚至上百倍的差异，因此，传统无风天或小风天短时间段内测量的几个单点的含沙量值远小于有风天的含沙量值，传统验证方法根本无法反应海域真实含沙量情况。随着卫星和雷达等观测技术的迅速发展，本文提出利用遥感定量反演技术获取具有空间上宏观性，时间上连续性的全面性时空分布观测数据，可记录海岸河口各种现象，利用遥感定量反演技术辅助数学模型率定与验证，解决了传统验证方法的局限和弊端。

(5)本文以岛群河口——瓯江口为例，将遥感影像反演结果作为初始化条件进行悬浮泥沙浓度模拟，并用于泥沙参数率定与验证，其模拟结果比使用定值初始化模型得到的结果与实测值吻合更好。此外，基于遥感影像定量反演了瓯江口海域盐度、藻类(叶绿素浓度)、COD、BOD、总氮等水环境参数。将遥感定量反演技术用于辅助数学模型率定与验证，弥补了传统“以点代面”验证方法的局限和不足。

(6)以中国典型的岛群河口——瓯江河口为例，建立了三维水沙数学模型。依据实测资料对数学模型进行了全面验证，模拟了连岛堤工程(以灵霓北堤为例)建设对水沙环境和海床冲淤变化的影响，发现连岛堤工程实施后，其北侧流速减弱，南侧流速增加，对水流的影响范围越靠表层影响越大，越往底层影响越小；等盐度线有顺从连岛堤分布的趋势，且淡水盐水舌沿连岛堤向外海方向扩散距离更远；连岛堤北侧含沙量浓度有减小趋势，南侧近岸段含沙量浓度减小，靠外侧增大；连岛堤周边海床地形也产生了不同程度的冲淤，海床地形进行了局部调整；连岛堤工程对河口水体交换速率也产生影响，但其影响程度明显小于季节变化引起的上游径流量大小产生的影响，上游下泄径流量越大，水体交换速率越快，反之，则越慢。

(7)依托瓯江河口中的温州浅滩围涂工程为研究背景，建立了岛群河口三维水生态动力学数学模型，在验证温、盐季节性变化模拟结果良好的基础上，预测分析了岛群河口开发建设大型浅滩围涂工程所产生的水生态环境效应，具体包括：溶解氧 DO、叶绿素 a、海水中的氮磷元素、沉积物中的氮磷元素以及初级生产力变化情况。结果表明：大规模浅滩围涂工程对水动力环境影响程度明显

大于连岛堤;浅滩围涂工程实施后,温度场和盐度场季节性变化规律影响很小,但在同一季节,其瓯江河口盐度场平面分布发生了明显变化,围垦工程对盐度平面分布的影响明显大于对温度影响;浅滩围涂工程实施后,围堤附近溶解氧含量分布形态有所改变,溶解氧含量有0.05mg/L以内的降低;浅滩围涂工程实施后,瓯江河口外海侧水域叶绿素a含量未发生改变,但是紧邻浅滩围涂工程的瓯江口南、北水道区域叶绿素a含量发生了一定程度改变,其中北水道大部分海域减少了3.5%~5.5%,南水道增加2.1%~18.6%。海水中氮磷元素含量有增有减,但变化幅度多在5%以内。沉积物中氮磷元素含量有增有减,变化幅度多在3%以内,个别区域超过10%。温州浅滩围涂工程实施后,初级生产力呈增加趋势,增加幅度0.08%~1.83%。

(8)在模拟温州浅滩围涂工程实施后水生态变化时并没有考虑温州浅滩围涂工程中人类活动的影响,由于温州浅滩围涂工程尚处于实施阶段,尚未完工,工程实施后新围垦陆地以后的规划也尚处于未知状态,存在较大的不确定性,数学模型中没有考虑人类活动的不确定性因素。不过,从数值模拟结果可知,仅温州浅滩围涂工程本身对水生态环境的影响是比较小的。若温州浅滩围涂工程实施后,注意加强生态环境保护和可持续发展,可大大降低人类活动不确定因素对生态环境的影响程度。

6.2 展　　望

岛群河口水环境特征是十分复杂,具有很大的变化性,其开发利用引起的水环境变化存在很多不确定因素。因此,岛群河口开发利用的水环境研究还需开展更深入研究,研究展望如下:

(1)本文重点研究了水动力、泥沙环境、海床冲淤、温盐、溶解氧DO、叶绿素a、海水中氮磷元素、沉积物中氮磷元素、初级生产力等基本水质参数,除此之外,还有细菌、大肠菌群等生物性指标,浮游动物、底栖生物等上百种水质指标,岛群河口开发利用工程对这些水质指标的影响如何,应在今后水环境数学模型构建体系中加以考虑,更真实反应岛群河口水环境复杂关系。

(2)在岛群河口开发利用水环境数学模型试验时,本文仅考虑了开发利用工程本身对水环境的影响情况,而实际上一旦开发利用工程建设完工,会有人类生产、生活等一系列不确定因素对水环境产生影响,如何在数学模型试验中合理概化这些不确定性影响因素所产生的影响,是值得认真思考的问题。

(3)本文建立的岛群河口水动力和水生态动力学模型应考虑应用于更多岛群河口建设开发案例,以增强它的普适性和推广性。除了连岛堤、浅滩围涂工程开发利用方式以外,岛群河口还有航道疏浚、岛群建港、连岛大桥等多种开发利用方式,应在今后研究中加以考虑。

参 考 文 献

[1] 窦希萍,罗肇森.潮汐河口治理研究[J].中国水利,2007,(1):39-42.

[2] 刘宁.我国河口治理现状与展望[J].中国水利,2007,(1):34-38.

[3] 余锡平,牛小静,陈鑫.国内外滩涂及沿岸海洋空间开发利用的经验[R].北京:清华大学,2008.

[4] 韩广轩,栗云召,于君宝,等.黄河改道以来黄河三角洲演变过程及其驱动机制[J].应用生态学报,2011,22(2):467-472.

[5] 韩美,路广,史丽华,等.东营市海岸带区域综合承载力评估[J].中国人口·资源与环境,2017,27(2):93-101.

[6] Wang X,Zhang H,Fu B,et al. Simulation and analysis on SAR imaging of channel topography changes in the Pearl River Estuary[J]. 2013,8917(5755):1252-1259.

[7] 傅金龙,徐伟金,朱李鸣,等.瓯江口温州区域开发建设的规划探索[J].海洋学研究,2009,27(b07):97-104.

[8] 朱铭源.推进瓯江口开发建设造一个海上温州[N].中国改革报,2007-06-08 (008).

[9] 李孟国,李文丹.瓯江南口封堵方案研究[J].中国港湾建设,2009,(3):19-22.

[10] 李孟国,温春鹏,蔡寅.温州海域研究与开发进展[J].水道港口,2012,33(4):277-290.

[11] 李孟国,蒋厚武,吴以喜.温州浅滩围涂工程对港口航道的影响研究[J].港工技术,2006,(1):1-4.

[12] 李孟国,庄小将,郑敬云,等.温州石化基地30万吨级航道选线研究[J].水运工程,2007,(11):87-90.

[13] 庄小将,李孟国,李文丹.大、小门岛连岛工程对周围海区环境影响研究[J].水道港口,2007,28(5):316-321.

[14] 李孟国,庄小将,李文丹.温州石化基地围垦工程潮流泥沙数值模拟研究[J].中国港湾建设,2008(2):31-34.

[15] 庄小将,黄哲浩,孙决策,等.温州石化基地围垦工程潮流物理模型试验研究[J].水道港口,2008,29(4):253-258.

[16] 李孟国,黄哲浩,李文丹,等.洞头峡围垦工程潮流泥沙数值模拟研究[J].

水运工程,2008,(4):13-18.

[17] 黄世昌,穆锦斌.温州市瓯飞一期围垦工程水文泥沙专题研究总报告[R].杭州:浙江省水利河口研究院,2011.

[18] 郑敬云,李孟国,麦苗,等.温州状元岙化工码头工程潮流泥沙数模研究[J].水道港口,2008,29(4):259-266.

[19] 钱继春,史英标,张舒羽.滨海滩涂动态演变数值模拟研究及应用[J].水道港口,2009,30(2):82-88.

[20] 尼建军,王新怡,张凤烨,等.基于FVCOM的渤海潮波数值模拟[J].海洋科学,2013,37(2):89-94.

[21] Lapetina A,Sheng Y P. Three-dimensional modeling of storm surge and inundation including the effects of coastal vegetation[J]. Estuaries and Coasts, 2014,37(4):1028-1040.

[22] Zhang C,You X,Zhao S. Application of EFDC model to waterfront planning: case study of Tianjin harbor economic zone,China[J]. Engineering Applications of Computational Fluid Mechanics,2014,8(1):1-13.

[23] Álvarez-Romero J G,Wilkinson S N,Pressey R L,et al. Modeling catchment nutrients and sediment loads to inform regional management of water quality in coastal-marine ecosystems:a comparison of two approaches[J]. Journal of Environmental Management,2014,(146):164-178.

[24] Sitzenfrei R,Leon J V. Long-time simulation of water distribution systems for the design of small hydropower systems[J]. Renewable Energy,2014,72:182-187.

[25] Wang Y,Shen J,He Q. A numerical model study of the transport timescale and change of estuarine circulation due to waterway constructions in the Changjiang Estuary,China[J]. Journal of Marine Systems,2010,82(3):154-170.

[26] Zhang M L,Guo Y,Shen Y M. Development and application of a eutrophication water quality model for river networks[J]. Journal of Hydrodynamics,2008,20(6):719-726.

[27] Khangaonkar T, Long W, Xu W. Assessment of circulation and inter-basin transport in the Salish Sea including Johnstone Strait and discovery islands pathways[J]. Ocean Modelling,2017,109:11-32.

[28] Fan W,Song J B,Li S. A numerical study on seasonal variations of the thermocline in the South China Sea based on the ROMS[J]. Acta Oceanologica Sini-

ca,2014,33(7):56-64.

[29] Boschen R E,Collins P C,Tunnicliffe V,et al. A primer for use of genetic tools in selecting and testing the suitability of set-aside sites protected from deep-sea seafloor massive sulfide mining activities[J]. Ocean & Coastal Management, 2016,122:37-48.

[30] Danish Hydraulic Institute. Mike 21&Mike 3 Flow Model FM hydrodynamic and transport module scientific documentation [R]. Denmark: DHI Water&Environment,2008:29-37.

[31] Lee S H,Lee H S,Kim J J,et al. Investigation into the range of effect of the tide level of Oncheon River using Delft-3D[J]. Journal of Korea Water Resources Association,2012,45(5):465-472.

[32] Han S Z,Jia N. ECOMSED based three-dimensional numerical model for sediment transport in Xinghua Bay[J]. Periodical of Ocean University of China, 2012,42(4):1-6.

[33] Xia C,Jung K T,Wang G,et al. Case study on the three-dimensional structure of meso-scale eddy in the South China Sea based on a high-resolution model [J]. Acta Oceanologica Sinica,2016,35(2):29-38.

[34] 赵洪波,张庆河,许婷. 九龙江河口湾港区水沙运动数值模拟研究[J]. 泥沙研究,2015,(4):38-43.

[35] 吴年庆. 基于 POM 的长江口潮流研究[J]. 科技视界,2016,(10):275-276.

[36] 刘祖发,关帅,张淦濠,等. 基于 FVCOM 的虎门水道盐水入侵三维数值模拟[J]. 热带海洋学报,2016,35(2):10-18.

[37] Li J R,Mo L,Zhang W H. Three-dimensional sediment numerical simulation of Wenzhou Oufei tidal flat sea area[J]. Advanced Materials Research,2012, 537:1775-1779.

[38] Chen W B,Liu W C,Hsu M H,et al. Modeling investigation of suspended sediment transport in a tidal estuary using a three-dimensional model[J]. Applied Mathematical Modelling,2015,39(9):2570-2586.

[39] Blondeaux P,Vittori G,Bruschi A,et al. Steady streaming and sediment transport at the bottom of sea waves[J]. Journal of Fluid Mechanics,2012,(697): 115-149.

[40] Zhang C,Zheng J H,Wang Y G,et al. A process-based model for sediment

transport under various wave and current conditions[J]. International Journal of Sediment Research,2011,26(4):498-512.

[41] Fuhrman D R, Schløer S, Sterner J. RANS-based simulation of turbulent wave boundary layer and sheet-flow sediment transport processes[J]. Coastal Engineering,2013,73:151-166.

[42] Gonzalezrodriguez, David, Madsen, et al. Boundary-layer hydrodynamics and bedload sediment transport in oscillating water tunnels[J]. Journal of Fluid Mechanics,2011,667(1):48-84.

[43] Lin W, Kong D, Feng L. Study on determination method for settling velocity of fine sediment in Oujiang river estuary[J]. Journal of Hydroelectric Engineering,2013,32(4):114-119.

[44] Ruessink B G, Berg T J J V D, Rijn L C V. Modeling sediment transport beneath skewed-asymmetric waves above a plane bed[J]. Journal of Geophysical Research Atmospheres,2009,114(C11):56-57.

[45] Li M G. The effect of reclamation in areas between islands in a complex tidal estuary on the hydrodynamic sediment environment[J]. Journal of Hydrodynamics,2010,22(3):338-350.

[46] Kim T I, Choi B H, Lee S W. Hydrodynamics and sedimentation induced by large-scale coastal developments in the Keum River Estuary, Korea[J]. Estuarine, Coastal and Shelf Science,2006,68(3-4):515-528.

[47] 曹慧江,王大伟,袁文昊. 长江口横沙东滩建港水动力泥沙环境三维数值模拟[J]. 水运工程,2015,(12):74-79.

[48] 孙志林,倪晓静,许丹,等. 河口泥沙数学模型的若干问题[J]. 浙江大学学报(工学版),2015,49(2):232-237.

[49] Wang X H, Pinardi N, Malacic V. Sediment transport and resuspension due to combined motion of wave and current in the northern Adriatic Sea during a Bora event in January 2001: a numerical modelling study[J]. Continental Shelf Research,2007,27(5):613-633.

[50] Xie R, Wu D A, Yan Y X, et al. Fine silt particle pathline of dredging sediment in the Yangtze River deepwater navigation channel based on EFDC model[J]. Journal of Hydrodynamics,2010,22(6):760-772.

[51] Fang H W, Wang G Q. Three-dimensional mathematical model of suspended sediment transport[J]. Journal of Hydraulic Engineering, ASCE, 2000, 126

(8): 578-592.

[52] Fang H,Rodi W. Three-dimensional mathematical model and its application in the neighborhood of the Three Gorges Reservoir dam in the Yangtze River[J]. Acta Mechanica Sinica,2002,18(3):235-243.

[53] 丁平兴,孔亚珍,朱首贤,等. 波—流共同作用下的三维悬沙输运数学模型[J]. 自然科学进展:国家重点实验室通讯,2001,11(2):147-152.

[54] 王原杰. 黄河口悬浮泥沙输运三维数值模拟[D]. 青岛:中国海洋大学,2002.

[55] 陆永军,窦国仁,韩龙喜,等. 三维紊流悬沙数学模型及应用[J]. 中国科学:技术科学,2004,34(3):311-328.

[56] 王崇浩,韦永康. 三维水动力泥沙输移模型及其在珠江口的应用[J]. 中国水利水电科学研究院学报,2006,4(4):246-252.

[57] 张丽珍. 黄骅港海域泥沙运动的三维数学模拟[D]. 天津:天津大学,2008.

[58] 王效远. 考虑波浪破碎影响的近岸三维泥沙数学模型[D]. 天津:天津大学, 2009.

[59] 胡德超. 三维水沙运动及河床变形数学模型研究[D]. 北京:清华大学,2009.

[60] 马方凯. 河口三维水沙输移过程数值模拟研究[D]. 北京:清华大学,2010.

[61] 刘高峰. 长江口水沙运动及三维泥沙模型研究[D]. 上海:华东师范大学,2011.

[62] 解鸣晓. 波流耦合下淤泥质海岸水沙运动三维模拟研究[D]. 南京:河海大学,2010.

[63] 罗定贵,王学军,孙莉宁. 水质模型研究进展与流域管理模型 WARMF 评述[J]. 水科学进展,2005,16(2):289-294.

[64] 李金. 水质模型发展概述[J]. 环境科学与管理,2012,37(12):57-60.

[65] 严萌. 水质模型在三峡库区中的应用研究进展概述[J]. 科技创新与应用,2016,(6):215-217.

[66] 周雪丽,孙森林,张宽义,等. 水质数学模型的研究进展及其应用[J]. 天津科技,2011,38(2):87-88.

[67] 柯晶,李晔,袁江,等. 基于 WASP 水质模型的汉江中下游调水前后水质模拟研究[J]. 安徽农业科学,2015,(25):243-246.

[68] Thomas M C,Scott A W. CE-QUAL-W2:a two dimensional,laterally averaged, hydrodynamic and water quality model,Version 3. 2[C]. User Manual. U. S,

Army Engineer Waterways Experiment Station, Vicksburg, MS, 2004: 22-50.

[69] Carson R, Beltaos S, Groeneveld J, et al. Comparative testing of numerical models of river ice jams[J]. Canadian Journal of Civil Engineering, 2011, 38(6): 669-678.

[70] Thompson J R, Sørenson H R, Gavin H, et al. Application of the coupled MIKE SHE/MIKE 11 modelling system to a lowland wet grassland in southeast England[J]. Journal of Hydrology, 2004, 293(1-4): 151-179.

[71] WuG Z, Xu Z X. Prediction of algal blooming using EFDC model: case study in the Daoxiang Lake[J]. Ecological Modelling, 2011, 222: 1245-1252.

[72] Meng X, Paul M C, Blake S, et al. Influence of physical forcing on bottom-water dissolved oxygen within Caloosahatchee River Estuary, Florida[J]. Journal of Environmental Engineering, 2010, 136(10): 1032-1044.

[73] Jeong S, Yeon K, Hur Y, et al. Salinity intrusion characteristics analysis using EFDC model in the downstream of Geum River[J]. Journal of Environmental Sciences, 2010, 22(6): 934-939.

[74] Gong W, Shen J. The response of salt intrusion to changes in river discharge and tidal mixing during the dry season in the Modaomen Estuary, China[J]. Continental Shelf Research, 2011, 31(7-8): 769-788.

[75] Park K, Jung H S, Kim H S, et al. Three dimensional hydrodynamic eutrophication model (HEM-3D): application to Kwang Yang Bay, Korea[J]. Marine Environmental Research, 2005, 60(2): 171-193.

[76] Lin J, Xie L, Pietrafesa L J, et al. Water quality responses to simulated flow and nutrient reductions in the Cape Fear River Estuary and adjacent coastal region, North Carolina[J]. Ecological Modelling, 2008, 212(3-4): 200-217.

[77] Li Y P, Tang C Y, Wang C, et al. Assessing and modeling impacts of different inter-basin water transfer routes onlake Taihu and the Yangtze River, China [J]. Ecological Engineering, 2013, 60(1): 399-413.

[78] Xia M, Craig P M, Schaeffer B, et al. Influence of physical forcing on bottom-water dissolved oxygen within Caloosahatchee River Estuary, Florida[J]. Journal of Environmental Engineering, 2010, 136(10): 1032-1044.

[79] Gong W P, Wang Y P, Jia J J. The effect of interacting downstream branches on saltwater intrusion in the Modaomen Estuary, China[J]. Journal of Asian Earth Sciences, 2012, 45(1): 223-238.

[80] 陈少峰. 天津港港池水交换与生态堤岸设计研究[D]. 天津:天津大学,2012.

[81] 董静. 遥感技术在水利信息化中的应用综述[J]. 水利信息化,2015(1):37-41.

[82] 林明森,张有广,袁欣哲. 海洋遥感卫星发展历程与趋势展望[J]. 海洋学报化,2015,37(1):1-10.

[83] 石汉青,王毅. 海洋卫星研究进展[J]. 遥感技术与应用,2009,24(3):274-283.

[84] 马毅. 我国海洋观测预报系统概述[J]. 海洋预报,2008,25(1):31-40.

[85] 蒋兴伟,林明森. 海洋动力环境卫星基础理论与工程应用[M]. 北京:海洋出版社,2014:21-26.

[86] Ding Y, Wei Z, Mao Z, et al. Reconstruction of incomplete satellite SST data sets based on EOF method [J]. Acta Oceanologica Sinica, 2009, 28(2):36-44.

[87] 孔金玲,杨晶,蒲永峰,等. 曹妃甸近岸海域垂向悬沙含量遥感反演[J]. 地球信息科学学报,2016,18(10):1428-1434.

[88] Seegers B N, Teel E N, Kudela R M, et al. Glider and remote sensing observations of the upper ocean response to an extended shallow coastal diversion of wastewater effluent[J]. Estuarine, Coastal and Shelf Science, 2017, 186(1):198-208.

[89] Wang Z, Xie J, Ji Z, et al. Remote sensing of surface currents with single shipborne high-frequency surface wave radar[J]. Ocean Dynamics, 2016, 66(1):27-39.

[90] 蒋城飞,廖珊,付东洋,等. 湛江港海域叶绿素 a 浓度的高光谱遥感反演[J]. 广东海洋大学学报,2016,36(6):107-113.

[91] Shi K, Zhang Y, Xu H, et al. Long-term satellite observations of microcystin concentrations in lake Taihu during cyanobacterial bloom periods[J]. Environmental Science & Technology, 2015, 49(11):6448-6456.

[92] Mercatini A, Griffa A, Piterbarg L, et al. Estimating surface velocities from satellite data and numerical models: implementation and testing of a new simple method[J]. Ocean Modelling, 2010, 33(1-2):190-203.

[93] Ouillon S, Douillet P, Andréfouët S. Coupling satellite data with in situ measurements and numerical modeling to study fine suspended-sediment transport: a

study for the lagoon of New Caledonia[J]. Coral Reefs, 2004, 23(1): 109-122.

[94] 张鹏,陆建忠,陈晓玲,等. MODIS 遥感数据辅助的鄱阳湖水体范围变化数值模拟[J]. 武汉大学学报信息科学版,2012,37(9):1087-1091.

[95] 张立奎,李巍然,吴建政,等. 淤泥质潮滩高程遥感反演数据在数值模拟中的应用[J]. 中国海洋大学学报自然科学版,2013,43(8):84-89.

[96] 黄金良,李青生,黄玲,等. 中国主要入海河流河口集水区划分与分类[J]. 生态学报,2012,32(11):3516-3527.

[97] Mellor G L, Blumberg A F. Modeling vertical and horizontal diffusivities with the sigma coordinate system[J]. Monthly Weather Review, 1985, 113(8): 1379-1383.

[98] Smagorinsky J. General circulation experiments with the primitive equation the basic experiment[J]. Monthly Weather Review,1963,91(3):99-164.

[99] 李海峰,吴冀川,刘建波,等. 有限元网格剖分与网格质量判定指标[J]. 中国机械工程,2012,23(3):368-377.

[100] 朱崇利. 网格剖分对反演的影响[J]. 地球物理学进展,2014,29(2): 889-894.

[101] 陶亚. 基于 EFDC 模型的深圳湾水环境模拟与预测研究[D]. 北京:中央民族大学,2010.

[102] 陈晶,金永兴,王丛佼,等. 基于双坐标系的水流场自适应网格优化算法[J]. 水动力学研究与进展,2015,30(1):92-99.

[103] 尹雪英. 对高程基准统一方法的几点评述[J]. 测绘科学,2012,37(5): 43-45.

[104] 吴金明,刘圆圆,张晓磊. 连续等距区间上积分值的二次样条插值[J]. 中国图像图形学报,2016,21(4):520-526.

[105] Ji Z G, Morton M R, Hamrick J M. Wetting anddrying simulation of estuarine processes[J]. Estuarine, Coastal and Shelf Science,2001,53(5):683-700.

[106] 马方凯. 河口三维水沙输移过程数值模拟研究[D]. 北京:清华大学,2010.

[107] 王璐璐. 长江口三维悬沙数值模拟研究[D]. 天津:天津大学,2012.

[108] 张衡,朱建荣,吴辉. 东海黄海渤海 8 个主要分潮的数值模拟[J]. 华东师范大学学报自然科学版,2005,2(3):71-77.

[109] 李孟国,郑敬云. 中国海域潮汐预报软件 Chinatide 的应用[J]. 水道港口,

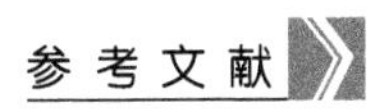

2007,28(1):65-68.

[110] Jones I S F,Toba Y. Wind stress over the ocean[M]. New York:Cambridge University Press,2001:35-48.

[111] Davies A M,Jones J E,Xing J. Review of recent developments in tidal hydrodynamic modeling[J]. Journal of Hydrodynamic Engineering,1997,123(4):278-292.

[112] Debol'skaya E I,Yakushev E V,Kuznetsov I S. Estimating the characterristics of the vertical turbulent viscosity in the upper 200-m layer of the Black Sea[J]. Oceanology,2007,47(4):476-481.

[113] Van Rijn L C. Sediment transport,part Ⅱ:suspended load transport[J]. Journal of Hydraulic Engineering,1984,110(11):1613-1641.

[114] Ariathurai R,Krone R B. Finite element model for cohesive sediment transport[J]. Journal of Hydraulic Division,ASCE,1976,102(3):323-338.

[115] 曹祖德,杨树森,杨华. 粉沙质海岸的界定及其泥沙运动的特点[J]. 水运工程,2003,352(5):1-4.

[116] 海岸与河口潮流泥沙模拟技术规程. 中华人民共和国行业标准,231-2—2010.

[117] 韩鸿胜. 破碎波作用下的粉沙悬沙浓度垂向分布计算方法的探讨[D]. 天津:天津大学,2006.

[118] 刘良明. 卫星海洋遥感导论[M]. 武汉:武汉大学出版社,2006:42-63.

[119] Blondeau-Patissier D,Gower J F R,Dekker A G,et al. A review of ocean color remote sensing methods and statistical techniques for the detection,mapping and analysis of phytoplankton blooms in coastal and open oceans[J]. Progress in Oceanography,2014,123(4):123-144.

[120] Guan X,Li J,Booty W G. Monitoringlake Simcoe water clarity using Landsat-5 TM images[J]. Water Resources Management,2011,25(8):2015-2033.

[121] Meng X G,Zhang A W,Hu S X,et al. Key laboratory of D information acquisition and application of ministry,Universi C N. A non-linear relative radiometric correction method for push-broom hyperspectral[J]. Journal of Chinese Computer Systems,2014,35(7):1676-1680.

[122] 韩震,恽才兴,蒋雪中,等. 温州地区淤泥质潮滩冲淤遥感反演研究[J]. 地理与地理信息科学,2003,19(6):31-34.

[123] Pahlevan N,Schott J R,Franz B A,et al. Landsat 8 remote sensing reflectance

(R rs) products: evaluations, intercomparisons, and enhancements[J]. Remote Sensing of Environment, 2017, 190: 289-301.

[124] Ji Z G. Hydrodynamics andwater quality: modeling rivers, lakes, and estuaries [J]. Wiley-Interscience, 2008, 89(39): 356-366.

[125] Jin K R, Ji Z G. Casestudy: modeling of sediment transport and wind-wave impact in lake Okeechobee[J]. Journal of Hydraulic Engineering, 2004, 130 (11): 1055-1067.

[126] Maréchal D. Asoil-based approach to rainfall-runoff modeling in ungauged catchments for England and Wales[D]. UK: Cranfield University, 2004.

[127] 周博天. 海面盐度多源遥感协同反演方法研究[D]. 北京: 中国地质大学, 2013.

[128] 丛丕福. 海洋叶绿素遥感反演及海洋初级生产力估算研究[D]. 北京: 中国科学院遥感应用研究所, 2006.

[129] 雷桂斌, 张莹, 潘德炉, 等. 近岸水质遥感评价参数的选择及评价模型的研究[J]. 海洋学报: 中文版, 2015, 35(1): 17-25.

[130] 史合印. 基于实测光谱的珠江口水质多参数反演模式[D]. 广州: 中国科学院南海海洋研究所, 2009.

[131] 谢明媚, 孙德勇, 丘仲锋, 等. 长江口水质 MERIS 卫星数据遥感反演研究[J]. 广西科学, 2016, 23(6): 520-527.

[132] Longuet-Higgins M S, Stewart R W. Radiation stress in water waves: a physical discussion with application[J]. Deep Sea Research, 1964, 11(4): 529-562.

[133] Zheng J Y, Li M G, Mai M, et al. Hydrographic and sediment analyses of the Oujiang estuary[J]. Journal of Waterway & Harbor, 2008, 29(1): 1-7.

[134] Chen X J. Modeling hydrodynamics and salt transport in the Alafia river estuary, Florida during May 1999-December 2001[J]. Estuarine, Coastal and Shelf Science, 2004, 61(3): 477-490.

[135] Park Y W, Cho Y K, Sin Y S, et al. Simulation of salt intrusion and mixing influence for Yongsan estuary regarding seawater exchange. In: Proceedings of the 2006 Korea Water Resources Association Conference[C]. Jeju Island, Korea, 2006, 18(19): 557-561.

[136] Chen S N, Sanford L P. Axial wind effects on salinity structure and longitudinal salt transport in idealized, partially mixed estuaries[J]. Journal of Physi-

cal Oceanography,2009,39(8):1905-1920.

[137] Gong W,Shen J. The response of salt intrusion to changes in river discharge and tidal mixing during the dry season in the Modaomen Estuary,China[J]. Continental Shelf Research,2011,31(7-8):769-788.

[138] Jin H,Yan Y X,Zhu Y L. Three dimensional baroclinic numerical model for simulating fresh and salt water mixing in the Yangtze Estuary[J]. China Ocean Engineering,2002,16(2):227-238.

[139] Shrestha S,Kazama F. Assessment of surface water quality using multivariate statistical techniques:a case study of the Fuji River Basin,Japan[J]. Environmental Modelling & Software,2007,22(4):464-475.

[140] Ren Y H ,Lin B L,Sun J,et al. Predicting water age distribution in the Pearl-River Estuary using a three-dimensional model[J]. Journal of Marine Systems,2014,139:276-287.

[141] Takeoka H. Fundamental concepts of exchange and transport time scales in a coastal sea[J]. Continental Shelf Research,1984,3(3):311-326.

[142] Liu L L,Yang Z F,Shen Z Y. Temporal characteristics of exchange and transit of water bodies[J]. Journal of Natural Resources,2003,18(1):87-93.

[143] Monsen N E,Cloern J E,Lucas L V,et al. A comment on the use of flushing time,residence time,and age as transport time scales[J]. Limnology and Oceanography,2002,47(5):1545-1553.

[144] Bolin B,Rodhe H. A note on the concepts of age distribution and transit time in natural reservoirs[J]. Tellus,2011,25(1):58-62.

[145] Michael H A,Mulligan A E,Harvey C F. Seasonal oscillations in water exchange between aquifers and the coastal ocean[J]. Nature, 2005, 436(7054):1145-1148.

[146] Mudge S M,Icely J D,Newton A. Residence times in a hypersaline lagoon:using salinity as a tracer[J]. Estuarine, Coastal and Shelf Science,2008,77(2):278-284.

[147] Braunschweig F,Chambel P,Martins F,et al. A methodology to estimate the residence time of estuaries[J]. Ocean Dynamics,2008,53(2):137-145.

[148] 宋爱霞,张东华. 套子湾海水交换率及环境容量初探[J]. 海岸工程,2012,31(3):72-76.

[149] Cucco A,Umgiesser G. Modeling the Venice Lagoon residence time[J]. Eco-

logical Modelling,2006,193(1):34-51.

[150] Jung Y J,Park Y C,Lee K J,et al. Spatial and seasonal variation of pollution sources in proximity of the Jaranman-Saryangdo area in Korea[J]. Marine Pollution Bulletin,2017,115(1-2):369-375.

[151] Mok J S,Lee K J,Kim P H,et al. Bacteriological quality evaluation of seawater and oysters from the Jaranman-Saryangdo area, a designated shellfish growing area in Korea:impact of inland pollution sources[J]. Marine Pollution Bulletin,2016,108(1-2):147-154.

[152] Duan S W,Xu F,Wang L J. Long-term changes in nutrient concentrations of the Changjiang River and principal tributaries[J]. Biogeochemistry,2007,85(2): 215-234.

[153] Li Y J,Zhang D,Wu J J. Study on kinetics of cathodic reduction of dissolved oxygen in 3.5% sodium chloride solution[J]. Journal of Ocean University of China,2010,9(3):239-243.

[154] Li H M,Shi X Y,Chen P,et al. Distribution of dissolved inorganic nutrients and dissolved oxygen in the high frequency area of harmful algal blooms in the East China Sea in spring[J]. Environmental Science,2013,34(6):2159-2165.

[155] Melzner F,Thomsen J,Koeve W,et al. Future ocean acidification will be amplified by hypoxia in coastal habitats[J]. Marine Biology,2013,160(8):1875-1888.

[156] 王海龙,丁平兴,沈健. 河口、近海区域低氧形成的物理机制研究进展[J]. 海洋科学进展,2010,28(1):115-125.

[157] Diaz R J,Rosenberg R. Spreading dead zones and consequences for marine ecosystems[J]. Science,2008,321(5891):926-929.

[158] 唐诗,孙涛,沈小梅,等. 水体浊度变化影响下的河口溶解氧系统动力学模型及应用[J],水利学报,2013,44(11):1286-1294.

[159] 高元鹏,姚鹏,米铁柱,等. 小清河口的叶绿素a及理化环境因子的分布特征和统计分析[J]. 海洋科学,2011,35(7):71-81.

[160] Biancalana F,Menéndez M C,Berasategui A A,et al. Sewage pollution effects on mesozooplankton structure in a shallow temperate estuary[J]. Environmental Monitoring and Assessment,2012,184(6):3901-3913.

[161] Boynton W R,Hagy J D,Cornwell J C,et al. Nutrientbudgets and management

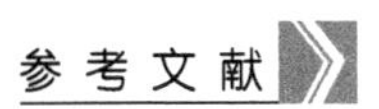

actions in the Patuxent River Estuary, Maryland[J]. Estuaries and Coasts, 2008,31(4):623-651.

[162] Champalbert G, Pagano M, Arfi R, et al. Effects of the sandbar breaching on hydrobiological parameters and zooplankton communities in the SenegalRiver Estuary (West Africa) [J]. Marine Pollution Bulletin, 2014, 82 (1-2): 351-370.

[163] 郝林华,孙丕喜,郝建民,等.桑沟湾海域叶绿素 a 的时空分布特征及其影响因素研究[J].生态环境学报,2012,21(2):338-345.

[164] 车志伟,史云峰,曲江勇,等.三亚河口叶绿素 a 含量及其与环境因子的关系[J].琼州学院学报,2014,21(2):88-92.

[165] Teoh M, Chu W, Phang S. Effect of temperature change on physiologu and biochemistry of algae: a review[J]. Malaysian Journal of Science, 2010, 29: 82-97.

[166] Li M T, Xu K Q, Wantanabe M, et al. Long-term variations in dissolved silicate, nitrogen, and phosphorus flux from the Yangtze River into the East China Sea and impacts on estuarine ecosystem[J]. Estuarine, Coastal and Shelf Science, 2007, 71(2):3-12.

[167] Kim H C, Hisashi Y, Sinjae Y, et al. Distribution of Changjiang diluted water detected by satellite chlorophyll-a and its interannual variation during 1998-2007[J]. Journal of Oceanography, 2009, 65(1):129-135.

[168] Hong B, Shen J. Responses of estuarine salinity and transport processes to potential future sea-level rise in the Chesapeake Bay[J]. Estuarine, Coastal and Shelf Science, 2012, 1(104-105):33-45.

[169] Note G B. Measurement of net nitrogen and phosphorus mineralization in wetland soils using a modification of the resin-core technique[J]. Soil Science Society of America Journal, 2011, 75(2):760-770.

[170] Wang W, Delgado-moreno L, Jeremy L C, et al. Characterization of sediment contamination patterns by hydrophobic pesticides to preserve scosystem functions of drainage lakes[J]. Journal of Soils and Sediments, 2012, 12(2): 1407-1418.

[171] 吴方同,陈锦秀,闫艳红,等.水丝蚓生物扰动对东洞庭湖沉积物氮释放的影响[J].湖泊科学,2011,23(5):731-737.

[172] Parker A E, Hogue V E, Wilkerson F P, et al. The effect of inorganic nitrogen

speciation on primary production in the San Francisco Estuary[J]. Estuarine, Coastal and Shelf Science,2012,1(104-105):91-101.

[173] Azevedo I C, Bordalo A A, Duarte P. Influence of freshwater inflow variabilityon the Douro Estuary primary productivity: a modelling study[J]. Ecological Modelling,2014,272:1-15.

[174] 宋星宇,黄良民,石彦荣. 河口、海湾生态系统初级生产力研究进展[J]. 生态科学,2004,23(3):265-269.

[175] 宋星宇,黄良民,谭烨辉,等. 东北季风期海南岛三亚湾初级生产力分布特征及其影响因素[J]. 海洋通报,2009,28(6):34-40.

[176] Jiang W X, Lai Z N, Pang S X, et al. Spatio-temporal distribution of chlorophyll-a and primary productivity in the Pearl River Estuary[J]. Journal of Ecologyand Rural Environment,2010,26(2):132-136.

[177] Ye H, Chen C, Sun Z, et al. Estimation of theprimary productivity in Pearl River Estuary using MODIS data[J]. Estuaries and Coasts,2015,38(2):506-518.